貓頭鷹書房

有些書套著嚴肅的學術外衣，但內容平易近人，非常好讀；有些書討論近乎冷僻的主題，其實意蘊深遠，充滿閱讀的樂趣；還有些書大家時時掛在嘴邊，但我們卻從未看過……

如果沒有人推薦、提醒、出版，這些散發著智慧光芒的傑作，就會在我們的生命中錯失——因此我們有了**貓頭鷹書房**，作為這些書安身立命的家，也作為我們智性活動的主題樂園。

貓頭鷹書房——智者在此垂釣

內容簡介

五億年前，地球上只有三個動物門的動物物種，卻在短短的五百萬年後，突然演化成三十八個動物門。這個物種快速暴增的現象發生在寒武紀初期，稱為寒武紀大爆發，是演化史上的畫時代事件。可是究竟是什麼原因導致寒武紀大爆發？為了解開謎團，眾多地質學家、古生物學家和演化學家提出各式各樣的假說，卻接二連三地被推翻。如今，本書作者派克再度挑戰這個連達爾文也感到困惑的千古難題，他以大膽假設、小心求證的精神，全面檢查遠古化石證據，終於提出一個簡單又極具說服力的解答！

作者簡介

派克（Andrew Parker）於一九六七年出生於英國，曾於澳洲博物館從事海洋生物研究，也同時取得雪梨麥克里大學博士學位，之後轉往英國牛津大學動物學系進行研究工作，並於一九九九年成為英國皇家學會的研究員。他早期以種子蝦為研究主題，意外踏進古典光學的領域而成為光學專家。派克以其專長解答寒武紀大爆發之謎，架構出「眼睛驅動了寒武紀大爆發」的精采論述，泰晤士報因此形容他是：「舉世最重要的三個青年科學家之一」。

譯者簡介

陳美君，台灣大學醫學院護理學系、中原大學心理學研究所畢業，曾任彰化基督教醫院護理師，並領有臨床心理師執照。畢業後轉入出版界，曾任中國行為科學社研究員、五南出版社副總編輯，現專事翻譯。主要譯作有《走出社交焦慮的陰影》、《健康心理學─行為與健康入門》、《零負擔戒菸法》、《科學狂想實驗室》、《心身醫學：基礎照顧手冊》、《瞭解學習障礙與失智症》等二十餘本書。

周南，台大中文系畢，以熱情探尋宇宙之美，堅信知識與美是生活中的必要元素。目前仍持續磨礪自我的能力中。

貓頭鷹書房 230

寒武紀大爆發

視覺如何驅動物種的大爆發

In The Blink Of An Eye

How Vision Kick-Started The Big Bang Of Evolution

派克（Andrew Parker）◎著
陳美君、周　南◎譯

貓頭鷹

IN THE BLINK OF AN EYE: HOW VISION KICK-STARTED THE BIG BANG OF EVOLUTION by Andrew Parker
First published in Great Britain by The Free Press in 2003

New edition published by the Trustees of the Natural History Museum, London 2016
This edition arranged with ROGERS, COLERIDGE & WHITE LTD.(RCW) through Big Apple Agency, Inc., Labuan, Malaysia

貓頭鷹書房 230
寒武紀大爆發：視覺如何驅動物種的大爆發

作　　者　派克 (Andrew Parker)
譯　　者　陳美君、周南
責任編輯　張慧敏、林玫君、曾琬迪（初版）、周宏瑋（二版）、王正緯（三版）
特約編輯　邵芷筠、周南
專業校對　魏秋綢
版面構成　張靜怡
封面設計　児日
行銷主任　張瑞芳
行銷業務　段人涵
總 編 輯　謝宜英
出 版 者　貓頭鷹出版

發 行 人　凃玉雲
發　　行　英屬蓋曼群島商家庭傳媒股份有限公司城邦分公司
104 台北市中山區民生東路二段 141 號 11 樓
畫撥帳號：19863813；戶名：書虫股份有限公司
城邦讀書花園：www.cite.com.tw　購書服務信箱：service@readingclub.com.tw
購書服務專線：02-2500-7718~9（周一至周五上午 09:30-12:00；下午 13:30-17:00）
24 小時傳真專線：02-2500-1990~1
香港發行所　城邦（香港）出版集團／電話：852-2877-8606／傳真：852-2578-9337
馬新發行所　城邦（馬新）出版集團／電話：603-9056-3833／傳真：603-9057-6622
印 製 廠　中原造像股份有限公司
初　　版　2010 年 8 月
三　　版　2022 年 1 月
定　　價　新台幣 450 元／港幣 150 元（紙本平裝）
新台幣 315 元（電子書）
I S B N　978-986-262-525-5（紙本平裝）
978-986-262-526-2（電子書 EPUB）

讀者服務信箱　owl@cph.com.tw
貓頭鷹知識網　http://www.owls.tw
歡迎上網訂購

城邦讀書花園
www.cite.com.tw

國家圖書館出版品預行編目資料

寒武紀大爆發：視覺如何驅動物種的大爆發／派克（Andrew Parker）著；陳美君譯. -- 三版. -- 臺北市：貓頭鷹出版：英屬蓋曼群島商家庭傳媒股份有限公司城邦分公司發行, 2022.01
面；　公分. --（貓頭鷹書房）
譯自：In the blink of an eye: how vision kick-started the big bang of evolution
ISBN 978-986-262-525-5（平裝）

1. 無脊椎動物化石　2. 古生物學　3. 生物演化　4. 寒武紀

359.51　　110020047

■推薦序

眨眼一瞬間：視覺如何點燃生命演化的大霹靂？

當代北美科普作家寵兒卡爾・齊默在二〇〇一年出版專著《演化：一個思維之凱旋》，封面二十二隻動物的眼睛，凝視著捧讀的眾家，令人震懾、動容！接續在達爾文兩百周年誕辰，二〇一〇年又發表了巨著《糾纏紛擾的岸邊——演化簡史》，風格依舊，文采益加洗鍊。貓頭鷹書房在二〇〇四年，中文譯書《當三葉蟲統治世界》，邀我推薦寫序。其中一段文字：「……三葉蟲建構起最初始、明亮、複雜的眸子，見證演化的漫長之路。它所呈現的透鏡體複眼構造，是當今第一流光學工程師百思不解的鬼斧神工！」這項困惑，至今似乎隱然透露出黎明前的一抹曙光。果真如此嗎？

一場大戲、一個關鍵事件、五本書、兩種思維：

寒武紀大爆發「事件」，是當代演化生物學家各個門派為之奮戰不已的世紀之謎。突然之間，多細胞動物的化石紀錄，浮現在寒武紀岩層的基底，喚起了「大爆發」的隱喻。一九八九年，北美洲古生物學首席古爾德教授發表了《奇妙的生命》一書，引領一股風騷，也掀起一場風暴。這是繼一九八五年，惠汀頓撰寫《伯吉斯頁岩》之後，第一本科普經典之作！一九九八年，英國古生物學巨擘康威摩里斯，出版了《創生之嚴酷考驗》駁斥古爾德「偶發事件」（contingency）的關鍵詞彙與概念，代之以「趨同演化」（convergency）的另類哲理與思維。這也是他繼之（二〇〇三年）發表《生之道：孤獨宇宙中無可避免的智人》一書的核心旨義！二〇〇四年，中國科學院的陳均遠教授發表了三百六十六頁的巨著《動物世界的黎明》，根據發掘於雲南澄江生物群的化石紀錄，結合了古生物學、分子生物學、遺傳發育學等領域，提出了綜合性的思維，發人深省！

一場演化大戲、一個距今五億四千多萬年前的關鍵事件、五本巨著，護持著兩種布陳在光譜兩極的哲學思維。寒武紀大爆發，到底是一連串偶發事件的意外結局？還是臣服於自然律法制約下、趨同演化的必然結局？針鋒相對、振聾啟瞶，讓人深深著迷！

浮光掠影、眨眼一瞬間！

派克這位來自澳洲雪梨的海洋生物學後起之秀，進駐大英牛津學府的殿堂，他以初生之犢不畏虎的姿態宣稱「解開了寒武紀大爆發之謎的最後一塊拼片」！我們懷著存疑的科學精神，遊走在他書中博徵旁引、遊刃有餘的壯闊視野之境，還真是令人心曠神怡、嘖嘖稱奇。

全書除卻前言，布陳十章。關鍵提問：到底是什麼原因點燃了寒武紀的導火線與生命演化的引信？針對於What？科學家歷經一個多世紀探索，知之甚詳；而針對於Why？與How？卻是言人人殊，困惑不已。第一章開宗明義，點明演化的大霹靂事件，即懸疑一個半世紀的寒武紀初始、伯吉斯頁岩層中的化石紀錄之謎！第二章深入檢視了化石紀錄的實存世界——化石不語，卻見證了億萬年生命與時推移的點點滴滴，串聯起生命大戲的劇碼。第三章戲劇性的引入了「光源」，萬物有了光照而活起來；有了光才有了繽紛的色彩。有趣的詮釋了造色系統的晦暗面相。第四章引介另一個世界，當夜幕低垂，黑暗世界的生趣，以及恆久暗無天日的生境。第五章進而藉由兩類「種子蝦」對照，詮釋光源、時間之輪與演化的微妙關係。

第六章開始溯源探索，隱身在地質亙古歷史中的色彩世界：從菊石到梅索的甲蟲，到伯吉斯的微瓦霞蟲。作者大膽重建起寒武紀中繽紛色彩的世界形象。第七章巧妙的推移：有了光，有了色彩；看到光，看到色彩。將光、眼睛與視覺連結起來，聚焦在「眼睛」這一個複雜而神祕器官的啟始。第八章巧妙的將眼睛之為物，與掠食行為串聯起來，一個殺手的本質躍然紙上。推斷寒武紀開啟了主動掠食行為的假說。第九章鋪陳完備，作者提出了他大膽、原創、引人深思的「光開關理論」——所稱解碼寒武紀大爆發事件最後一塊拼片！眼睛帶來了嶄新的契機！最終的篇章喃喃述說故事終結了嗎？誘發出更多的未解之謎嗎？

捧讀這本書，我們或許一方面著迷於作者旁徵博引、遊刃有餘的功力；另一方面卻也質疑一個非比尋常的假說，是否建構起非比尋常、堅實的證據以支撐大局？或許我們要深刻地認知：全書果真提供了一個嶄新的思考方向，但絕非終極的答案！

寒武紀大爆發、生命演化的大霹靂，如此讓人著迷。這本書又如此讓人賞心悅目，值得推薦給每一位求知若渴的讀者！

程延年　國立自然科學博物館古生物學資深研究員，專長為化石與演化生物學，論文發表於《自然》、《科學》等學術刊物，科普文章與專著散見於雜誌、期刊與專書。

二〇一七年增訂版作者序

本書集十三年研究之大成，而十三年來，研究意外地收斂到相同的問題——寒武紀大爆發的原因。在出版後的十三年裡，大眾開始關注它提出的問題，更令人訝異的是，它竟產生對人類社會的影響。

在視覺存在之前，生命體如何感知世界？如果沒有演變出形成圖像的眼睛，演化將如何進行呢？這些問題引起了太空生物學的興趣，舉例而言，它們能理論上協助我們推測其他行星的生命如何進行演化。

當重大變化出現時，人類社會會發生什麼事情呢？寒武紀引進視覺之前、期間和之後這三段時間的生物及其間的各種互動，近年來被用作一種模型來詮釋這樣的情況，無論變化是出現在社會情境、經濟還是國防方面。而在社交媒體上，這種變化可能為個人提供了前所未有的資訊透明度。「政府、軍隊、教會、大學、銀行和企業都在一個相對模糊的知識環境中成長茁壯。在這樣的環境下，知識多半受限，祕密容易被隱藏，而每個人不是目盲，就是近視。當這些組織突然發現自己暴露在日光下時，他們很快發現不能再仰賴舊法，他們必須直面曝光的危機，否則將走向滅亡。」（Daniel Dennett 和 Deb Roy，《科學人雜誌》，二〇一五年三月，第六四～六九頁）。

我非常感謝許多人撥出他們的時間評論光開關理論，這些積極的回饋激勵了我。爭論的主要關注點在「眼睛」一詞並沒有普遍的定義，我仍然更喜歡「形成圖像的視覺器官」，而不是也包含那些功能較少的器官。然而，同樣重要的是，能夠最大限度地解讀和運用這些圖像的能力，因此擁有此器官的第一個物種也被視為一個「受視覺引導、高度移動的掠食者」。這樣的生物強勢地將視線鎖定其他所有的生物上，並且晴天霹靂般引進了視覺。突然間，在地質時代的某一刻，所有的動物都毫無選擇地只能出現在可怕掠食者的視網膜上。而演化將會有所回應。

最後，提一下自二〇〇三年以來的新發現。有許多新種類的寒武紀生物被挖掘出來，並且現有化石經過重新詮釋，而保存完好的眼睛也浮出了寒武紀的地表，例如那些巨大的、具代表性的掠食者奇蝦（Anomalocaris）。我在自然歷史博物館的同事格雷格・艾吉康博士，以及日本的田中玄五博士，他們在這段時間好心地協助我不斷更新研究成果，許多研究人員慷慨地與我分享了他們在寒武紀遺址的發現。我十分感謝他們的付出，遺憾的是，由於數量眾多，我無法一一添加在之後的文本中。惟有地質日期已經根據新的研究進行了精細調整（再次感謝格雷格）。即便如此，我想這本書的假設並不會因此受影響，並且關鍵部分也能不斷地被新發現證實。

獻給我的父母

目次

寒武紀大爆發：第一隻眼的誕生（2017全新增訂版）

當你排除了一切不可能的情況之後，無論剩下的是什麼，無論它的可能性有多低，都必定是真相。

柯南．道爾爵士《血字的研究》（一八八七年）

編輯弁言

本書編譯期間承蒙台灣大學海洋研究所戴昌鳳教授、國立自然科學博物館地質學組資深研究員程延年博士協助，針對本書名詞與概念給予指教，謹此致謝。

二〇一七年全新增訂版中，增修了許多地質年代，包括寒武紀年代從五億四千三百萬年至四億九千萬年前更改成五億四千一百萬年至四億八千五百萬年前、六億年前最古老的埃迪卡拉化石更正為五億七千五百萬年前、生存於五億一千五百萬年前的伯吉斯動物群與植物群修正為五億八百萬年前、五億年前的三葉蟲也修改為四億八千萬年前等，並新增黑白圖片三張、彩圖五張。

前言

目前的情況（針對突然出現的寒武紀化石）只能停留在無法解釋的狀態……或許真能成為反駁本書觀點（關於演化）的確據。

達爾文《物種起源》（第六版與最終版，一八七二年）

動物演化史上的大霹靂或許是地球生命史上最戲劇化的事件。在這段歷史中，所有現今的主要動物都在轉瞬之間同時且首次演化形成硬質構造，並展現各色各樣的外形。事件發生在五億四千一百萬年前，是地質史上稱為寒武紀時期的初始，即人們朗朗上口的「寒武紀大爆發」。但是什麼原因點燃了寒武紀的導火線？

到目前為止，這演化上異乎尋常的爆發事件，尚未得到公認的解釋，有明確的證據足以推翻目前的所有理論。若將時間納入考慮，則先前的解釋顯然是在說明不同的演化事件，而非寒武紀大爆發（本書第一章所介紹的事件）的原因。這兩個曾被混為一談的事件受到極大的誤解。簡單地說，我們相當清楚演化大霹靂期間所發生的**事件**，事實上已有許多探討這個問題的書籍問世，但我們不知道**為什麼**會發生寒武紀大霹靂。寒武紀大霹靂的發生原因是本書試圖解開的謎題。

在探索隱身於發生原因背後的故事時，「謎題」和「找尋線索」是很適當的措詞，本書也因而自然而然地發展成一個偵探故事，畢竟我們的主題將以十足科學犯罪的樣貌現身。我曾耗費數年的光陰闖蕩各個科學領域，在這條崎嶇不平的道路上不斷奔馳，最後終於在寒武紀的門前停下腳步。指向寒武紀理論的線索不斷累積，終於，在未發現有證據支持反對立場的跡象後，我確信「事實仍在」。

要找尋解開寒武紀大爆發之謎的真正線索，必須先找到拼湊這幅拼圖的所有拼圖片。第一章先引進問題，接下來的七章則著重於意義重大的線索。在這些章節裡，我將從多重角度來描繪這幅畫，呈現現今生命的運作方式、地球演化歷程中所發生的事件，及在過去的地質時間裡各個年代的生命運作方式。曾有人警告我，使用的專業名詞愈多我的讀者群就愈有限，因此我盡可能少用科學名詞與專業術語，儘量嘗試使用或甚至創造通俗慣稱的動物名稱，若此種作法太過簡化或讓您感到困擾，我深感抱歉。然而，最重要的是，使用科學名詞是評論過程必不可少的要素。

從倒數第二章開始，所有解開寒武紀大爆發之謎的線索就已齊備。除了生物學的科學證據之外，我也出示地質學、物理學、化學、歷史及藝術的科學證據，並且納入諸如眼睛、顏色、化石、掠食者、埃及雕像、深海與珊瑚礁等題材。馬克士威的早餐或牛頓的孔雀對我們了解演化有何重要性？它們可能與沃克特對寒武紀「伯吉斯頁岩」化石本身的不朽發現具有同等地位嗎？我認為寒武紀大爆發在任何時代都有其價值，而對這個事件的解釋也相當值得發表，希望讀者也能同意我的看法。

雖然是種種的機緣巧合促使我走上通往寒武紀的這條路，不過我極感欣悅。一開始是白瑞茲和哈群斯給了我在雪梨澳洲博物館的第一個職位，我十分幸運，能在澳洲博物館裡窮盡數年光陰，研究地球上各主要動物類群的活標本與防腐保存標本，相較於大學時代研讀教科書上所描述的動物多樣性，這是個截然不同的經驗。後來，澳洲博物館的羅瑞和雪梨麥克里大學的泰特不但讓我利用這個研究申請博士學位，還教導我極多關於動物多樣性、生態學及演化的學識。此外，澳洲博物館也有諸多同事提供我極多的協助與鼓勵，雖然限於篇幅無法在此一一列舉，但我對他們的幫助銘感五內。

目前我已選擇種子蝦作為研究專題，並承蒙華盛頓史密森研究院的柯內卡與洛杉磯郡立自然史博物館的柯恩教授專業課程，他們的照顧與耐心，對我早期的職業生涯極為重要。但是，正如我將在本書揭露的內容，種子蝦引領我意外踏進另一個不同的領域——古典光學。

英國薩塞克斯大學的蘭德、英國海洋生物學會的丹頓爵士與南安普敦海洋學中心的海凌在動物光學和顏色方面，已有發人深省的研究，能參與他們的研究實在非常榮幸，感謝他們盡心盡力地幫助我，並包容我問些稀奇古怪的問題。在接受過動物結構色相關課題的訓練後，我已準備好要打擾雪梨大學的光學物理學家（經由他們的同事羅茲的大力介紹），尤其是麥菲卓恩與麥肯茲（雖然還有很多人為了我的理想付出大量時間）。感謝這些物理學家，在他們的協助下，我不但從完全不熟悉這個領域的初學者，迅速地熟悉這個學門，而且還發現光學在自然界的應用相當迷人。

不論向前面看、向側面觀，或朝任何方向看，我都能捕捉到寒武紀所發出的一絲微光。我踩著眾多古生物學家的足跡，邁向寒武紀生物學的課題。我要特別感謝澳洲博物館的埃奇康柏、劍橋大學的康威莫利斯與已故的哈佛大學古爾德那些刺激我思維的討論及對我研究的評論，還有加拿大多倫多市皇家安大略博物館的柯林斯，是他帶我到加拿大洛磯山著名的「伯吉斯頁岩」採石場，讓我展開一趟終生之旅。

前文提及的很多人都贊成我到牛津大學，我也非常感謝道金斯和哈維促成了這樁美事。當時我也接受了一些資金，如果沒有這些資金，我的研究將永遠無法開始。我的資助先是來自澳洲博物館、麥克里大學與史密森研究院的研究獎助金，後來澳洲生物學探索研究室提供我更多的資金（三年的研究計畫），研究種子蝦的多樣性，此外澳洲研究協會也提供我研究動物結構色的資金。現在我非常幸運能擔任皇家學會研究員一職，可隨心所欲地將大把的時間花在研究上。這誠然對我有極大的幫助，但我也極為感謝英國的工程暨物理科學研究委員會和自然環境研究委員會所提供的獎助金。我還要感謝牛津大學薩默維爾學院提供我研究科學家的職位，使用歐尼斯特庫克研究基金。

撇開研究生涯不談，我還要感謝特別協助我撰寫這本書的人。牛津大學出版部的甘迺迪教導我撰文的訣竅，讓本書能適合學術同僚以外的閱聽大眾閱讀，她必定曾對我的第一次嘗試深感驚訝，在經過嚴格的科學訓練後，要將科學通俗化並非易事！倫敦版權代理商柯提斯布朗公司的羅賓森曾協助我精鍊寫作技巧，然而是與我合作的編輯，尤其是英國的高登（和美國的寇克），在歷經與那些半科學半通俗科學的初稿奮戰多時之後，終於將我的想法轉換成人們可以讀懂的文章。我要感謝倫敦黎明公司的德伊和美國科學家瓦茲對第十章的啟發，若不是他們那些激勵我心的討論，並對我的寒武紀概念饒富興趣，就不可能有第十章的誕生。

最後我要感謝我的父母、家人和好友，謝謝他們始終不斷鼓勵與支持我的研究生涯。

第一章　演化大霹靂

寒武紀時期的爆發性演化……是生命史上最難以理解的事件之一。

布里格斯、歐文與柯立爾（一九九四年）

「寒武紀大爆發」……是生命史上重要的一刻。

古爾德《奇妙的生命》（一九八九年）

寒武紀為何會發生輻射演化？最誠實的答案是我們不知道。

柏格隆（一九九三年）

我們所知的生命

我對大學時代的動物多樣性課程記憶猶新。每周我都要翻開古老的教科書，研讀不同的章節，找尋用無意義的黑線與白線繪製而成的新動物類群代表生物，往往自然而然地將這些圖畫與書頁摺痕的背景、墨漬和學長的塗鴉混在一起。整體而言，這些插圖並不比古董打字機那些濃密的墨跡更吸引人。它們與活生生的動物毫無關係，也沒有人能分辨現生生物與滅絕生物。

幾年後，我懷著敬畏之心一頭埋進舉世聞名的自然奇景之中，然而極目所見卻只是一片深褐色的烏雲。我闖進一隻墨魚的地盤了。但當墨汁散去，自四面八方映入眼簾的卻是五彩繽紛的世界，澳洲大堡礁淺水區裡豐富的生物多樣性，霎時闖入我的視野。繼求學時代的經驗之後，我對自己與動物多樣性的第二次接觸全無準備。那些鹿角狀、圓頂狀、扇狀、腦紋狀與管柱狀珊瑚，首度向我展現牠們自己的樣貌。每隻橫寬只有幾公釐的珊瑚蟲是活珊瑚，夜間會伸出觸手捕食，看來就像是隻小海葵或上下顛倒的水母，牠們那用來支撐身體的碳酸鈣硬質構造，可綿延長達一千六百多公里，形成這個著名礁岩群的基石，即使從月球上也清晰可見。

不論牠們的外形或生活型態如何，在較高層次的分類上，珊瑚、海葵與水母其實屬於相同的動物類群，即動物門，因為牠們具備相同的內部身體設計。換言之，牠們體內的組織（養分處理工廠及氧氣輸送系統）類似。讓我們重回大堡礁。珊瑚所呈現的繽紛全彩，幾可與動物門全集一較高下，我就此展開一趟航向未知之旅。礁岩群的珊瑚骨骼以海綿花園為裝飾，無論是形狀或顏色的多樣性，海綿都足以與珊瑚匹敵。海綿那充滿海水的通道，是其他動物門動物的庇護所，剛毛蟲（與蚯蚓和水蛭屬同一動物門的常見動物）也是牠們的房客。有些動物會發出乳白色的微光或引人矚目的虹彩，例如怪模怪樣的海毛蟲。對海毛蟲外貌的最佳形容，莫過於一隻如同光碟片般散發虹彩的刺蝟。

風船水母的尊容儼然是同名水果「鵝莓」的變形，閃爍著八道虹彩。這些看起來像外星人的膠狀動物，具有與其他動物不同的內部身體設計，所以自成一個獨特的動物門——櫛水母動物門。海星不只在白天很醒目，有些海星在夜間會利用生物冷光發出鮮豔奪目的色彩，當牠們自黑暗中浮現時，就像是個外星訪客。海星與常見的海膽有親緣關係，屬於同一個動物門。硨磲貝會發出螢光藍、螢光綠、螢光紫等顏色，牠們與另一種因體色而聲名狼藉的動物——藍環章魚，同屬軟體動物門。在攻擊對手時，這種小章魚的藍環會亮起來，警告對方牠身懷致命毒液。人們比較不熟悉的「苔蘚動物」群聚而居，通常有著奇特的形狀與顏色，有時看來像是陸地岩石上常見的苔類或地衣。隨處可見的蠕蟲藏身在很多動物門裡，例如「紐蟲」、「花生蟲」、「箭蟲」、「橡實蟲」和扁蟲。紐蟲恰如其名，外形像條緞帶，除非發現牠們有個強而有力的下顎，否則你會以為牠們似乎相當溫和。尾端膨脹的花生蟲比較沒那麼危險，你或許未必覺得牠們的外形與花生有多麼相似，但褐色是花生蟲的標準體色。雖然箭蟲的確實至名歸，但橡實的比擬卻比較不具說服力。同樣的，扁蟲身體扁平，有些還能利用身體的波浪狀運動，在水中悠游來去，扁蟲的體色常令人感到震驚。

雖然海中極少發現昆蟲，但來自節肢動物門的甲殼類動物代表，在大堡礁卻聲勢龐大，包括蟹類、龍蝦和蝦

界：動物界
門：節肢動物門
亞門：甲殼亞門
綱：軟甲綱
目：等足目
亞目：潮蟲亞目
科：鼠婦科
屬：鼠婦屬
種：粗糙鼠婦

以粗糙鼠婦為例，說明各個層級的生物分類。多細胞動物有三十八個動物門。

類。另一個因牠們的陸棲成員而聲名大噪的動物門是脊索動物。由於成員包含兩棲類、爬行類、鳥類與包括人類在內的哺乳動物類群，所以人們對脊索動物這個名稱似乎耳熟能詳。但悠游於珊瑚礁間的魚類，及一些較不為人所知的動物，例如海鞘與蛞蝓魚，也是脊索動物一族，甚至一度是脊索動物門僅有的成員。

在離開這片海底世界之前，我恰巧在同一個地方發現噴墨犯和大約三十隻牠的同夥。來自軟體動物門的墨魚，在我身旁圍成一個正弧形，觸手對著觸手，眼睛對著眼睛。當我游向牠們時，牠們身體的褐色立即褪去，並且全員撤退與我保持相同的安全距離。接著牠們的身體出現一波波的顏色變化，褐色和白色同時迅速地沿著身長波動起伏，突然，一道「鮮豔」的紅色切入這一連串的活動。接著，在我往後退去時，牠們的體色顯現令人平靜的綠色，不過眼睛依然閃爍著銀色光澤，如同一面鏡子。

了解生命的變異

墨魚的眼睛與人類的眼睛極為相似。這是使演化生物學家深感困惑的現象——趨同演化。二個不同動物門的動物，會使用類似的基本建構原料，獨立演化形成具相同功能的類似器官。不過我們已經了解，各動物門的界定，是以動物體內的組織為基礎而非外形。以蠕蟲為例，很多動物門的動物都具有與蠕蟲類似的外貌，但因為體內的構造截然不同，所以是彼此毫不相干的動物。有口無肛門的蠕蟲屬於扁形動物門，橡實蟲之所以受敬重，不單只因為牠們有肛門，還因為牠們具有腦的構造，不過最重要的是牠們有咽頭（腸子的前端）。人類也有肛門、大腦和咽頭，但沒有蠕蟲樣的體形。現在我們可以把任何動物的身體畫分為二部分：內在層與外在層（「皮膚」與「軀殼」）。

演化生物學家的工作，是理解動物外形那相互矛盾的多樣性——內在構造與外在構造之間並無必然的關係。早在開始研究這個課題之初，科學家就已發現，對分類上較高位階的動物而言，體內的組織通常遠比外形更為重要。內部組織可普遍限制動物交換氣體、吸收養分與繁殖的方式。因此，人類與橡實蟲的關係，較人類與扁蟲親密；同樣的，橡實蟲與人類的關係，也較牠們與扁蟲來得親密。個體從胚胎發育為成人的複雜歷程，反映成人內部組織的精密程度。生物需要藉助獨特的發育方式，才能從一群細胞，開始建構一隻具有複雜且獨特內部組織的動物。你不難想像，從幾個細胞開始到形成具備所有複雜構造的人體，所需經歷的步驟，必然多於形成一隻簡單的水母，水母只是個由三層組織摺疊而成的球。現在我們可以檢視內部組織在動物分類系統之所以如此重要的原因，由於這個課題是演化的骨幹，所以非常值得花點時間來了解。

動物的內部組織、自胚胎到成熟的發育方式與外形，都受基因掌控。基因是一組由細胞內的染色體所攜帶的指令，有大量的基因負責掌控內部組織與發育，相較之下，只有相當少數的基因負責掌控動物的外形。但負責掌控基因的是什麼呢？首先我們必須再次回顧趨同演化——內部組織不同的動物，卻演化形成類似的外形。

我姑且先將動物的外在結構稱為外層的原料、顏色與形狀，它們與環境的關係更甚於內部組織。環境包括物理因素（例如溫度與光線），及生物因素（例如住在附近的動物）。動物的外在結構尤其必須適應牠們所處的獨特環境，而且牠們要在符合內部身體設計的諸多限制之下，做到這一點。不論內在組織如何，兩種生活在同類環境中的動物，可能具備類似的外在結構。這種情況有可能發生，因為外在結構僅由相當少數的基因掌控，而這些基因發生突變，以編碼不同物種的相同構造的機率，並非微乎其微。若投擲兩顆骰子，兩顆骰子都出現六點的機率是三十六分之一。雖然外在的演化所牽涉的基因突變遠較兩個為多，然而單次突變的結果，可能會被代代傳承及累積。因此，生活在同一類型沙地的燈貝或竹蟶（牠們屬於不同的動物門），雖然可以在沙中挖穴藏身，但也需要抵禦相同的掠食者，所以牠們具有類似（或許是最理想）的外形設計，也就不足為奇了。不過，牠們的內部組織依然差異極大。內部組織受更多基因掌控，必須**所有**負責掌控的基因都同時發生突變，才有可能出現新的內部身體設計。與外部結構不同，內部的身體設計無法慢慢建立，因為處於中間階段的器官通常無法發揮功能。控制內部身體設計與外在結構的機制截然不同。動物體外的一根棘刺，剛開始時可能只是個小小的隆起，在經歷幾個中間階段後，從較大的隆起長成一根長長的尖刺。重要的是，因為對牠們的主人多少有些益處，故而所有的中間階段，都有與生俱來的存在價值。但身體設計的改變，涉及突然出現血腔或體內每樣構造突然上下倒置，舉例來說，這些變化之間可能沒有中間階段。由於內部的身體設計無法逐步建構，比較不受環境影響，所以內部身體設計不會發生趨同演化。若拋擲一千顆骰子，每顆骰子都出現六點的機率是百萬兆分之一，這是極不可能發生的情況。

達爾文與華萊士是領悟到演化（一種持續分支的歷程）乃導致動物多樣性機制的先驅。由於物理與生物環境不斷改變，因此物種也必須不斷改變，以維持最理想的設計（或盡可能理想的設計），這就是適應。我們可將環境的變化，視為是迫使當地動物發生改變的壓力，於是引進「選擇壓力」這個名詞。

輕微的選擇壓力，可能使當地的動物出現些微變化：在海底行走的動物可能會發展出略寬的腳掌，以免走在柔軟的沙地或泥地時身體下沉。強大的選擇壓力，可能會促使當地動物發生劇烈變化：出現新的食物來源，可能會使當地動物演化形成新的口器與方便移動的附肢。而聚集某個族群的所有變化，就可能會產生新的物種，不過牠們都將屬於同一動物門。物種間的改變愈少，牠們的演化關係或在演化樹上的分支點就愈接近。在此我只討論外在特徵。現今各個動物門不但都有獨特的內部組織，而且也同時兼具特有及共有（趨同演化）的外部特徵。但是，牠們的內部組織與特有外形是**一前一後**地演化形成的嗎？這兩者**何時**發生演化？這些問題引導我們進入本書所欲解答的重要演化問題。本章稍後，當你在探索過地球生命史，而對這些內容比較容易融會貫通後，我還會再問一次同樣的問題。

略述寒武紀大爆發

地球上已演化形成三十八個動物門，所以只發生三十八件重要的遺傳事件，導致三十八種不同的內部組織。如同我在大堡礁所見，這些動物門的成員擁有形形色色的外貌，或者說外形——想想可自保的棘刺、尾橈、適合鑽洞的體形、可抓握的附肢、眼睛與顏色。雖然我們也已發現不同動物門的動物，可能具有相同的形狀（趨同演化），但每個動物門的動物外形，通常都有一項獨特的變化。

在威爾斯的寒武紀丘陵地區，發現第一批生存在五億四千一百萬年前到四億八千五百萬年前這段時間的化石，因此將這段時期命名為「寒武紀」（由偉大的劍橋地質學家賽吉衛命名），至於五億四千一百萬年以前的時期，就稱為前寒武時期（前寒武時期還可以再細分）。假使我說根據外部特徵，五億四千二百萬年前或許只有三個動物門，結果會如何？大部分人的腦海中，可能會浮現歷經五億四千二百萬年的歲月，動物門的數目只是逐漸從三門類增加到三十八門類的想法。循著這種思維，三億二千年前或許已有二十個可區辨的動物門。這種穩定的進展涉及一種名為「微觀演化」的歷程。達爾文和賽吉衛就是沿著這些思路思索。

演化論的大變革自達爾文時代就已展開。如今我們知道，地球的生命史曾以長時間的逐步演化（即「微觀演化」），或甚至停滯不前的歷程為主，不過當被為時短暫但豐富的爆發性演化活動（即「宏觀演化」）所取代時，微觀演化的時代會驟然中止，因而出現演化史上的「斷點平衡」模式。因為人們是藉由二十世紀的化石發現、現代生化技術的發展（包含從胚胎到成體發育的遺傳學與生物學進展），才發現宏觀演化的存在，所以無從責備達爾文與當時的學者忽略了宏觀演化的現象。引發宏觀演化的事件，包括自胚胎至成熟個體的發育速度加快、幼稚個體的性徵發育，與主要基因的開啟或關閉。

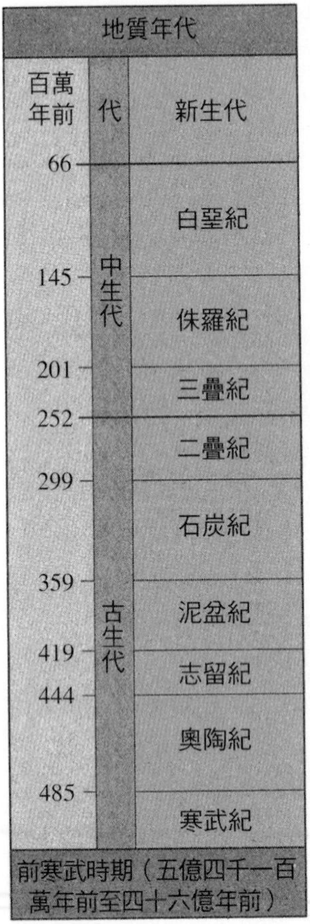

地質時標與世。

有鑑於此，我想改變論據，並指出在五億四千二百萬年前，其實只有三個具備各式外形的動物門，但在五億三千八百萬年前，地球上就已經有了三十八個動物門，與現今留存的動物門數量相同（除了一、二個已經滅絕的動物門以外）。既然如此，我在大堡礁所看見變異龐大的身體構造，都是從五億四千一百萬年前開始的五百萬年（有些學者認為是一千五百萬年），就已現身地球。事實上這個解釋相當接近事實，本書的主題「寒武紀大爆發」，也隱身在這五百萬年裡。寒武紀大爆發是演化事件，所有的動物門都在這次事件中，發展出複雜的外形。換言之，在寒武紀大爆發事件期間，各個動物門的動物外形，從一模一樣變成各色各樣。現在我已介紹過寒武紀大爆發，是否可以在此結束本書的第一章呢？很遺憾，還不行。只是簡單地描述自前寒武時期到寒武紀在演化上的驚人轉變，無法清楚說明現今生命多樣性的演變過程。我們不能只考慮動物的外形，也必須思考內部的身體設計。要了解寒武紀大爆發的**真正**意涵，就不能少了這一部分。之前對寒武紀大爆發的解釋，因「所有動物門突然演化出現」的定義而太過簡化。這種輕率的態度，使這個生命史上最戲劇化的事件備受誤導，因此產生很多對事件原因的錯誤解釋。問題的關鍵，在於將內部身體設計與外部構造一體看待，並認為兩者同時發生演化。事實並非如此。寒武紀大爆發只與身體的外部構造有關。但我們已獲悉內部身體組織對動物多樣性具有重大意義，應該深入研究這個課題，才能拼妥「**引發寒武紀大爆發的原因**」這幅拼圖的邊框。內部身體設計史的故事，帶領我們深入前寒武時期的時代。

到目前為止，我們都是以數十億年或數百萬年為單位在測量時間，但要理解這麼長久的時間，其實是件難事。我們認為的古代史，或許是幾千年前發生的事情。一萬年就已經極難概念化，百萬年更是無法想像的時間。所以數億年的演化之路，已經遠超過人類最逼真的想像。在觀賞過夏威夷的美妙溪谷之後，我試圖將一百萬年概念化，期待能對你有所幫助。夏威夷的溪谷，是溪流歷經一百萬年的時間所造成的，這些完美的三角形溪谷，迤邐至海岸為止，深度超過一百公尺。但在一百萬年前，這些溪谷並不存在，當時夏威夷的西北海岸，是一片連綿不絕的懸崖峭壁，頂端平坦。內陸火山形成的時候，連帶形成通往海岸的溪流。流水漸漸在地表磨出一道溝槽，歷經一百萬年的歲月，所形成的溝槽已經深達一百公尺。這現象非常值得我們深思。在這段時間裡，就算不考慮空間，也可能會出現發生機率低得幾乎微不足道的結果。但只有當這個歷程逐漸改變，並累積每個步驟或小改變，然後才能以已經定型的變化為起點，繼續演變下去。本章將延續這條思路，根據安德魯・赫胥黎爵士的評論是「廢物堆積場裡的波音七四七客機」。

從頭述說「生命史」

完備的地球「生命史」書籍應包含十章內容，經我解釋之後，你將明白本書的真正主題「寒武紀大爆發」，多半屬於第九章的內容。第九章之後的章節摘要，例如恐龍首次現身之處及隨後消失的地點，對理解寒武紀大爆發毫無幫助。但若未先摘述之前章節，就直接進入第九章的內容，可能會讓讀者略感迷茫，即使它魅力十足。同樣的我已提過，在討論內部身體設計時，我們將回顧前寒武時期。所以，在回到最重大的宏觀演化事件（自五億四千一百萬年前開始展開）之前，我要先描繪在這段時期當時及之前的世界風貌。

生命最初期歷史的細節，或者說第一章的內容，較最近五億五千萬年的歷史細節更具爭議性。部分是因為我們所採集的較古老化石，不是小得需要用顯微鏡才能觀察，就是細部構造的保存狀況不佳，部分則因距今愈久遠的年代，與現代環境的差異愈大，因此所做的推斷就比較不正確。既然「生命史」的第一章到第三章所含括的時期最長，我們更應該仔細思索。

地球約於四十六億年前形成，一般公認，在經歷一陣隕石轟炸之後，約在三十九億年前，地球上才開始出現生命。但在生命史最初的三十億年，或者說第一章到第三章的內容裡，地球上只有細菌、藻類與單細胞動物。生命的故事被撰寫在岩石上成為化石，或保存在遠古環境之中。為了探索地球故事的前幾章或演化的前幾個階段，我們必須造訪炎熱的火口湖或潛入深海。

「生命史」的第一章到第三章：最早出現的細胞

在現今海平面下數千公尺的地方，有黑煙從海底山脊，即中軸海山，漂散水中，中軸海山位於奧勒崗海岸西方約三百公里處。因為太古時代的大汽鍋或煙囪，也就是熱泉噴口或「黑煙囪」，會發出令人矚目的彩色閃光及炫光，人們開始對遠古的地球有些想像。由於黑煙囪與最早期的海洋同時出現，所以我們有正當理由如此想像：在我們所居住的、漂浮在地球表面的巨大板塊之間，它們是陸地邊界出現分裂的標記。氣體形成以後，熱岩漿冒出地殼之外形成新的海底。最早期的黑煙囪噴射而出的不穩定化學混合物，與海水發生反應後，營造出能產生無機氨基酸構造，及其他生物出現前的有機分子的條件（有機分子是建造生命的基石）。這種化學反應，可與現今發現的原始生物化學反應相對照。你可以想見，離開黑煙囪的化學物質溫度很高，但是極原始的細菌可以忍受攝氏一百一十度的高溫，等於現今黑煙囪的溫度，因此，熱對早期生命而言絕非問題。事實上，所有最原始物種的活化石，都需要極高的溫度才能維持它們的化學功能。另一個有趣的現象是，黑煙囪可能是地球上唯一使居住其間的生物，能不依賴太陽而取得能量的地方。在含氧的大氣裡，生物可藉助光合作用，取得源自於太陽的能量；而在黑煙囪煙管裡的硫化鐵小滴，則極可能提供維持初期生命形式所需的還原環境。經過周密的思考，黑煙囪很可能是地球的生命之燭，屬於「生命史」的第一章。*

一九六九年墜落在澳洲的墨啟生隕石，含有大約七十四種氨基酸，其中至少有八種是組成蛋白質的氨基酸。地球上的生命是否可能源自於外太空？目前的證據顯示不可能。儘管宇宙充滿了有機分子（組成生命的物質，包括氨基酸），但它們撞擊地球後所產生的物質（例如海洋裡的星際微塵）濃度太低，不足以誘發生命。擁護地球生命來自外太空這種觀點的霍伊與維克勒馬辛哈，經過計算，地球上（在一碗氨基酸清湯裡）自然創造生命的機率，大致與廢物堆積場自然製造出一架波音七四七飛機的機率相當。安德魯．赫胥黎也是藉由解釋前述等式所疏忽的巨型噴射客機來澄清問題的人之一。霍伊與維克勒馬辛哈還曾計算過，偶然將正確的氨基酸依正確的順序聚集在一起，並形成活性蛋白質分子的機率。他們承認省略了二個非常龐大的因素，即時間與空間，雖然計算方式堪稱合理，但得到的答案是這個蛋白質分子在某個特定時刻，於地球海洋中的某個特定地點自然發生的機率。安德魯．赫胥黎認為不會有人對此感興趣；我們所關切的是，在長達數億年的時間內，於**任何**時間點，在浩瀚汪洋裡的**任何**地點形成原始生命系統的機率。事實上，要不是他們已實際動手完成計算，這種省略諸多因素的想法，簡直教人難以置信！霍伊與維克勒馬辛哈也假定，必須有二千個活性蛋白質分子偶然同時形成，才能產生原始生命系統，不過一旦第一個蛋白質分子成功組合之後，自行複製系統就會開始運作，然後藉由自然選汰的過程，繼續發展自行複製系統。正如第一位嘗試在實驗室裡模擬生命起源的米勒所說的名言：「生命的起源是演化的原點。」

一如我們預期，生命起源這類基本問題有許多不同的解釋，然而目前大部分學者都同意，地球上的初期生命與炙熱的界域有關，美國科學家如今正在太平洋的海底溫泉研究這個問題。理論上海洋並非必要條件，西澳自流盆地深處的地下水也具有適當的高溫。美國火山地區地下的「熱」水，為演化的第二階段，亦即「生命史」的第二章，提供了引人注目的可能性。

就在夏威夷火山國家公園與懷俄明州黃石國家公園部分地區的地表下方數千公尺處，埋有能使地表岩石變熱的熔岩，因此某些地區的地下水會沸騰，並往上流經穿過岩石的水道，然後沖出地表變成間歇泉和水蒸氣，或者滙聚形成一池蒸氣氤氳的水塘。在前往地表的途中，這道水流會聚集來自周圍岩石的礦物質，再加上得自熔岩的礦物質，使得蒸氣上騰的水塘含有濃度極高的礦物質，此外，礦物質也會在地表水分蒸發後沉澱下來。我們可在地表的河海湖泊與水面周圍，看見各種顏色，這是在礦石上生長繁衍的菌落所展現的顏色。這些細菌代表生命史的第二個階段，牠們不需仰賴有限的有機化合物（原本積聚於地球水域），而是在細胞壁內製造自己的有機化合物，並吸收來自太陽的能量。這個歷程是光合作用，需要氫參與其中。細菌從硫化氫（「臭蛋」氣體）中取得氫，而硫化氫則源自於熔岩與地下水間的地底反應。只是這種精緻均衡的飲食型態，意味著這些細菌只能生長在有火山活動的地區。演化的第三階段有更進一步的回響：開啟了一扇讓生命形式具有無限可能的大門。

＊編按：關於生命起源的科學見解，可以進一步參考尼克．連恩的《生命之源：能量、演化與複雜生命的起源》。

「生命史」第三章談的是氰細菌（習慣上誤稱為「藍綠藻」）的出現，牠們是一種從水中取得氫的生物。這是一種重要物質——「葉綠素」演化的結果，葉綠素是真藻與較進階植物的命脈。不同於硫化氫，地球上的水量豐沛，因此等於處處生機。當地球上的水因氰細菌的作用而失去氫時，氧氣依然留存並進入大氣。氰細菌包括現存最簡單的生命形式，人們是根據化石證據獲悉第一隻氰細菌現身的時間。

在靠近西澳馬波巴的皮爾巴拉，人們在三十五億年前的岩石中，發現紋理細密的岩石，名為燧石。科學家將燧石切成能用普通顯微鏡觀察的透明薄片，因此發現了氰細菌的形狀，但我們如何知道這些化石確實就是今日的氰細菌？畢竟這種生物比一些微小的波形線還小。答案藏在這些微生物所形成的獨特龐大構造裡，這些構造如今依然不斷形成。

與皮爾巴拉位於同一州的澳洲鯊魚灣裡，有個漢姆林池，那裡的珊瑚礁都被疊層石（源自希臘文，為「石毯」的意思）所取代，這些疊層石看起來就像是用矗立在淺海上的岩石雕刻而成的大蘑菇。漢姆林池的入口有沙洲和大葉藻阻隔，這重屏障將池水與海水分隔開來，水分蒸發導致池水的含鹽量升高。池中通常以氰細菌為食的動物，無法在鹽分如此高的環境中生存，氰細菌因而得以茂盛生長。氰細菌會滲出石灰，變硬之後就形成疊層石。我們知道皮爾巴拉的燧石，其實是由遠古時代的疊層石所組成，因為它與漢姆林池的疊層石具有相同的獨特構造。因此皮爾巴拉燧石擁有第一個為人所知的墓碑，記載著生命之始（雖然格陵蘭島上有化學證據顯示，早在三億五千萬年前，地球上就已有生命出現，但此觀點尚未廣為人們接受）。所以漢姆林池上演的場景，可能早在二十億年前就已在地球上出現。重要的是，我們得感謝氰細菌，因為它們，使得地球約在此時擁有含氧的大氣層。大氣中的氧氣，不只可供較進階動物呼吸，而且也提供一道可避免動物組織受到陽光中紫外線傷害的保護屏障——臭氧層。

就我們所知，在往後的地球史中，有很長一段時間沒有發生意義重大的事件。但是，生命再度邁出神祕的一大步，也就是「生命史」的第四章——有核細胞出現了。

「生命史」的第四章與第五章：細胞核與細胞群集

在「生命史」這本書的前三章所發現的生物是單細胞生物，牠們的ＤＮＡ（去氧核糖核酸）不規則地遍布整個細胞，即將出現的新生物雖然也是單細胞生物，但有個明顯的細胞核包裹著ＤＮＡ，並以一層膜與細胞液區隔。細胞核外還有其他胞器，例如線粒體。線粒體與細菌相同，會利用氧氣為細胞製造能量。細胞核是細胞主要的組織力。有核細胞約在十二億年前首度現身，屬於一群名為原生生物的單細胞生物。現今約有一萬種原生生物，包括大家熟知的阿米巴原蟲。取一滴池水放在顯微鏡下觀察，就能輕易看見原生生物。有些原生生物長了一根會游泳的尾巴，或可有韻律地拍打的纖毛，有些原生生物擁有一袋葉綠素，如同氰細菌一

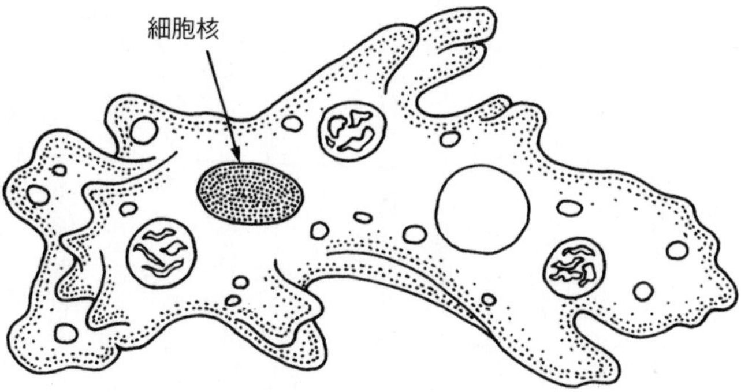

阿米巴原蟲——擁有細胞核及胞器的細胞。

般，可利用太陽能來為細胞製造食物。這些葉綠素和線粒體都有自己的DNA。有些研究者認為，有核細胞是很多無核細胞合併的結果，每個細胞都負責執行一項特定功能，以維持生命系統。

原生生物利用一分為二的方式來繁殖，這種方法稱為二分裂。但原生生物的二分裂，遠比細菌的二分裂複雜。不同於細菌，原生生物體內大部分獨立的內部構造都必須要分裂。細胞核的DNA以特殊的複雜方式自行分裂，所以可以複製基因，並將一套完整的基因遺傳給每個子細胞。雖然使用的方法各異，但有核細胞複製的重要特性是把基因移來移去。牠們所使用的機制之一涉及二種類型的細胞——卵子與精子。這是性的起源。基因由父母雙方而非其中一方傳遞給子細胞，子細胞的基因組反映的是雙親基因的新組合，偶爾這些新組合變異極大，因此產生略微不同但具新特徵的生物。這是另一種演化形式。利用這種方式繁衍後代，基因變異的可能性增高，演化加速。

單細胞生物的體積有限，因為細胞若變大，內部的化學歷程效率就會降低，最終將使生物無法繼續存活。演化的下個步驟發生在「生命史」的第五章，即藉由將細胞群聚在一個有組織的群體之內，以超越體積的限制，團藻就是其中的代表性物種。團藻是一個中空的球體，直徑約一公釐，球壁是由細胞組成，每個細胞都有一根看似尾巴、可有節奏地拍動的纖毛。牠們會協調纖毛的運動，讓整個球體能往同一個方向移動。演化形成的下一群細胞還有另一個特徵：一根分歧以聯合小細胞群體的角皮柄。不過接下來極為重要的步驟，是群體中組成細胞之間的勞力分工，發生在大約十億年前。在「生命史」第六章（海綿的出現）的卷首將有清楚說明，海綿是第一個真正的多細胞動物門。

「生命史」的第六章到第八章：出現真正的多細胞動物

海綿雖然有些可執行特定功能的細胞，但欠缺細胞與細胞間的連接，而無法如較進階的生物體形成組織。海綿通常開口於頂端，身體呈袋狀固定在海底，牠們汲取海水通過身體，然後濾出食物。海綿是唯一一種細胞有能力單獨存活的多細胞動物。若讓海綿通過篩網，彼此分離的個別細胞依然可以存活，甚至還能繁殖。海綿也欠缺神經系統和肌肉纖維，這是接下來兩種衍生動物門——刺細胞動物（Cnidaria，其中C字不發音，刺細胞動物門包括水母、珊瑚和海葵）與櫛水母——所具備的特徵。刺細胞動物與櫛水母具有二層薄且顯然已經修飾過的組織層，兩層組織間以膠狀物質加以區隔，其中一層包覆身體，具有保護作用；另一層則具消化功能，並形成腸道內襯。刺細胞動物與櫛水母都有基本的身體設計，體形也呈袋狀，但一端有可以開闔的口，且有觸手可將食物送至口中。

「生命史」第七章開啟了一種身體設計的演化，生物發展出三層主要的組織層，但組織層之間並無血腔。具備這種內部組織的動物是扁蟲。扁蟲的內層組織負責製造肌肉及一些其他器官，顯然是頗有前途的一層組織，但並無血液循環系統，因此必須藉助擴散作用將氧氣輸送到內層組織，由於擴散作用速度極慢，所以當組織增厚一層時，效率就會降低，這種情形意味著這類動物的身體必須呈扁平狀，事實也的確如此。如同水母一般，扁蟲的腸子也只有一個開口，是個也出（廢物）也入（食物）的港口，只是扁蟲的演化地位並不明確，而「生命史」第七章與第八章之間的關係也是如此。撇開爭議不談，在「生命史」的第八章中出現了下一個演化創新，出現了具備三層衍生組織層，但也有個開放血腔的生物。在同一章的內容裡，緊接著這項演化創新出現的身體設計，是有三層衍生組織層、以血管的形式呈現的血腔與內體腔，而腸子就懸浮在內體腔中。不過血腔與體腔的出現，並非普通的演化革新，牠們為未來內部變異的演化，鋪設了一條道路，人們可以利用這些內部變異，來區分其餘的三十四個動物門，包括節肢動物（蟹類、昆蟲與蜘蛛）、軟體動物（蝸牛與墨魚）、棘皮動物（海星與海膽）、脊索動物（魚類與哺乳動物），和很多其他奇特美妙但人們並不熟悉的動物門。此時顯然有個問題會浮上你我的心頭：「到底何時從三個動物門發展成為三十八個動物門，我們還停留在『生命史』第八章的內容裡嗎？」本章前文曾經提出的類似問題，現在變得更加精確也更可理解。但在回答這個新問題之前，我們必須先暫時停下腳步，重新思考「生命史」這本書到目前為止所教導我們的知識。極為重要的是，要記住這個問題與寒武紀大爆發無關，反而攸關先前的事件。

我們知道科學家是依內部的身體設計，來界定各個動物門，我們所閱讀的生命故

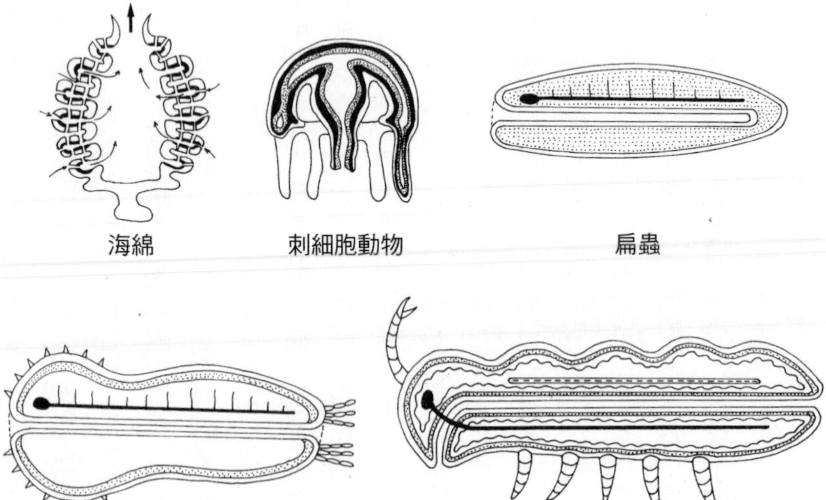

以不同動物門典型的軀體橫切面，簡單呈現內部身體設計的實例。

事，現在也已抵達地球上所有三十八種多細胞動物的身體設計，都已完備的階段。不過我們還沒考慮過這些動物的外形。到目前為止，我們曾經談過牠們外形的最進階動物是櫛水母或者可能是扁蟲。因此，第八章的內容是各自具有獨特身體設計與體形的三個原始動物門——海綿、水母與櫛水母，以及一群蠕蟲形或軟體型的生物；每種體型的生物，都具有三十五種不同內部身體設計之一，包括扁蟲的身體設計在內。這樣的描述真的千真萬確嗎？蟹類與海星的內部身體設計，真的曾經隱藏在蠕蟲那柔軟的身體之中嗎？當我們想到現今很多不同的動物門依然保有蠕蟲般的身體時，這種「全然蠕蟲」的局面，似乎也不是太過牽強。還記得紐蟲、花生蟲、箭蟲與橡實蟲動物門嗎？我們也知道有些動物門最原始的形式，包括人類所屬的脊索動物門在內，都具有蠕蟲的體形，但是尚未找到確實的證據。如果「全然蠕蟲」時代的確存在，我們就得面對探討外在體形演化的「生命史」第九章，而只完成動物門內部身體設計的第八章，就是我們的起點。第九章有些什麼必須提及的內容？它的起始與終結的地質年代如何？生物學家利用遺傳學定年法或分子鐘，告訴我們所有動物門的內部身體設計，是在十億年前到六億六千萬年前這段時間演化形成，亦即「生命史」中的第八章。為了了解身體外在構造的演化史，與促使生命歷史疾變躍入第九章的寒武紀大爆發，我們必須回歸化石紀錄。

「生命史」第八章的續集：埃迪卡拉之謎

福林德斯與洛夫蒂山是南澳的主要特色，如同源自阿德萊德附近海岸的主脈，延伸到遙遠的內陸地區。這些山脈成為某些有名地質研究的課題，完善解釋該地區重要的地質歷史。

沉積物沉澱在山脈中的狹長低谷，逐漸累積形成一連串厚達二十四公里的岩層。當地殼內的應力改變時，整個沉積物就被摺疊起來並往上推，形成現今山脈的前身。除了高齡十六億歲的疊層石以外，有些已知最古老的有核細胞，就在這片沉積物裡形成化石。然而更重要的是，在十四億年前到九億年前這段時間的某個時刻，已形成一道沿岸低谷的結晶岩石基盤上，曾經有片沙灘。對古生物學家而言，幸好這個沙灘環境持續留存到五億四千萬年前的寒武紀。

一九四七年，澳洲地質學家斯普里格在福林德斯山脈的埃迪卡拉丘挖掘到多細胞動物的化石。這些化石來自前寒武時期的晚期，約五億五千五百萬年前。但由於人人都「知道」這個地質年代可能並無化石存在，所以斯普里格的教授，理所當然地把這些岩石擺放在垃圾箱旁邊，但斯普里格的熱情讓他救回自己採集的化石，進行更徹底的研究，並暫時延緩這些化石被毫無尊嚴地拋棄的時間；若出現這種結局，無疑是糟蹋了斯普里格的心血。他的努力終於造就一個眾所周知的名詞——「埃迪卡拉動物群」。埃迪卡拉動物群是指稱一群已知最早的多細胞動物，其中第一隻動物就出現在斯普里格那些謎樣的岩石中。雖然澳洲地區曾經出現最多樣化的埃迪卡拉生物，但此後人們也曾在非洲、俄國、英國、瑞典和美國發現這些生物的蹤跡。最古老的埃迪卡拉化石，來自遙遠的加拿大西北方麥肯斯山，這些壓痕被解釋為是一種柔軟的杯狀動物，生活在至今約五億七千五百萬年前的泥濘海底，人們已接受牠們是世界上最古老的多細胞動物化石。

第一個發現的埃迪卡拉化石看似花朵的壓痕。這些壓痕可能是生物被沖刷到海灘、被太陽曬乾，然後在下一波浪潮的拍打下，被細沙沖刷覆蓋後所殘留下來的痕跡。沿著大堡礁蒼鷺島的海灘漫步，你可以發現海灘上覆有分裂的圓形水母，牠們即將經歷類似永久保存的過程，機會就在於牠們很快也會變成類似的花樣壓痕。埃迪卡拉生物是水母嗎？有些埃迪卡拉化石呈葉形或羽毛形。一旦潛入蒼鷺島外海，你就可以看見類似的形狀在海底的細沙上飄揚，牠們的形狀看似與水母同屬一個動物門的海筆。科學家至少已經確認十六「種」不同種類的埃迪卡拉生物，但這群遠古的生物，到底是屬於哪一類型的動物呢？其中真的有海筆和水母嗎？

乍看之下，許多埃迪卡拉生物的外形很像現生物種，但我們的老絆腳石——趨同演化，可以解釋其中的某些相似性。試以前寒武時期的物種狄更遜擬水母為例。從上面往下看，狄更遜擬水母的身體呈橢圓形，體長約一公尺，但厚度不及三公釐。人們曾在埃迪卡拉丘採集到數百種狄更遜擬水母，牠們必然曾是地球上相當常見的生物。北俄羅斯也有狄更遜擬水母的身影，據推測，前寒武時期晚期的地球，狄更遜擬水母的分布相當普遍。狄更遜擬水母具有從中央往邊緣輻射的分界線，若將這些分界線解釋為環節分界，就可想像牠的身體是由彼此分離，但又相互連結的環節所組成，因此可以把狄更遜擬水母歸類為環節動物門的動物，現存的剛毛蟲、蚯蚓、水蛭也屬同一動

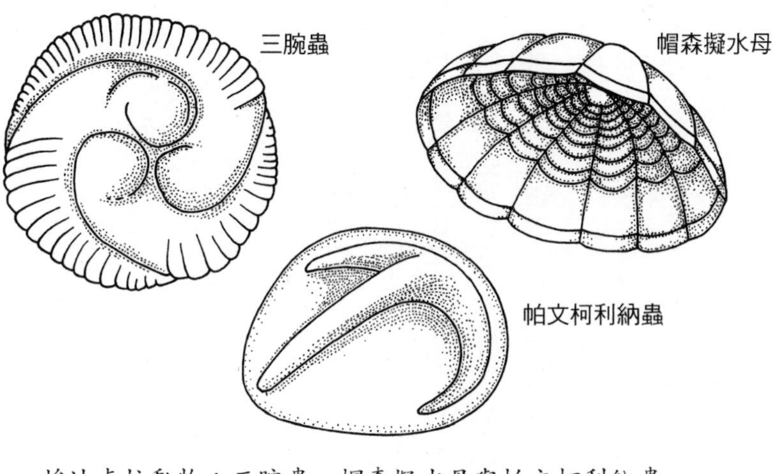

埃迪卡拉動物：三腕蟲、帽森擬水母與帕文柯利納蟲。

物門。但即使繼續往環節動物的路徑思索，還是有另一個可能性存在。若狄更遜擬水母之所以演化形成「環節」，是為了要增加體積，那麼牠就可能屬於另一個動物門，因為環節動物演化形成環節的原因，是為了適應柔軟的沙地並幫助牠們挖洞藏身。因此，狄更遜擬水母演化形成「環節」的目的為何？有更多的化石證據可以引導我們回答這個問題，但並不包括動物本身的化石。

儘管知道狄更遜擬水母的化石種類，但並未發現可容牠們藏身的鑽洞潛穴化石。雖然已知鑽洞潛穴可以變成化石（這種由古代動物所遺留下來的痕跡，稱為生痕化石），但由於埃迪卡拉動物群特有的生痕化石是表面的行跡而非鑽洞潛穴，顯示雖然有些埃迪卡拉動物會在海底四處爬行，但卻不曾鑽入海沙。現在我們可以在前寒武時期的名單上畫掉環節動物——牠們雖然同樣具有環節構

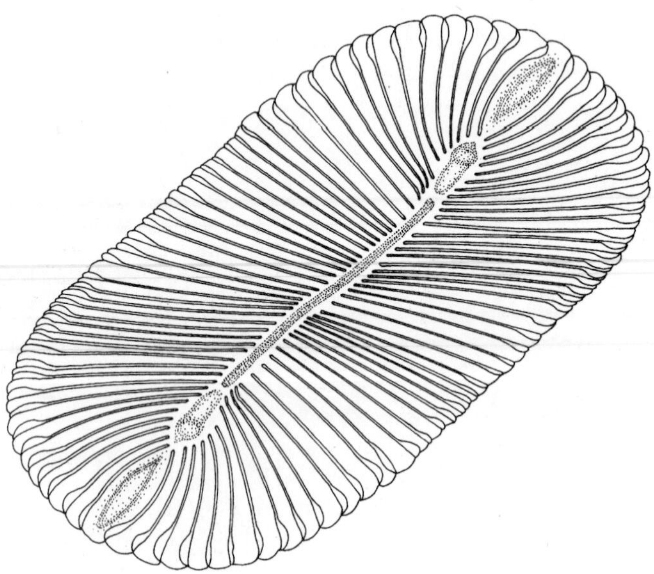

埃迪卡拉動物：狄更遜環蟲。

造，卻有著愛挖地洞的生活習性。因此狄更遜擬水母不會是環節動物。

藉由比較現生蠕蟲與其他軟體型動物所留下的蠕行痕跡，與古生物留下的曲線和渦形線痕跡，最近研究者已能弄清前寒武時期動物的遠祖。因此，歷經多年解剖學研究依然沒能解開的謎團，現在已經解決。

埃迪卡拉動物的內部特性並無明顯跡象，但人們已接受必須正視牠們與水母和海筆（刺細胞動物）有親緣關係的理論觀點。事實上，我們已在五億七千萬年前的中國岩層中，發現很可能是水母（與海綿）的胚胎，這項發現使刺細胞動物門的動物，也進入外形或體形多變的前寒武時期。同樣的，如今人們也相信很多埃迪卡拉化石代表，來自更多衍生動物門的動物，儘管當時牠們尚未具備現今的獨特體形。我們將在稍後討論這個問題。

現在我們已經填補了地質時間裡，那段曾將埃迪卡拉化石與接下來所發現的化石區隔開來，也證實埃迪卡拉生物在第一次試圖演化時「失敗」於是滅絕的空白。如今人們已知埃迪卡拉生物群，正好生活在動物演化史發生下一個重要事件之前。除此之外，牠們生存的最後六百萬年，顯然已是埃迪卡拉生物的多樣性達到顛峰的時期。沒有人知道牠們為什麼會滅絕，雖然對下一個地球上主要勢力突然「閃電」般出現這件事，可能還有很多東西值得學習，不過現在是時候談談寒武紀大爆發了。

「生命史」第九章：寒武紀大爆發

發生在埃迪卡拉動物群之後的寒武紀大爆發，是演化史上的畫時代事件，只有生命起源這件事的重要性，足以與之相比。寒武紀大爆發為現今發現的龐大生命多樣性的出現，鋪下一條通衢大道，不論是澳洲的大堡礁或巴西的熱帶雨林。它涉及創造力的突然爆發，空前絕後地在這次的大爆發裡，完成現生動物的外形設計。有牙齒、觸手、腳爪、下頷的動物突然出現。因為人們最近才意識到寒武紀大爆發這個事件，因此對這個重大事件的解釋，不如生命起源的相關理論般，有著淵遠流長的歷史。達爾文因為發現在五億四千一百萬前的寒武紀初期，突然出現硬殼化石，而且這些生物顯然並無演化上的始祖，而陷入苦思。達爾文和當時的人們假設，各個動物門的早期生命形式並未形成化石，或埋藏在不適合保存化石的古老岩層之中。然而正如我們所知，達爾文的研究只涉及微觀演化，目前我們有如此多保存良好的沉積岩（適合保存化石），由於這些沉積岩在寒武紀之前就已存在，所以寒武紀時期的條件較適於保存化石的觀點不再合理。目前對化石紀錄的觀點是，寒武紀「大霹靂」涉及動物從軟體、似蠕蟲樣的外形，演化出外殼的體軀部分。

在地球史上，寒武紀所占據的時間相當短暫，但在生命史上卻十分重要。雖然僅僅跨越四千三百萬年的時間，卻是發生重大變化的時期。人們後來發現，讓達爾文陷入沉思的硬殼化石，出現的甚至更加突然，科學家根據伯吉斯頁岩所發現的化石，將牠們現身的時間範圍縮小為寒武紀時期。這些大量的化石，是生存於距今五億八百萬年前的動物群及植物群，不但是很多科學討論的主題，也已在科學史上取得應有的地位。人們曾認為，牠們若非現生動物群及植物群的祖先，就是屬於未能在寒武紀中倖存的神祕物種。目前我們比較認同可將伯吉斯頁岩的生物，納入現今三十八個動物門之中的解釋（事實上其中有些生物如今已經滅絕）。

今日的伯吉斯採石場

雖然只是走捷徑穿越矇矓的迷霧，但自加拿大西南方亞伯達省的卡加立遠眺，可見平凡無奇的景致裡，巍然矗立著卓越不群的山巒。人們立刻就會被這些地質奇觀——洛磯山脈——所吸引，當經由加拿大橫貫公路逼近群山時，這份吸引力會變得更加強烈。班夫國家公園是進入洛磯山脈的第一道門戶，即使與任何其他山脈相較，依然稱得上處處是壯麗高山。陡峭的山勢、尖聳的山峰、各色各樣的山形，與延伸方向矛盾的「等高線」，塑造出此地的獨特風光。「等高線」盤旋圍繞著陸上風光，不斷吸引人們的目光向四面八方游移，專注於不同的焦點。這些等高線其實是沉積岩層的分界線，這些沉積並深臥海底形成新海底的沉積岩，已經躺在那裡數百萬年。因此，儘管如今這地方距地面有一、二千公尺高，但組成這些山脈的岩石，卻是在海底開始寫下它們的歷史。縱觀整個地質時間，當地球板塊活躍地推擠，並緩慢彼此碰撞時，必然會發生一些變化，構成現今洛磯山脈的岩石，就是一個例子。它們被迫從海底浮上水面，暴露在空氣之中，雜亂無章的活動，產生了如今我們在山上見到的那些參差不齊的「等高線」圖案。

繼續沿著加拿大橫貫公路西行，並在洛磯山脈裡駐足，就會進入卑詩省與悠鶴國家公園。菲爾德的礦業小鎮就在史帝芬山的山腳下，因寒武紀的三葉蟲化石聞名於世。菲爾德已經生鏽的鐵屋，逐漸為木造平房與小型汽車旅館所取代，在針葉林的掩映之中，是登山客寶貴的基地。不過菲爾德還有些與眾不同之處，此地的資訊中心展出一些保存良好、完整的伯吉斯頁岩化石，這些化石使菲爾德有別於洛磯山脈的其他地區，喚起人們這個地方有些東西非常特別的想法。化石的布陳展示是柯林斯的工作，他是加拿大東部多倫多市皇家安大略博物館的古生物學家，每年柯林斯和他的助手及學生團隊，都會租用一間菲爾德的木造平房。當我於二〇〇〇年七月到訪時，柯林斯引領我去他們新搭的臨時基地營，就在伯吉斯頁岩採石場。

伯吉斯動物群與植物群是生存於五億八百萬年前的生物，牠們生活在有陽光閃耀的海中暗礁，深度大約七十公尺或較淺之處。更特別的是，牠們棲息在暗礁邊緣，在卡薩卓峭壁的海底懸崖上方。卡薩卓峭壁可能是在暗礁邊緣分離、崩塌並滑下數公里的斜坡時所形成的，在傾斜的卡薩卓峭壁底部，也就是暗礁下方一百六十公尺左右的地方，是個海洋盆地。就在寒武紀時期的某一天，突然有道極細的泥流湧入，並橫掃這個地區，淹沒了大部分的暗礁，但卡薩卓峭壁頂端的邊緣卻得以倖免於難。在這場大災難逃出生天的伯吉斯動物群與植物群，目睹災難過後碳酸鹽沉澱在暗礁上的情形（碳酸鹽最後沉積在盆地裡），不過繼續流入的細泥漿，終於迫使伯吉斯動物群與植物群不得不聚集在一起。泥漿流過暗礁邊緣，猶如火山爆發後留下的灰燼，將伯吉斯生物帶到卡薩卓峭壁下方、拋入盆地。牠們仍然保持著臨終之時的各種姿勢，一如埋入龐貝城裡的遺體。如今發現的伯吉斯生物已成化石，了無生氣地躺在一片由盆地中的泥漿壓擠形成的岩石中，就在碳酸鹽層上方。伯吉斯頁岩的生物化石，宛如將生存在五億八百萬年前的寒武紀時期生物的影像，定格在那一瞬間。

伯吉斯採石場位於菲爾德北方五公里處的化石山丘。一百萬年前，這片蘊藏伯吉斯化石的岩石，曾因地殼運動而被攜帶移動了一百六十公里，若它們仍留在原位，地殼運動在當地所產生的熱及應力，足以徹底摧毀伯吉斯化石。

一九九九年，在一個極為陰暗潮濕的早晨，我抵達柯林斯的營地與伯吉斯頁岩採石場，當時我滿懷希望期盼天氣能夠轉晴，但最終還是失望了。不過薄霧的確營造了一種謎樣的氣氛，不知怎地，還滿切合當時的情境。我知道前方有些特別的東西等著我，但卻又不知道自己該期待看見什麼。

賞玩水色碧綠的小湖，還有湖畔松樹林間隱約可見的美景，就足以讓攀登威士奇傑克瀑布的辛勞值回票價。這個湖是冰河運動所形成的，冰河運動將所激起的礦物質，攪入冰河所留下的水中。雖然前往伯吉斯採石場的剩餘路途比較沒那麼陡峭，但一路都是上坡路段，約三個半小時的路程。不過最讓我擔心的並不是陡峭的斜坡，也不是薄霧，而是雪。我擔心的也不是路上的積雪深度，而是雪地裡剛留下的熊掌、熊爪及其他所有的痕跡。在無意間偶遇一頭雄駝鹿之後，我相當慶幸在登山時沒有遇見製造那些痕跡的傢伙。

我偶然路過的下一個湖泊，就像是「亞瑟王」裡的某個場景。綠色的湖水蒙上了一層薄霧，連湖周的松樹及天空都雲霧繚繞。四周極為寂靜，這樣的安靜令我印象深刻。自此開始，路上的地形與生命跡象就有了極大的變化。像河貍般毛茸茸的土撥鼠在這條「伯吉斯小徑」戲耍，這條小道徑直穿過狹長的山腰，包括化石山丘在內。路旁的小型植物特別有趣，因為這些植物的葉片會起皺或壓縮成皺摺狀，以便有足夠的力量支撐瘦弱的身軀——扁平的葉片容易倒塌。稍後我會回來討論這些葉子。

在穿越幾道冰橋之後，我終於看見雪地裡出現了柯林斯營地的藍色帳棚，他們的帳棚背後是洛磯山脈中一個比較大的湖泊（湖水當然是碧綠色的）。營地周圍是臨時搭建的電絲網，防止熊踏入營地。雪地裡還有些紅色的污跡，這些紅色的污跡與熊無關，是棲息於雪地裡的單細胞生物的紅色眼點群集在一起的結果。眼點這個詞裡的「眼」這個字，其實並不恰當，因為這些器官只能感知陽光的方向，牠們無法產生視覺影像或「看見東西」。稍後我們將討論「眼睛」與「眼點」的差別。

現在我距離伯吉斯採石場只剩下二百公尺的上坡路，只要再從伯吉斯小徑攀爬到化石山丘，就能抵達目的地。途中可見三個採石場，但最原始也是最多產的非沃克特採石場莫屬。柯林斯目前正在沃克特採石場進行挖掘的工作，是自一九八二年以來一連串饒有收穫的採集工作中，最後一次的挖掘。這個採石場像個平台，插入山腰幾公尺深，寬約數公尺。在採石場的背面有許多沉積岩層，鏟除積雪之後，看起來就像是彩色的嵌條。每一層沉積岩都曾是寒武紀時代的海底。人們從上方將鐵條垂直敲入岩石，使採石場的背面持續延伸進入山脈；鐵條的作用如同撬開岩石的槓桿。這片薄片般的岩石，或者說頁岩，就像屋頂上的石板瓦。他們將這片頁岩煞費苦心地劈成愈來愈薄的薄片，然後觀察是否有化石蘊藏其中，化石遠比光禿禿的岩石更值得人深思。我檢視了一些五億八百萬年來，首次剛剛暴露在空氣中的化石。有些動物長得像龍蝦，約一掌大小，有著具威脅性、能抓握的附肢和凸眼，還有些較小的生物帶著硬殼，有著我不曾見過的樣貌。即使在野外，也能用肉眼清楚看見伯吉斯化石所保存下來的細緻紋理。對一位生物學家來說，能在最初始的發現地點看見伯吉斯化石，是極特別的經驗，以致我在洛磯山脈所經歷的其他驚人體驗，都為之相形失色。目前國家已立法保護伯吉斯採石場，由加拿大公園管理處的管理員負責執法，以免未取得許可的化石採集者任意挖掘。因為伯吉斯頁岩的化石，在國際上具有舉足輕重的地位，所以如此慎重的保護極為適當。

從採石場回到伯吉斯小徑，可清楚看見很多堆名為岩錐的頁岩。雖然人們為了清空採石場，曾將這些岩錐拋棄，但劈開伯吉斯岩錐後，卻發現裡面蘊藏大量的化石。事實上，由於採石場本身正逐漸枯竭，所以岩錐已變成愈來愈有用處的化石來源。各個時代的伯吉斯開鑿者，都盡力完整保持化石山丘上的岩錐，包括最初的發現者沃克特在內。

歷經一世紀的研究

沃克特是美國國家自然史博物館（華盛頓特區史密森研究院）的首席科學家，也是寒武紀研究的世界權威。他在一九〇七年到一九二四年間展開探險考察，常與家人遠征悠鶴國家公園的洛磯山脈，採集寒武紀時代與寒武紀時代以前的化石。寒武紀三葉蟲就是在這個地區發現的。一九〇九年在考察化石山丘時，沃克特發現了馬瑞拉蟲、瓦普塔蝦、娜羅蟲、佛西亞海綿……事實上，令人驚奇的是，他發現了一系列軟體型生物化石，其中有很多是乍看之下外形詭譎的動物。他把各個物種素描在野外記錄簿上，並試圖找出這些形狀的意義，他知道這裡不該出現具有這種體形的動物。由於馬上就認定自己的發現非常重要，沃克特謹慎地將每件化石標本包裹妥當，用騾子載運到山下的基地營。

還留有柔軟組織細部構造的化石極為罕見；大部分的化石動物都只留下硬質構造，例如蝸牛的殼。可想而知，沃克特和他的家人計畫到化石山丘進行多次探險。在第一次發現重要的伯吉斯頁岩化石當天，沃克特在他的野外日記裡謙虛地寫著：「我們發現一群值得注意的葉足目甲殼動物。」一九一〇年，沃克特公開了這個「葉足目地層」，也就是如今名為沃克特採石場的這個地方。沃克特採石場發掘的寒武紀動物化石，具有之前人們難以想像的形狀多樣性。一九一一年底，沃克特和他的家人再度發掘出多達六萬五千多件同時保留了堅硬構造與柔軟構造的動物化石，並迅速送到華盛頓。在伯吉斯頁岩化石中，人們辨識出約一百七十種動物和植物（主要是動物），其中沃克特自己就描述了一百多種生物，雖然他歸類這些物種的動物門的方式，後來成為相當多爭議的焦點。沃克特的第一個直覺，就是把伯吉斯頁岩動物群納入現生動物的分類框架中，他在最初的說明裡就已表明這個直

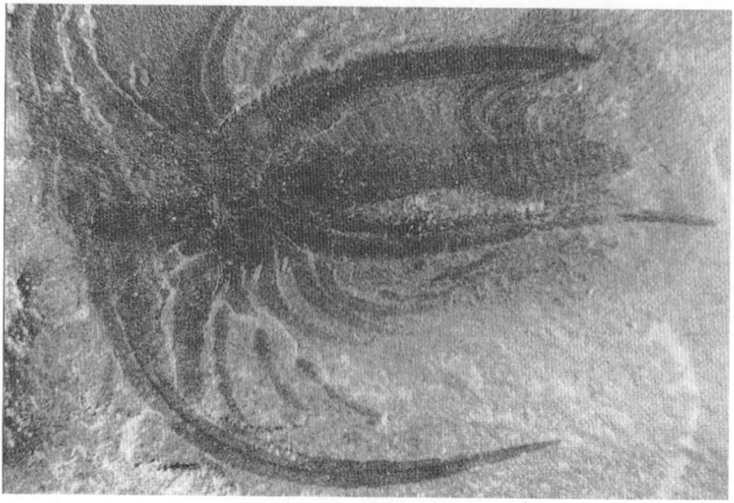

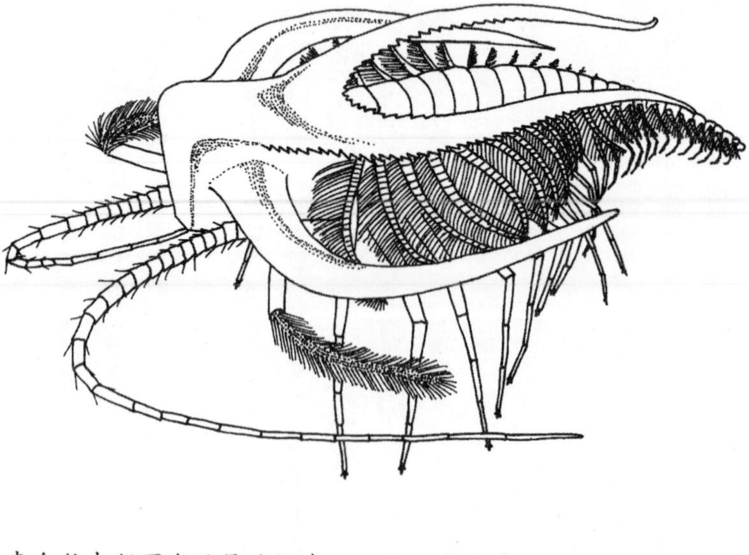

來自伯吉斯頁岩的馬瑞拉蟲——化石與重建復原的立體樣貌。

覺，當時他強將最早發現的物種，納入甲殼綱動物類群（屬於節肢動物門），現生蟹類、蝦類與木蝨（等足目甲殼動物）都屬於甲殼綱動物。這是安全的猜測，或許爭議性較建立一個新的動物門少，但卻不容易取得沃克特同行的同意。畢竟人們已知，寒武紀時代有著堅硬外骨骼的節肢動物是三葉蟲。沃克特後來在處理他的發現時，依然沿用現有的動物門。有趣的是，從沃克特的時代開始，我們又回到原點。後繼的科學家認為，很多伯吉斯物種應該屬於新的動物門，但有些則可以輕鬆地歸入現生動物門，雖然如此一來，他們所建立的動物門勢必比沃克特多。

自一九二四年到一九三〇年間，雷蒙率領哈佛大學暑期講習會的學員到加拿大的洛磯山，他們已經去過沃克特採石場很多次，並在附近的第二個採石場進行挖掘的工作。他們在「雷蒙採石場」有更進一步的寒武紀發現，不過化石的保存狀況不如沃克特採石場。

雖然人們已就沃克特與雷蒙的最初解釋，進行過一番討論，但出人意表的是，直到一九六〇年義大利的生物學家席蒙奈塔開始重新描述某些伯吉斯物種（尤其是節肢動物）為止，人們對伯吉斯頁岩的化石，始終沒有付出太多關注。席蒙奈塔的研究指出，重新檢視伯吉斯化石之後，他有了更多的發現，並提出第一個意義重大的聯想，即伯吉斯動物應屬於已滅絕的動物門類。他的主張引發關於早期多細胞動物演化主題的爭議，而從「劍橋計畫」開始，頗受科學關注的爭議也愈來愈多。

世界三葉蟲權威惠汀頓於一九六〇年代開始展開「劍橋計畫」，當時他任職於哈佛大學。惠汀頓最初計畫在伯吉斯採石場內發現化石之處，勘測精確的地層，這是以前採集化石的科學家所忽略的細節。在執行這項計畫時，惠汀頓意外發現一些新的化石。惠汀頓所收集到的新資訊，使人們得以了解伯吉斯頁岩生物原本的生存背景，及所面對的環境和生態條件。主要負責伯吉斯計畫環境發現的是加拿大地質調查所的工作人員，惠汀頓於一九六六年從哈佛大學轉到劍橋大學工作，他在那裡完成大部分重述化石標本與伯吉斯生態系統的研究工作。一九七二年，布里格斯與康威莫利斯也加入劍橋計畫。原先是惠汀頓學生的布里格斯和康威莫利斯，對伯吉斯生態系統（生物群整體的群聚結構）樣貌的可靠描繪，具有舉足輕重的地位。這是人們最早詳細了解其運作方式的生態系統。從某個特定地點廣泛採集的化石所得到的資訊是一回事，但了解原始環境的生態運作卻又是另一回事。因為從地質時間的角度來看，伯吉斯環境非常接近寒武紀大爆發的時間，所以極有潛力引發科學界更廣泛的興趣。現在鋪設的這個階段，是為下一階段的伯吉斯頁岩研究建立基礎，而下個階段的伯吉斯頁岩研究與最初的科學調查同樣重要。

研究伯吉斯頁岩化石，使寒武紀生物學家首度深入了解寒武紀大爆發這個事件，但由於晦澀難解的伯吉斯動物對廣泛閱聽大眾的吸引力，足以媲美恐龍競技場，所以撰文時需要藉助富想像力且熟練的寫作技巧。第一本著作於一九八九年出版，是古爾德的得獎作品《奇妙的生命》。在這本書中，古爾德成功地呈現曾經生存於地球上，但遠較我們對外星生命形式最瘋狂的概念更為怪誕的動物世界。《奇妙的生命》意外吸引了人們龐大的關注，部分要歸功於文中對人類如何涉入寒武紀大爆發這場盛會的巧妙解釋。古爾德的書在皮卡亞蟲落幕，皮卡亞蟲是一種會游泳的蟲，是第一個當時已知隸屬脊索動物門的成員。若皮卡亞蟲並未生存在寒武紀時代，故事就到此結束，當然現在我們也就不會站在這裡。

如今人們普遍認為，伯吉斯動物群代表了十個動物門：海綿、刺細胞動物（海筆、海葵屬之）、櫛水母、燈貝、軟體動物、軟舌螺、鰓曳蟲、剛毛蟲（在這個動物門裡還有其他蠕蟲類）、絨毛蟲、節肢動物、棘皮動物（海百合與海參屬之）與脊索動物門（人類屬之）。海藻與氰細菌也現身伯吉斯頁岩的動植物群中，還有一二種動物依然成謎，還沒找到牠們應屬的動物門類，雖然這未必就意味著牠們隸屬於其他已經滅絕的動物門。

古生物學的金礦

雖然伯吉斯頁岩動物群成為寒武紀演化的討論主流，已有數年的時間，但最近陸續發現了其他的寒武紀化石群。在瑞典南方名為「奧斯騰」的石灰石頁岩中，蘊藏著寒武紀晚期的生物化石，這些化石的保存狀況繁雜，其中還含有一些完整且保存精緻的微小節肢動物，例如三葉蟲與「種子蝦」，或牠們的近親。奧斯騰化石的保存類型屬於磷酸鹽化，英國什羅浦郡康利鎮的寒武紀初期沉積物，也屬於這種保存類型。

目前任職劍橋大學的加拿大古生物學家巴特菲爾德發現，在鄰近加拿大西北方大熊湖的帽山鑽探取得的標本中，含有寒武紀時代的化石。帽山這些五億一千萬年前的動物化石，保存的狀況出人意料的良好，還留有完整的可分解構造——寬僅一百奈米或者說十億分之一公尺（比光的波長還短）。帽山動物群中有一種微瓦霞蟲。微瓦霞蟲是剛毛蟲的原始型態，牠們的「剛毛」演化變成具保護性的刺與鱗，身體短胖，整體外形就像隻披著盔甲的老鼠。伯吉斯頁岩也有微瓦霞蟲殘骸的化石，但與帽山的微瓦霞蟲不同種。這說明了帽山化石的重要性。儘管並未發現不同的類群，但牠們與伯吉斯頁岩化石有極親近的關係，只是年代比伯吉斯頁岩的化石早了幾千萬年。利用這些證據，可更精準地確定寒武紀大爆發的年代。美國猶他州史賓塞頁岩，也發現生存時代相彷的微瓦霞蟲化石。事實上，現今人們認為，帽山與伯吉斯頁岩的化石，顯然屬於寒武紀早期和中期廣泛的化石群連續帶，從加州南方延伸至格陵蘭北方與賓州。

另一個蘊藏豐富的寒武紀化石群，來自中國南方的雲南省澄江縣。一九八四年，還是個學生的中國古生物學家侯先光，發現了第一件澄江標本，是一隻稀有的三葉蟲。侯教授與當時他的學長陳鈞遠教授，把往後的歲月都消磨在澄江地區，他們挖掘出幾個動物門的標本，這些標本保存狀態極為良好，現今他們仍繼續以相當快的速度，發掘其他動物門的生物。澄江動物群的生態學研究所受到的關注，足以媲美伯吉斯頁岩的化石。除了代表動物的多樣性外，澄江古生物學家頗具說服力的證據是這些化石的年齡——五億一千八百萬年。因此澄江動物群的生存時代，較伯吉斯動物群早一千萬年，揭露我們已知的五億八百萬年前的群聚構造，其實在五億一千八百萬年前就已成形的事實。

人們已經發現保存狀況與伯吉斯頁岩化石不相上下的寒武紀化石群，無疑還會繼續發現更多的化石群。但伯吉斯頁岩的化石，依然是演化研究上的里程碑，尤其牠們在大眾科學世界裡，對寒武紀有莫大貢獻。相較於衍生自這些化石的純科學資源，這似乎算不了什麼，但在講究科學策略的現代社會裡，它們卻與知識一樣重要，若非伯吉斯頁岩有極高的聲望，可能永遠不會有人願意資助或鼓勵發現更多寒武紀化石的遠征探險。

價值六千四百萬美元的問題

現在我們已經認識被奇妙地保存下來的寒武紀各動物門的動物群，但尚未發現寒武紀之前的動物化石。如前文所述，動物門內部身體設計的演化，還要早上一億二千多萬年至五億多年（看你相信哪個數據）。因此，現生動物的各種內部身體設計，的確曾經隱藏於蠕蟲體內長達數千萬年的時間。如今我們可以真正了解何謂寒武紀大爆發。在五億四千一百萬年前到五億三千八百萬年前，所有的動物門突然擁有現今發現的堅硬外部構造（海綿、櫛水母、刺細胞動物例外）。這是同時發生的轉變，各個動物門類的動物，從蠕蟲形或軟體型的原型，轉變成具備複雜且獨特的體形（亦稱「表型」），在地質時標上，整件事可說是發生在一瞬之間。如今我們也了解寒武紀大爆發的**事件內容**。

科學家並不完全知道是什麼原因，不過直到寒武紀時代為止，各動物門的早期成員並不具備硬質構造，因此也沒有獨特的外表。這種情形引發了另一個問題：發生寒武紀大爆發的**原因**。為什麼會發生寒武紀大爆發？堅硬外表的演化並非偶然發生，是所有的動物門在經歷一段相當長的平靜歲月之後，同時發生的事件，因此必然有個外在因素迫使這種類似事件大規模發生。但是是何種因素造成？是什麼原因導致寒武紀大爆發——**為什麼會發生寒武紀大爆發？**這是我們所留下的問題，本書的目的就是要解開這個謎題。

為什麼從前寒武時期往下傳承遺傳特性時，動物門未演化出獨特的外部構造？或許只是不需要。從胚胎發育形成複雜堅硬的外部構造，比只形成簡單的腸狀液囊，需要更多的能量，生物為何要耗費不必要的能量？歷經大約一億二千萬年的時間，動物並未驟然發展形成外部構造。因而引發這個急速

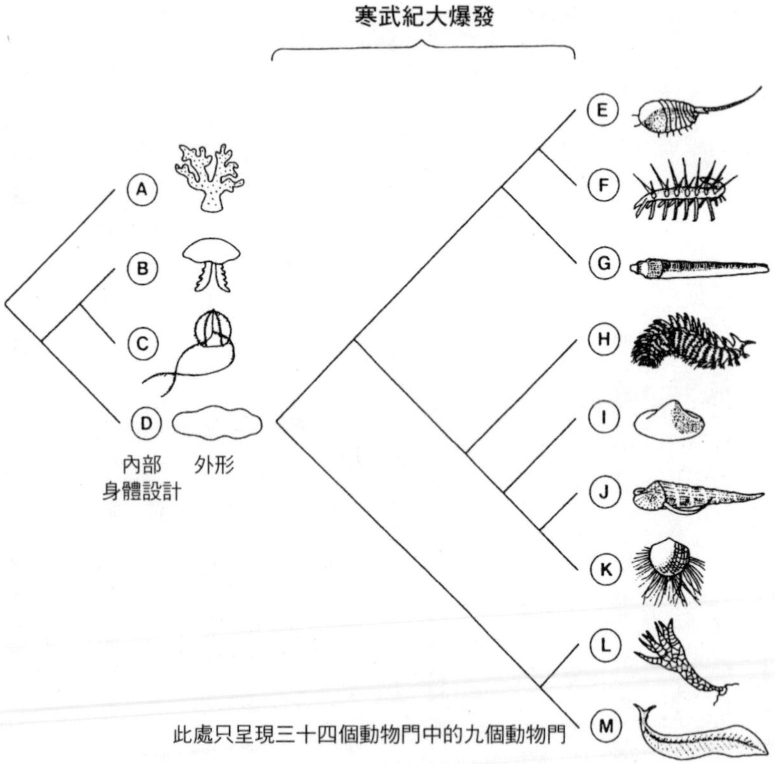
寒武紀大爆發
A
B
C
D
內部
身體設計
外形
E
F
G
H
I
J
K
L
M
此處只呈現三十四個動物門中的九個動物門

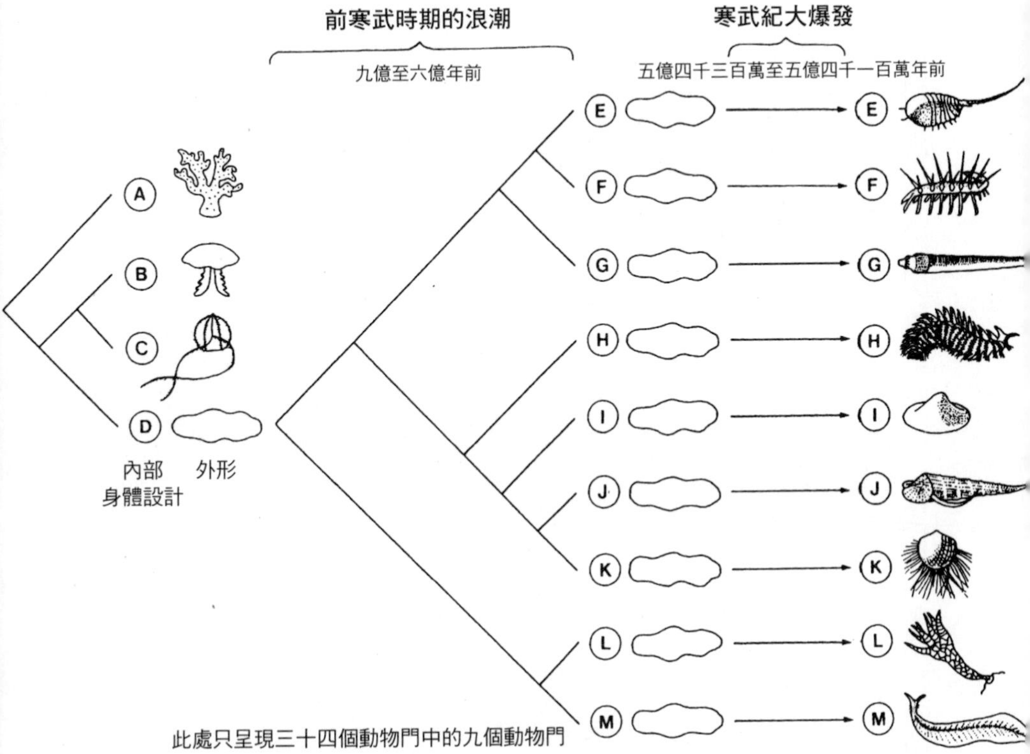

兩種版本的動物門演化史。自第一個軟體型動物起，兩個模式的演化分支均相同。右圖是指該分支具多樣化的內部身體設計與外部構造，大部分關於寒武紀大爆發起因的理論，是以此模式為根據。左圖則是正確的模式，適當確認寒武紀大爆發——是所有動物門的外在構造同時發生演化。

變化，並因此需要消耗額外能量的因素，必然極為重要。本書旨在揭開這個因素的神祕面紗，並據此了解寒武紀大爆發的原因——導致此事件發生的因素。

可能的答案

對於為什麼會發生寒武紀大爆發這個問題，學者專家曾經提出很多解釋。遺憾的是，總有強而有力的證據反駁所有的解釋：沒有一個解釋能夠禁得起科學嚴謹的驗證。過於簡化的解釋，認為寒武紀時期的一般環境條件適合演化，也就是說，寒武紀只不過是個適合動物演化的吉時良地。環境中包含物理（無生命的）與生物（有生命的）因素，最近關於寒武紀時代無骨骼動物胚胎的發現，足以推翻這項相當迂迴的論點。有兩種寒武紀動物——水母及剛毛蟲——的卵，比自己祖先的卵還大，受精卵裡有相當充裕的空間，而且胚胎晚期與成年動物的形狀極為相似，表示完全孵化的寒武紀動物胚胎，有能力融入環境，不需經歷一連串較不成熟的幼年期。由於可以確保子代能夠度過艱難時光，這種直接發育的策略，在現今嚴酷或不可預料的環境條件下常見。舉例來說，螃蟹卵孵化後，小螃蟹會像移動緩慢的浮游生物，在水中四處漂流。許多魚類可以輕易捕捉這些小螃蟹，當環境艱難時，甚至連這些瘦弱的小東西，都會成為魚類的盤中飧。但如果孵化出來的小螃蟹有能力在海底生活，並且擁有可讓自己隱入背景的色素和體形，就能瞞過掠食者的利眼，順利長成大螃蟹。由於要採取高度發展的孵育方式，雙親必須付出高能量，所以這不是一般的發育方式。寒武紀時期的直接發育證據，或許令抱持這種觀念的人感到驚訝，因為它顯示這段時期的生存條件，畢竟不是那麼合宜。於是「合宜條件」

的假設出局。

有些關於寒武紀大爆發原因的解釋，因為誤解了寒武紀大爆發的**實質意義**，而成為錯誤的犧牲品。許多科學家投入研究，但卻以引人誤入歧途的解釋為基礎，即所有動物門出現自發性演化的主張，試圖揭發點燃寒武紀大爆發的原因。這**並不是**對寒武紀大爆發的公正結論，也是個被我冠以「引人誤入歧途」之名的解釋。現在我們了解，寒武紀大爆發是所有動物門**身體外形**的自發性演化，在此之前，所有動物門的內部身體設計，均已設定完成。坦白說，以前的科學家之所以誤解寒武紀大爆發，並非起因於他們本身的錯誤，而是由於我們最近才發現足以了解動物內部身體設計故事的遺傳證據。

目前的證據顯示，前寒武時期的「事件」，即內部身體設計的演化，並非爆發性的事件，而是歷經數千萬或數億年的時間逐步演變形成。這可能是因為前寒武時期的「事件」，關乎動物自先前的型態演化形成另一種型態，與寒武紀大爆發的條件並無密切關聯。前寒武時期的「事件」與其說是爆發，不如說是一波浪潮。寒武紀大爆發可能是在一剎那間發生，但前寒武時期的「事件」則非如此。簡而言之，以前對「寒武紀大爆發」的解釋，實際上是將寒武紀大爆發與前寒武時期的「浪潮」這兩個事件，合併看待。一般來說，浪潮是重要的遺傳事件，而大爆發則多半是受到某些外在因素驅使所致。

後來關於寒武紀大爆發**發生原因**的研究計畫指出，前寒武時期末期的物理環境條件出現變化。我們已經了解，並非整體環境（物理與生物因素）的變化導致寒武紀大爆發，有些解釋只著重某部分的環境因素。有個解釋是以大氣中的氧氣濃度升高到關鍵濃度為基礎，另一個解釋則立基於大氣中二氧化碳濃度降低的觀點。氧氣和二氧化碳是影響動物呼吸及循環系統的因素，這些系統屬於大部分動物門的內部身體設計，通常對外在構造影響較小。因此，氧氣和二氧化碳的濃度，與寒武紀大爆發無關，但或許曾參與內部身體設計的演化。同樣也有地質學證據指出，在寒武紀之前的許多時期，地球上的氧氣濃度就曾達到高峰，其中有些證據來自宇宙球粒，即在整個地質時間裡，自外太空墜落地球的小隕石。宇宙球粒含有會與氧氣產生反應的化學物質，它們之間的反應強度，可顯示隕石墜落地球時，地球大氣中所含的氧氣濃度。根據證據，人們發現在寒武紀之前、之中與之後，地球大氣中的氧氣濃度曾達一連串的高峰。

繼續探討相關的化學主題。在寒武紀時期，另一個可能發生變化的物理環境因素，是磷的可利用性。磷有助於磷酸鈣骨骼的發育，磷的濃度增高，可能促使動物發展堅硬的外在構造。但動物外在構造的組成成分，並非只有磷酸鈣，還有其他的化學物質牽涉其中。磷的論點無法解釋這個現象。如同氧氣一般，有證據指出，在寒武紀之前及之中，地球上磷的濃度已達高峰。

另一個導致寒武紀大爆發的物理環境因素，是寒武紀之初大陸棚海域（「淺」水棲息地）的面積擴大。或許是因海水侵蝕全球陸塊，而突然加速形成這種條件。不過大陸棚海域面積擴大的發生時間，遠較寒武紀大爆發的時間早，因此整個系統並未因這個事件，而新添任何變數，地球上的整體環境依然大同小異。

最近對寒武紀大爆發發生原由的解釋，聚焦於與「雪球地球」假說有關的物理環境因素。學者認為，在寒武紀之前，有一段時期整個地球看起來就像是個大雪球。在前寒武時期的某段時間，太陽的熱度可能較現今低百分之六，結果造成氣溫和大氣中二氧化碳濃度降低，使得極地的冰帽日漸增大。

冰層將可使地表溫度升高的陽光及紅外線反射出去，因此有愈來愈多的冰層形成，於是地球的溫度也愈來愈低，形成更多冰層的可能性也愈來愈高。這個概念的強硬觀點主張，地球上所有的海洋最後都結成厚達一公里左右的冰層；比較溫和的觀點則認為，地球上還有個寬廣的冰帽，能讓開放水域的水在赤道周圍循流。但不論哪一種情形，在火山事件之後都能重新恢復正常條件，讓地球的大氣層充滿足夠的二氧化碳，啟動溫室效應或全球暖化，導致冰層溶化。二十多億年前或許定期發生雪球地球事件，但在八億五千萬年前至五億九千萬年前的前寒武時期晚期，至少發生二次。由於事件發生的時間極接近寒武紀時期，所以雪球地球必然是寒武紀大爆發的原因。問題是純然科學的評審團，尚未達成最終一致決議，認定應該贊同雪球地球假說的強硬觀點還是溫和觀點。與大陸棚海域突然擴增的假說一樣，溫和觀點也無法解釋寒武紀大爆發的原因，因為地球上依然有能夠促進演化的「正常」水域環境。不過在解釋寒武紀大爆發的起因時，強硬觀點也並非毫無瑕疵。

首先，這個概念具有目的論的基礎，假設演化的進程從一開始就已經注定。我們所處的既定情境，不過是前寒武時期身體外形像蠕蟲的所有動物門，本就渴望變成寒武紀時代的樣貌，只不過冰將一切事情暫時延緩下來。於是冰層溶化之時，也就是演化再度繼續的時刻。這並非客觀的觀點。如同前文所述，為什麼生物必須改變行動便利的蠕蟲體形？如果演化的進程早已注定，為什麼生物無法在冰層之下的水中繼續演化？為了解釋寒武紀大爆發的原因，這個煞費苦心才提出的概念，還有第二個主要的疑慮：數據並不相符。寒武紀大爆發發生於五億四千一百萬前到五億三千八百萬年前，但最近一次的雪球地球事件，至少在六億三千五百萬年前就已結束，這兩個事件之間至少相差九千四百萬年。實情如此，所以前寒武時期的雪球地球事件，無法解釋寒武紀大爆發的原因，雖然它在前寒武時期的「浪潮」也許扮演了某個角色。

我們正嘗試解釋造就物種多樣性的這場**大爆發**，或者說宏觀演化事件。就外部構造而言，物理環境條件的變化，只會導致微觀演化或逐步轉變。為了解釋大爆發的原因，我們需要了解某個決定生物生死存亡的因素，這樣的因素必然屬於生物環境的一部分，亦即在動物身上所發生的變化。也有學者提出關於寒武紀大爆發起因的生物環境解釋。

有個根植於生物環境的解釋，主張寒武紀時期的動物可普遍取得膠原蛋白。遺憾的是，這種觀點只會誤導人們對寒武紀大爆發的了解，因為在寒武紀大爆發之時，有個動物門就已演化形成膠原蛋白，並迅速成為寒武紀時期所有其他動物門的始祖。若這個解釋正確，那麼所有動物門的動物，理應同時演化形成各自的膠原蛋白，但我們知道演化並非以這種方式進行。發生這種情形的機會極為渺茫。同樣的，如同磷一般，膠原蛋白也並非動物外部堅硬構造的唯一成分。

加州大學柏克萊分校的美國生物學家瓦倫汀認為，大部分的趨異多樣化，只發生在還有未被占據的棲境（一種「生活方式」）可供生物演化之時。這意味著寒武紀大爆發的發生原因，是寒武紀時期突然出現空置的棲境。遺憾的是，這個解釋是寒武紀大爆發誤解版本的受害者。我們並不是在找尋說明為什麼四個動物門，會突然演化變成三十八個動物門的解釋；我們想了解的是，為什麼三十八個內部身體設計不同的動物門，會恰好突然變成三十八個具有不同內部身體設計與不同外形的動物門。雖然在長達一億二千萬年的時間內並未發生這種轉變，但始終有些可供生物演化占據的新棲境存在。舉例來說，某個包含掠食生活型態的棲境。在這一億二千萬年間，蠕蟲樣的體形，基本上就像是一大塊移動緩慢的蛋白質，但卻沒有動物填補這個掠食性的棲境，因為它嚴格要求生物必須具備堅硬的軀殼、可以撕咬獵物的下頷，與可以抓牢獵物的強壯附肢。在寒武紀大爆發之前，有為數眾多的潛在棲境空置，但是基於一些至今尚不明白的原因，這些棲境並未被填補，直到寒武紀初期為止，它們依然閒置。考慮棲境的問題確實很重要，但並非我們想要找尋的基本解釋。我們正在找尋的是，驅使所有動物門在地質年代的某個時間點，填滿所有閒置棲境的因素。在寒武紀初期必然有個**非常**不尋常的事件發生。

寒武紀時期，如同浮游生物般可自在漂流的植物或許曾經增多，這可能是起因於導致海洋湧升流的重要事件，科學家對這事件本身已有幾種解釋。這些植物成為動物演化形成泳肢的選擇壓力，具備泳肢的動物才能接近生長在水中的植物，並且演化形成專門吃這些水中植物的口器。大嘴唇、無齒、體形短胖的蠕蟲，永遠不可能追上寒武紀時期一些漂動迅速的植物，更遑論咀嚼美味。但這個解釋只說明了一個新棲境，而非伯吉斯頁岩的動物所填占的所有棲境。寒武紀頁岩的生物類群，不只包含會游泳的動物，所以無法單靠這個解釋，說明寒武紀大爆發的發生原因，但我們目前的追蹤路徑方向正確。

最近美國麻薩諸塞州哈德利南方霍利約克山學院的馬克．麥克蒙與戴安娜．麥克蒙，重新修正看似最真實的寒武紀大爆發起因。這個解釋將所有的進食模式，包括掠食在內，均視為一個重要因素。馬克．麥克蒙一面應用現代的生態學方法，讓已有百年歷史的概念復甦——即動物之所以演化形成外殼，是為了保護自己抵禦掠食者的侵略，一面又依食物網，將整個寒武紀生物類群概念化——即每個物種都有專屬的掠食者及食物。但這個概念化依然備受批判，因為它過分簡單而擬人化。

儘管（甚至可說是由於）已提出所有解釋，但這些解釋仍無法讓生物學家與古生物學家普遍地相信，人們已經了解導致這件可說是地球生命史上最戲劇化事件發生的真正原因。斯德哥爾摩自然史博物館的柏格隆曾於一九九三年表示：「寒武紀時代為什麼會出現輻射演化？最誠實的答案是我們不知道。」四年後，史密森研究院的歐文證實：「我們依然不確定導致寒武紀大爆發的觸發因素。」本書的目標，是終結對寒武紀大爆發原因的不確定性與推測。我贊同貝拉沃恩、厄道特與諾爾的看法，他們各自告訴我們寒武紀大爆發的解釋，應與多細胞動物的生態學和行為系統的突然改變有關，但我要將範圍縮得更小。

預演

通常在科學領域裡，認知到某個理論是錯誤的，與知道它是正確的幾乎同樣有用。關於寒武紀大爆發的**內容原因**的錯誤答案，漸漸地引領我們了解，應到何處找尋這兩個問題的正確答案。儘管只是拼圖的邊框，但它們本身也是整幅拼圖的拼圖片。本章我曾說明寒武紀大爆發**內容**的正確解答，也將在本書的其餘章節裡，開始就寒武紀大爆發的**原因**，提出我的新解釋，亦即所謂的「光開關」理論。為了揭露寒武紀大爆發的真正原因，我們必須把所有的拼圖片拼湊起來。本書接下來的七章，將找出更重要的拼圖片。在這些章節內容裡，我將根據現今生命的運作方式、地球在演化進程期間所發生的事件，以及過去的生命在不同時期的運作方式，建構一幅多面向的圖畫。

接下來的章節，我會把看似風馬牛不相及的主題聚在一起，從古教堂到印象派畫家的畫作。於二十世紀轉換之際，發明家協會總裁在提出「可發明的所有事物早已被發明」的主張之後辭職。他並未說錯。本書將證明側面考察的成果，以及科學如何因結合各學科領域的知識獲益。

下一章我將更仔細地檢視化石，提出過去已發現的資訊。但要解釋寒武紀大爆發，不只需要古生物學的證據，也需要生物學的證據。研究現存生態系統所發現的線索，與研究寒武紀動物化石所得到的線索一樣多。我提出的解決方案，是利用所有的科學線索，將時間推移到現代世界，將焦點集中在我所專精的主題。第三章說明的是現生動物如何演化出現身體顏色或隱身的技能。我會證實現代動物造色系統的精密程度，我們對滅絕動物的造色系統所知甚少。中心主題是，在現今絕大部分的環境中（有光環境），對動物的行為而言，光是最重要的刺激。

在第四章中，我將藉由檢視故事的另一面，即生活在黑暗中、洞穴裡與深海內的生物，凸顯光是現代世界重要刺激的觀點。在本章裡，光的重要性會變得更加明顯，不只對動物行為，對演化的影響也是如此。第五章我會比較兩群種子蝦的演化速率，這兩群種子蝦在不同的環境中開始寫下牠們的歷史。有一群種子蝦生活在開放水域，另一群種子蝦則在海蝕洞中度過一生。仔細觀察生活在開放水域的種子蝦，會發現光是驅使牠們演化的因素，但生活在黑暗中的種子蝦，與牠們的始祖幾乎完全一樣，結果開放水域的種子蝦，遠比生活在黑暗洞穴裡的種子蝦更具多樣性。海生等足目甲殼動物類群（木蝨或等足目甲殼動物屬之），也能證實光在演化上所扮演的角色，我們將加入羅瑞在太平洋的東澳海洋腐食性動物探索計畫（SEAS），也會談及蟹類與蠅類。

第六章略微強調探索古代滅絕動物體色的氣氛。骨骼與其他可以變成化石的堅硬部分是物理構造。雖然必須藉助顯微鏡才能看見，不過現今有些動物的顏色是起源於物理構造。化石紀錄裡也保存了這類微小的構造嗎？或許能在五千萬年前的甲蟲，和一億八千萬年前的菊石身上發現這個可能性。

然後這本歷史書就會翻回更早之前的年代……若只靠古埃及雕像的原創顏色，我們就能知道它曾存放死亡之書，那麼從化石裡找到的顏色，又能讓我們了解多少知識呢。

為了估量動物的顏色所提供的資訊，第七章將介紹各式各樣的眼睛。第七章將告訴你所有的動物都必須適應現有的眼睛，不只是體色，還包括牠們的體形和行為，即所有會影響映照在視網膜上的動物外形的因素。當視網膜屬於掠食者所有時，對可能的獵物而言，牠們在掠食者的視網膜上所形成的影像攸關生死。但視覺外形的危險性是最近才出現的嗎？在第八章我們會討論掠食者的歷史。藉由重回化石紀錄，我將回溯過往，說明眼睛、掠食者及（或許）兩者間的關聯性。但到底要回溯多長的歷史？這是個十分重要的問題。

從倒數第二章開始，讀者已經得知所有破解寒武紀大爆發可能原因的必需線索。有時解釋雖然似乎顯而易見，但仍必須選擇迂迴曲折的道路才能抵達終點。沿途我們將會遇見很多不熟悉但迷人的實例，展現自然界中精密而且完美平衡的生態系統，但剛開始時得先回到骨骼本身，及對冰冷無生命岩石的現代觀點，這些岩石曾被安全地保存在滿是灰塵的維多利亞時代陳列櫃裡。

現在我們將回到地質史上的過去生命。

第二章 化石的虛擬生命

除非親身體驗，否則難有真實。

濟慈

我在第一章起首，就曾摘述地球的生命演化史，本章將仔細探究岩石，檢視創造這個生命故事的證據。現在我們要藉由某些意義重大且魅力十足的事件，穿越現代時空，回到寒武紀時代。保存良好的古老化石吸引我們回到過去。

雖然科學家對演化的研究愈來愈著重於遺傳研究，但遺傳學的推論總是理論性的。儘管學者已揭露很多現生物種的基因，但如今所見的動物，並非直接從各物種的祖先演化而來，其中必須經歷某些中間階段，例如某些已滅絕的物種。因此，為了揭開演化的祕密，我們需要了解現生與滅絕生物的遺傳學資訊。當然，雖有少數例外，但我們只能根據理論去建構已滅絕的基因。

不過化石是真實存在的，它們是鐵一般的事實，不容我們輕易忽略。大約十年前，分子定序的結果顯示，寒武紀大爆發的發生時間，遠在前寒武時期之後。因此將寒武紀早期的標籤，貼在參與這場盛會的化石紀錄上不但矛盾，而且顯然會阻礙我們繼續前行。古生物學家立場堅定，提醒我們化石並非視覺假象，若劈開已有三億五千萬年歷史的岩石後，發現一條硬骨魚所遺留下來的細微痕跡，我們就能確信三億五千萬年前的地球水域裡，確實有硬骨魚悠游來去。不過在五億五千萬年前於類似條件下形成的岩石中，卻始終不見硬骨魚類的蹤影，最後我們不得不做出這段時期並無硬骨魚存在的結論。然而忽略遺傳學的證據同樣不智，事實上，學者已根據化石與基因證據，描繪出寒武紀大爆發的真正面貌。不論探查方向如何，化石都是演化研究的珍寶，確實值得本書用一整章的篇幅來介紹。有時即使在討論似乎毫不相關的主題，化石還是可能再度浮上檯面。

化石所扮演的角色就是揭露演化路徑，對前一章的內容可謂貢獻卓著。本章的主旨雖是探索建構這門學問的魔法，但同時也要證實研究化石可讓我們得到很多學識。在此我要先將「生命史」這本史書，概念化為平面扉頁的描述，接著再把血液泵入化石那乾癟平坦的血管，讓牠們躍然紙上，使我們得見古代動物的生活型態。應用工程學、物理學、化學與生物學，確實可以把一大堆老骨頭轉換成虛擬的立體世界，或許是數百萬年前的世界，一個有動物在奔跑、飛翔、疾馳、挖洞、獵食、逃命的遠古世界。

化石為過去的世界新增幾筆驚人的細節，提供相當確實的證據，引領我們朝解開寒武紀之謎的路徑前進。本章有些例證，不但能增添二十一世紀的古生物學風味，而且也是演化行業的工具。福爾摩斯的計謀與現代鑑識科學和恐龍專家及宗教藝術家的藝術相融；化石葉片對古氣象學家助益匪淺；運用汽車設計師的技術，可讓四億年前的「蠕蟲」與節肢動物類群，在電腦螢幕上起死回生；現生生物的生物學與水肺潛水的原理，有助於解開「菊石之謎」。但一開始我要先問個問題：「精確地說，化石到底是什麼？」這個問題未必明顯易答，尤其當某些滅絕物種所留下的殘骸竟是如此「新鮮」，簡直可說栩栩如生。

最年輕新鮮的化石

我有一本堪稱古董的舊書，是部關於地球動物群的鉅著。這本書的書名是《奈特的模擬自然插畫博物館》，在我家已經傳承七代。夾在厚重憂鬱的黑色封面之間，是關於數千物種的簡短描述、生物學資料與木板印刷插圖。有些插圖相當粗糙，尤其是猴子那些看來很不自然的姿勢，顯然是以裝腔作勢的博物館標本為模特兒來作畫；袋鼠的素描，看起來像是第一批抵達澳洲的歐洲人所畫的圖畫，而

巴特沃斯於一九二〇年代所繪製的圖，圖中如鱷魚般行走的是一隻梁龍。

且牠們的故事也與美國水牛類似。人類會將迅速瞥見的不熟悉樣貌，以較熟悉的形態在腦海中重組，你印象中的水牛可能長得像乳牛，袋鼠或許具有些許野兔的特徵。化石重建復原裡有個教訓必須銘記——外推法可能是冒險的，至少可能會超越合理範圍。鱷類或許是與某些恐龍親緣關係最接近的現生生物。雖然根據最近發現的皮膚化石證據，我們或許能有把握地猜測，某些恐龍具有類似鱷類的鱗狀皮膚，但遲鈍且具四隻腳的體形再加上擦地爬行的腹部，或許是鱷類獨具的特徵。不過恐龍重建復原的諸位先驅所描畫的粱龍，的確是隻行走時腹部會擦地而過的恐龍。這樣很不錯，我們需要從錯誤中學習（在科學中處處有錯誤）。外推原則的危險性，以滅絕動物的體色為最，本書稍後章節我會證實這一點。

《奈特的插畫博物館》也論及化石的相關資訊。現生物種與化石物種間的接合點是渡渡鳥，牠們是我們透過十七世紀旅行家的手稿而了解的動物，這些旅行家曾造訪渡渡鳥的家鄉模里西斯，不過至少從《奈特的插畫博物館》的時代起，渡渡鳥就已滅絕。他們對大海雀與袋狼的行為，有更詳細的描述，這兩種動物很悲慘地變成現生動物的切片標本。如今大海雀與袋狼已經滅絕。

渡渡鳥的腳與皮膚碎片，保存在倫敦及牛津的自然史博物館。在倫敦可以看見姿勢與企鵝相似的大海雀，至於有幸眼見二十世紀世界的袋狼，則留下較多保存完整的標本。或許還有更多諸如此類的例證，畢竟，我們生活在最嚴酷的滅絕事件裡，自然史博物館的收藏品，當然變得愈來愈重要。某天我突然對竹節蟲的體色產生興趣，當時我正在雪梨澳洲博物館的昆蟲學室進行研究，來自太平洋豪勛爵島的巨大標本，立刻吸引了我的注意力。可惜我想借出這個脆弱標本的申請要求遭到拒絕，因為它不但是一百多年前採集到的標本，也是這個族群的最後一位成員。但我們是否能將含有生物原始有機構造的標本歸類為化石，即使該物種如今已經滅絕？這些標本從地質時間的角度來看相對地年輕，在這特殊的情況下，或許牠們的年齡是不利於化石分類的強烈偏差——我們的近親可能採集過牠們。

在探討自更久遠的世代衍生出來的主題時，關於化石定義的問題就變得更為有趣。第一隻猛獁象出現在距今十五萬年前，地球進入最後一次冰河時期的時刻。猛獁象遍布北亞與歐洲，與巨型地獺、劍齒虎、大角美洲野牛在同一個環境中生活。恰在二萬零三百八十年前，有一頭重約八公噸、高約三．四公尺的公猛獁象，獨自死在西伯利亞的凍原上，牠死時只有四十七歲，比當時猛獁象的平均壽命短了十三年。若以這種方式來細想古代動物，牠們在你腦海裡將是曾在世上生活的動物，而不是現今已經滅絕的動物。能讓一隻已經滅絕的動物真正死而復生，是古生物學的目標，但我們所發掘到的猛獁象相關證據，遠超過一般預期。

發現古代人類生活的洞穴，讓我們更加了解猛獁象的生活型態：石尖矛旁有一大堆猛獁象的骨骸與長牙，顯見古代人類不但會獵捕猛獁象，而且可能是猛獁象主要的威脅。許多冰河時期人類居住的洞穴中，留有顏料的痕跡——是一幅幅描畫大規模獵捕猛獁象場景的原始畫作。科學家曾因這些圖畫，而提出猛獁象是第一個被人類消滅的物種的理論。或許，若古代人類能完整保存猛獁象的標本，我們就能進行驗屍，了解人類祖先用矛獵象的射程。對了，現在我們就有一隻猛獁象標本。

一九九七年的某一天，俄國耶可夫家的九歲男孩，在西伯利亞的冰封荒原上追捕馴鹿，起初一切看似十分尋常，直到藍色地平線上有個奇特的白色物體映入他的眼簾。當男孩愈來愈接近那白色物體時，他發現那個白色物體原來有一對，不過他很快就認出那是什麼東西。突出於冰凍地面（或者說永凍土）的，是一隻猛獁象的長牙，一隻已知在二萬零三百八十年前孤獨死去的猛獁象。耶可夫家的其他人對這個場景極為熟悉，在西伯利亞發現猛獁象的象牙，早已不再是新聞。但這次的發現有些不同往常，耶可夫家的人所發現的象牙，成為科學界關注的焦點，因為這對象牙不但埋在一大塊冰裡，而且有跡象顯示，冰塊裡除了有象肉還有粗厚的象毛。這是項能使眾多科學家豎耳靜聽的發現。第一個取得猛獁象解剖權，足以提供充分基金的國家是法國。

二年後，在一九九九年時，法國的極地科學家開始展開非比尋常的行動。一架俄國直升機，受聘起吊一塊四方形的巨大永凍土塊以及突出其上的巨大象牙。在這塊永凍土裡，碰巧埋著一隻完整的猛獁象，牠的遺體在冰墓中被幾近完美地保存下來。這頭起初被寒風冷凍至攝氏零下五十度的猛獁象，被空運到二百公里遠的卡丹加市。如果光是這樣的景象無法引起你的興趣，接下來發生的事情必然讓你感到興味盎然——科學家花了六周的時間，站在這隻猛獁象旁邊用吹風機慢慢將牠解凍。不過在取出符合博物館標準的猛獁象標本，以及完整的DNA標本時，這支勝利科學團隊露出燦爛笑容。吹風機不只溶化了冰塊，也吹乾了猛獁象的皮膚和肌肉，因此有助於標本的保存。

當時法國團隊正對這頭生活在二萬零三百八十年前的猛獁象屍體，進行徹底的檢驗，希望能確定牠的死因。驗屍的結果或許支持猛獁象是因人類而滅絕的理論，但也或許提供的是另一種概念，即物種是因氣候急劇變遷，導致營養不良而滅絕的證據。石矛會在冷凍的象肉上，留下能透露內情的印記，但未必能在骨骼上留下痕跡。骨骼所提供的營養不良相關證據也很少，所以只利用骨骼來解釋過去曾經發生過的事件有些限制，無論如何，我們的古生物學衣袖上已增添更多裝飾。

至於這隻猛獁象算不算是一種化石，其實答案並不怎麼重要。如同埃及的木乃伊一般，猛獁象原本的有機物質已被保存下來。符合傳統標準的化石，生物的屍體在被微生物分解腐爛之前，就已被埋葬在某種物質當中，沉積作用是其中的功臣——水中落下的礦物顆粒，在形成組成海底的沉積物或底質途中，偶然將生物的屍體掩蓋起來，接著底質的礦物質就會取代生物體內的有機物質。嚴格說來，「取代置換」礦物質的類型，不同於底質礦物質；因而可將化石與周圍的脈石分離，並輕易辨識它的存在。但有時，剛死去的生物屍體只有部分變成化石，其餘的有機物質並未被保存下來。既然這個平衡可向任一方向移動，我們是否能用「化石」這個名詞，來稱呼具有百分之一取代置換礦物質及百分之九十九有機物質的古代標本，就只是純學術的問題，但將有機物質百分之百保存下來的標本則另當別論。無論如何，這些動物死後都已留下痕跡，供古生物學家發掘研究。

形成化石的過程本身，複雜程度也不盡相同。骨骼的輪廓只能以化石的方式保存，但有時皮膚、器官和骨骼的內部組織，也能寫入化石紀錄。當細微的構造也被保存下來時，不論是真正的化石或保存完好的有機物質，都能提供我們關於動物軀體的資訊。我們知道由於構造的關係，猛獁象的象牙極為強硬。幾疊材質交錯並呈波狀構造的薄組織層，所提供的強度與堅韌度，甚至更勝材質交錯的厚組織層，或幾疊材質交錯而平坦的薄組織層。膠合板和波狀鐵皮之所以強硬，就是基於這個原因。真正形成化石的殘骸，與生物原本的有機標本，都能提供這項資訊。另一方面，保存狀況較差的化石，由於只留下象牙的輪廓印痕，所以僅能提供大小與形狀等資訊。不過保存狀況良好的化石與有機殘骸之間，有個重要的差異，是具備重大科學潛力的徵兆——那就是核酸的保存。

當有機物質已有七千萬年的歷史時，有機殘骸與傳統化石之間的界線，就會變得愈來愈模糊。保存如此之久的殘骸，想必一定會被視為化石看待？生活在七千萬年前的昆蟲，曾被完整地保存在琥珀裡——帶著值得誇耀的有機組織。在樹幹上略事休息的飛蟲，偶爾會發現自己被樹皮滲出的淡黃色樹汁黏住，掉入樹汁的飛蟲掙扎得愈厲害，就會在樹汁裡陷得愈深，如同深陷流沙一般。七千萬年前的飛蟲，也曾遭遇類似的不幸。最後樹汁會變硬，將飛蟲永遠地封埋其中。硬化的樹汁，也就是琥珀，可以阻隔微生物及化學物質的侵襲，因此能原封不動地將飛蟲的有機物質保存下來。由於對這些標本的年齡感到疑惑，古生物學家為這些不同於一般信念的標本，創造了「亞化石」這個名詞。保存在琥珀裡的飛蟲，尤其是會吸血的蚊子，也是討論核酸保存時最著名的爭議對象。

有些生活在七千萬年前體型壯觀的恐龍，可能曾是蚊子的犧牲者。認為可利用保存在古代蚊子體內的恐龍血液，讓恐龍重拾生命的想法，目前距離成功還遙遙無期。破壞這全盤大計的是污染，由於在分子實驗室中受到污染，那些DNA表面上是屬於古代恐龍，但其實是近代生物的DNA。目前科學家一致認為，核酸無法存活數百萬年的時間，但已握有預定用來將基因組轉換為一頭會呼吸的活霸王龍的方法。

微生物學家依慣例讓南極洲的萬年微生物恢復生機。風可以傳播活的微生物孢子，有些孢子不幸在南極洲冰層上著陸，於是立刻進入休眠，休眠的孢子會皺縮，並停止一切的代謝活動。

俄國位於沃斯托克的考察站，恰好位於南極大陸中心，是南極洲最不適於居住的地方之一。科學家在沃斯托克考察站的冰層進行鑽探並取出冰核，冰核底部的冰塊，可能已有五十萬年的歷史。一九八八年，一位美國微生物學家發現一些被鎖在冰核裡的孢子，這塊冰核裡的冰塊，已歷經二十萬年的沉潛。出人意料的是，將孢子解凍之後，竟然出現活的細菌，這些細菌經過培養後的狀況，一如這二十萬年的時光不曾流逝。這項成果，點燃人們讓其他與這隻細菌年歲相仿的核酸恢復生機的希望，猛獁象團隊也對這個可能性寄予莫大的期待。

這頭埋藏二萬零三百八十年的猛獁象的法國主人，極希望能從冷凍的細胞中抽取ＤＮＡ，複製一頭活生生的嶄新猛獁象，一頭能如古代猛獁象般行走與生活的猛獁象，如此一來，我們就能了解古代猛獁象的種種行為。有位日本科學家極為欣賞這個想法，遍尋西伯利亞與美國阿拉斯加州，想要找到一頭屬於自己的冰凍猛獁象。科學家也同樣從適當保存在澳洲博物館的小袋狼身上抽取核酸，作為複製之用，他們正在研究利用親緣關係最近的近親，作為代理孕母的複製法。除了複製如此古老ＤＮＡ的難度以外，要考慮不同物種間染色體的不相容性，將胚胎植入代理孕母，竟是意想不到的困難。而且就算能夠成功複製，科學家還必須努力避免複製出來的生物無法繁衍後代。舉例來說，因為染色體數目為單數（三十一條來自驢親代的染色體，加上三十二條來自馬親代的染色體），所以騾子幾乎必然不孕。騾子體細胞裡的六十三條染色體，會在生殖細胞中隨機分裂為三十一條或三十二條染色體，當二頭騾子交配時，由於染色體無法成對，所以配子也無法平均配對。但若新複製法能成功複製袋狼，則新科學也將漸露曙光。無論如何，若是無法將取自古代核酸的序列嵌入演化分析，就只能仰賴預測來了解滅絕生物。

在繪製疾病的地理分布史時，古代的ＤＮＡ還有其他用途。科學家依序排列保存於博物館及植物標本室的受感染馬鈴薯與番茄植株標本的ＤＮＡ，找出造成十九世紀愛爾蘭馬鈴薯饑荒的植物病原體——晚疫病菌（晚疫病）。人們本來認為，這種晚疫病菌的祖先原本生長在墨西哥，直到上個世紀才廣泛散布，但最近卻發現，造成馬鈴薯饑荒的禍首另有其人，源自於南美洲。晚疫病依然活躍在現今的世界裡，若能知道它的確實歷史，就能預測未來晚疫病的地理分布。這個實例進一步支持自然史博物館收藏的正當性，如同保存基因多樣性的核酸銀行一般。至於談到將已滅絕的古代動物帶回虛擬世界的主題，若目前基因對我們並無幫助，那麼就必須再次回頭求助化石及亞化石。

那些在岩石中開始乾涸的亞化石，時間已超過一億年。但除了證明該生物確實曾在地球上生存過以外，它們也的確提供我們一些極為重要的證據。現在是時候回頭了解那些真誠可靠的化石，及它們所帶給我們的知識。

老骨頭，新科學

古生物學已經絢爛了一個多世紀。化石本身提供了堅固的基礎，而古生物學小屋，及以兼容並蓄的理論為磚塊依序建造的強固屋壁，也不斷增高。在整個建造過程裡，雖然化石始終相當可靠，但科學家對它們的詮釋——建築磚塊——則偶有瑕疵，最終人們還是必須修正古生物學法則中的錯誤概念。接近哺乳動物演化牆的基部，可能有塊有瑕疵的磚塊。

大部分的哺乳動物，包括人類在內，都在子宮內孕育發育中的胎兒，屬於胎盤動物類群。科學家認為，胎盤動物起源於一億多年前的北半球，之後才分散到全球各地，並迫使其他二種哺乳動物類群——卵生單孔動物和用育兒袋育兒的有袋動物——高舉白旗、撤出戰場。單孔動物（諸如鴨嘴獸）與有袋動物（例如袋鼠）撤向現今主要的棲息地——澳洲。事實上，科學家認為，第一個陸生胎盤動物是在五百萬年前才移居澳洲，動物學的教科書曾建構了一個美妙簡潔的故事，一個演化的經典之作，但現在這個故事卻被破壞了。讓我說得明確一點，一九九七年，一位自願在澳洲墨爾本海濱工作的英國人，發現了一根一億一千五百萬年前的頜骨。

這根微小的頜骨只有十六公釐長，卻有八顆至今為止最具爭議性的牙齒。這八顆牙齒包含三顆臼齒和五顆前臼齒，是胎盤動物而非有袋動物的特徵，有袋動物通常擁有四顆臼齒和三顆前臼齒；此外還有牙齒的形狀，這些牙齒看似適於用來切碎及碾碎食物，這也不屬於有袋動物的特徵；而且還有一顆前臼齒的形狀不同於一般的三角形，幾乎已介於形狀更精巧的臼齒與原始臼齒的中間階段，這同樣是屬於胎盤動物，而非有袋動物的特徵。

這場爭議即將落幕。科學家利用已知資料，在電腦螢幕上依據這根頜骨的特徵，演繹得出一隻虛擬鼩鼱——以蟲為食的胎盤動物，依發現者的名字命名為澳磨楔齒獸。這個解釋是否象徵備受尊敬的古生物學屋牆，已經出現裂痕？胎盤哺乳動物於一億一千五百萬年前，就在澳洲各地奔跑的見解，確實顛覆了我們對哺乳動物的演化觀點，不過故事還沒有出現令人滿意的結局。

加州大學柏克萊分校提出新見解，認為澳磨楔齒獸既非單孔動物，亦非有袋動物，甚至不是胎盤動物，而是一種在滅絕之前，曾與其他哺乳動物產生趨同演化或平行演化的新動物類群。更細緻的分析結果，發現支持這項理論的證據：澳磨楔齒獸每顆臼齒背面的凹陷形狀與胎盤動物的特徵不符。

因此，將澳磨楔齒獸這塊磚塊砌入哺乳動物類群的演化牆，到底會使整面牆的結構更加強固，或者反而導致牆面坍塌？現在我們必須放下手上的工具，追尋人們尚未發現的哺乳動物演化線索的完整蹤跡。或許重新檢視早期的發現，會有新的獲益。確實，現代的古生物學分析法愈來愈精鍊，也愈來愈精密，即使是一段極微小的骨骼，也能從中發現驚人的豐富資訊。重建復原滅絕生物的進展，將是本章的主題之一。雖然有時或許會豎起根絆倒人的柱子，但有時甚至能將小屋蓋得更高些。無論如何，繼續探索古代動物在各大洲間遷移的觀點，及如何以這個觀點為基礎，來看待現今遍布全球的浩瀚水域極有價值。

活躍的地球

形成各大洲的大陸並非靜止不動；它們是在地殼內不斷移動的岩石板塊，除了水平移動，也會垂直移動，它們會影響水面上及水面下的陸地。在海洋最深處的地質學上的大斷層就是證據，該處的板塊會以相反的方向移動，最後終於分裂，於是熔化的熔岩因所形成的裂口，有機會從底質滲出，流入海水形成熱泉噴口，就是前一章所介紹過的黑煙囪。一場壯觀的板塊活動之後，就形成了夏威夷群島；和海底大斷層類似的大陸塊上的斷層，可能會引起火山爆發，而地球的某個地方裂開，意味著某些陸地會相互碰撞。當曾經四面環海的印度板塊撞進亞洲大陸時，就形成了喜馬拉雅山脈，這個事件迫使早已存在的亞洲海岸線上升，有效翻轉了地球板塊。

沙漠未必總是淒涼荒蕪之地，珊瑚礁也未必始終位於現今的地點。在地球史的架構中，從地理學的角度切入，可將沙漠和珊瑚礁連結起來——它們可能擁有相同的地理座標。內華達州的大盆地地區、猶他州和加州，形成美國最重要的沙漠之一，但在海拔較高之處的岩石中，可發現已成化石的生態系統，其中的生物大約生活於五億一千萬年前左右的水面之下。有許多珊瑚蟲、苔蘚動物、節肢動物，和很多其他動物門動物的淺層墓穴，被致命的泥漿流永遠掩埋。泥漿變成石頭，將生命的形式永遠凝固，但卻隨時間移到不同的地理位置。這些動物的墓穴因地球的板塊運動而移位，剛開始時先被抬升離開水面，接著繼續被推高直入天際，直到今日才於山腰被人發現。事實上，伯吉斯頁岩的化石也曾有類似的經歷。地球的板塊持續移動，或許再過一億年後，這些化石就會環遊全球，並回到原先的水中家鄉。

重建復原古代環境

地殼會活動的概念就是板塊構造理論。在盤算化石動物生存的原始環境時，這個課題變得極為重要。地殼上某個位置的經度和緯度可能發生變化，或許緯度的變化更為重要，這是與氣候變遷最有關係的運動。因此，在炎熱的沙漠裡發現的化石，未必曾是棲息在炎熱沙漠裡的生物，但研究周遭化石，尤其是植物化石，可以找到最重要的線索，幫助我們了解某種化石化動物所處的生活環境。水生植物相當不同於與它們相對應的陸生植物，但寒武紀的生命絕對是海生生物，因此，為了增進寒武紀生物學的知識，我們應該進一步區分單純的陸地環境與水中環境。若能更仔細地觀察整個化石群，對這一切就能有更精闢的見解。在化石中出現會行光合作用的藻類，顯示這群生物生活在有適量陽光照射的地方，這個已滅絕的環境位於透光區，即介於海平面與海面下約九十公尺深之間的地帶。同樣的，也可根據化石化的陸生生物來推想生物學的知識，舉例來說，繪製一隻活甲蟲外骨骼裡的細微變異。

甲蟲的外骨骼是由好幾層薄組織組成，與外表皮平行生長。若每層組織都變得相當厚且呈波紋狀，那麼甲蟲就可以忍耐高溫；若外骨骼裡有很多細孔，則能分泌蠟以避免身體乾涸。同時擁有這兩種特徵，顯示牠們能夠適應沙漠生活。生活在溫帶的甲蟲，外骨骼組織層平坦，除了保護身體的外層極厚之外，所有的組織層都很薄。再者，適應寒冷溫度的水生甲蟲，也具有獨特的外骨骼。因此，可將甲蟲外骨骼的構造，視為是環境氣溫或其他屬性的指標。但這項理論適用於過去的地質年代嗎？有趣的是，保存良好的甲蟲化石，外骨骼依然完整無缺，例如已有二千五百萬年至三千萬年歷史的澳洲河道雪橇化石遺址。或許真可根據在此處發現的甲蟲化石，推論更多關於河道雪橇原始環境的資訊。關於植物葉片的研究，更提高了將化石解剖構造與古代環境連結起來的潛力。

歷經一個多世紀，人們已知大氣中的二氧化碳濃度升高，會導致氣溫升高。最近分析四十二萬年前（已知當時的氣溫）的冰核中的空氣，也得到類似的結論。可惜，關於冰核的研究，僅僅局限於最後五十萬年，因此，為了將二氧化碳與地球生物學史上某些十分重要的事件做連結，我們需要採用新的方法，來追尋這種氣體的經歷。有個巧妙的新方法，就是利用廣泛採集的化石葉片。

植物需要藉助二氧化碳進行光合作用，它們利用葉面上如同活門般的氣孔，來汲取二氧化碳。據了解，在過去的二百年裡，人們已經見證消耗工業用化石燃料，會導致大氣中二氧化碳濃度升高的現象。人們也知道，植物對空氣中二氧化碳濃度升高的因應之道，是減少葉面上的氣孔數量。事實上大氣中的二氧化碳濃度，與葉面上的氣孔密度之間，的確具有負相關。如今有位古生物學家擁有三億年歷史的銀杏樹及類似植物的化石葉片，他就善用了這種關聯性。

在奧勒岡大學的典藏室裡，科學家吹去幾疊在化石紀錄中彼此重疊的古代樹葉上的灰塵，測量葉片上的氣孔比例，因而得知距今三億年前的葉片上的氣孔總數。根據氣孔的數目，即可預測在這段漫長歲月裡，大氣中的二氧化碳濃度，然後再查明三億年前的氣溫。這是令人印象深刻的成就，再次證實叫醒那些沉睡多時，已被人們遺忘的博物館收藏，確實有價值。

海洋地球化學的資料，可精確預測近期地質時間的氣溫，結果與得自氣孔的資料相符。為了測試對久遠地質年代的預測力，科學家求助於海洋化石的沉積作用紀錄，及氧同位素紀錄。氧同位素只能顯示過去三億年來的氣溫趨勢，但所得到的尖峰與低谷資料，確實與氣孔資料相符。根據這兩項資料，我們可推論約在二億九千六百萬年前到二億七千五百萬年前、三千萬年前到二千萬年前，與過去的八百萬年等時期，地球上的二氧化碳濃度普遍偏低。高緯度地區冰河堆積物的沉積物紀錄，也呈現差不多的趨勢。低二氧化碳濃度的時期，確實與地球氣候史上寒冷的「冰窖」模式時期重疊。不過其中以氣孔資料最有用處，因為它們的解析最細微。在思索地質年代的某個時期為何會發生古動物群滅絕事件時，這是極為珍貴的資訊。全球暖化或全球冷化，確實會迫使動物的化學成分超越關鍵界線。

荷蘭烏特勒支大學的鑑定結果認為，二氧化碳的濃度，是影響過去五億年來地球的氣溫與氣候的主因。但我們要提醒你，還有很多其他因素在不同的時間以不同的程度，混入古代的氣候大鍋裡。各大洲配置的方式與地形學的變化，例如造山運動及海洋環流，對氣候都具有深遠的影響。但也必須考慮地球本身的因素，例如地球運行軌道、地軸角度，以及陽光亮度的變化。上述任一因素都可能會影響氣溫，並間接影響過去五億年的重大演化事件，不過科學家懷疑，除了氣溫以外，還有些因素可能引發宏觀演化事件。由於本書的主要謎題發生在五億年前，所以我很幸運能將這個問題留給別人去傷腦筋。然而這對我們如何藉助化石了解古代氣候，並重建復原古代環境，是個美好的示範。現在我們可以繼續漫步在古生物學路徑，尋思生活在這些環境中的動物，以及牠們遺留下來的痕跡。

古生物學：第一門法醫鑑識科學

「化石」這個詞衍生自拉丁文，原意是「挖掘出來的東西」。直到十八世紀為止，人們將任何從地底挖掘出來的奇特物體，都稱為化石。中世紀時期的歐洲水晶，例如紫水晶，及古代的人造箭頭，都被視為是化石。北美洲的印第安人認為，恐龍的骸骨是曾居住於地球的巨型動物所留下的骨骸，但人們會怎麼想像恐龍呢？現在我們能夠在全球各地旅行，享受國際知識交流的益處。即使無法在自然環境中與牠們相遇，但我們都很熟悉老虎、大象、鷸鴕、鯊魚、鱷魚這些動物。不過當他們第一次踏上埃及的土地，迎面遇見一隻鱷魚時，古希臘冒險家會怎麼想呢？對古代的希臘人而言，這種動物的怪異程度，與現代人看見一條龍的感覺無異。或許西元前五百年的希臘神話，並非如此令人難以置信，或許演化的想法，已在與我們不同的古代人心中漸漸成形，因為他們的生存年代較接近達爾文的時代。當然，人們必然只將這類想法深藏心中，他們選擇用比較穩健的方式——神話——來闡述這些看法。

阿蒙是羊首人身的古埃及太陽神。菊石是一群早已滅絕的軟體動物，與章魚和烏賊有親緣關係，牠們具有通常以螺旋狀盤繞成圈的外殼，是現今常見的化石。根據牠們的名稱，不難想見當時的人認為，化石化的菊石是阿蒙的角。的確，有些菊石看起來真的很像羊角，但菊石的樣貌，也與和烏賊有親緣關係的現生海洋動物——鸚鵡螺——的殼類似。我們可以利用鸚鵡螺來虛擬菊石的生活嗎？這是個頗具意義的問題，但在跳到任何草率的結論之前，值得我們先花些時間調查可用來進行這項技藝的技術，包括重建人像的鑑識方法在內。人們已利用這些方法，重現最著名的人像——耶穌的臉。

研究者曾想辦法設計最接近史實的耶穌像，製作出一幅與數世紀以來的傳統相去甚遠的人像。他們利用第一世紀墓葬的猶太男子的顱骨，以最新的鑑識技術，創造一張虛擬人像，挑戰自文藝復興時代以來，藝術家所使用的刻板印象。

在第二世紀以前，猶太教的傳統禁止繪製上帝像，因此只能象徵性地描畫耶穌像，冠以魚或羔羊的形象。《約翰福音》中曾有「我是好牧人」的陳述，而耶穌最早的比喻形象也描述祂是好牧人。後來，當基督教教義取代羅馬皇權時，人們大膽地闡明耶穌是天國的君王，具有人們刻板印象中的羅馬貴族特徵——祂看來年齡較長、較有威嚴，而且沒有留鬍鬚。不過拜占庭教堂始終偏愛有鬍鬚的耶穌，所以這幅耶穌像就成為各地的標準畫像。從此就如同古生物學般，人們也為耶穌像建立權威形象，無法輕易推翻。喬托與拉斐爾繼續堅持耶穌有鬍鬚的傳統，他們的畫作直到今日依然廣為流傳。

二〇〇〇年，築路工人在耶路撒冷掘出一堆骨骸，以色列的考古學家研究墓穴的直立巨石及周圍地面的人工製品，推斷這是屬於第一世紀的猶太人墓地。在這些墓穴所發現的顱骨，與不同年齡及不同地區部落的人種截然不同，考古學家選中一個足以代表這個群體的顱骨，認為是西元第一世紀耶路撒冷居民的典型面貌。

顱骨可以決定臉的形狀，包括眉毛、鼻子和下頜的輪廓。為了讓這個耶路撒冷的顱骨重拾生命，考古學家將它送給英國曼徹斯特大學的鑑識專家。根據剖驗人類遺體得知的比例，將幾條黏土鋪在這個顱骨的石膏模型上。（人們已成功地應用這個方法，辨識出一九八七年倫敦王十字車站大火的某些罹難者，至於類似的身分辨識法，成功率通常可高達百分之七十。雖然在這種情況下，罹難者的頭部仍然保有皮膚，但還是很難判斷他們的膚色、髮色和髮型。）

科學家使用在耶路撒冷發現的耶穌時代的植物化石，佐證關於氣候史的古經句。他們精確地分析氣候，並讓耶穌模特兒擁有深橄欖色的膚色，與先前人們所描畫的耶穌那蒼白、細緻的膚色相差懸殊。但耶穌的頭髮及鬍鬚，依然是難解的問題，因此耶穌時代的流行時尚，對重建復原耶穌的樣貌極為重要。遺憾的是，二千年前的頭髮標本，並未將唯一有用的色素保存下來，但第一世紀與第三世紀的北伊拉克猶太教堂裡的壁畫，卻保存了這些顏色。重建復原後的新畫像，可能考慮讓耶穌擁有一頭蜷曲的短髮，和修剪整齊的鬍鬚。我們必須假定耶穌的頭髮是深褐色的。

無論如何，雖然並非耶穌的真正面貌，但這可能是有史以來闡述最精確的耶穌像。即使考古學、古生物學和解剖科學，可聯手取代藝術性的描繪，但我們可以應用跨學科的科學，還原化石生物的生活嗎？或者說的具體一點，我們可以利用現生鸚鵡螺，將生命吹入牠那已滅絕的近親——菊石的身上嗎？這的確有助於解開另一個謎——為什麼大部分的菊石，都在接近海陸交界之處變成化石？

距今大約五億年前，頭足類軟體動物，包括章魚、烏賊、墨魚、鸚鵡螺和菊石在內，曾是最成功的海洋動物，但如今卻只餘為數眾多的烏賊，足以供養全球頭足類軟體動物的主要掠食者——抹香鯨。烏賊具有內殼，而鸚鵡螺則具有盤繞成圈的外殼，近似對數螺線。牠們有與烏賊類似的觸手、眼睛，及用來噴射推進的虹管（自殼的開口伸出體外），外殼形似蝸牛。鸚鵡螺與菊石的外殼類似，殼內有室壁，將內殼區隔成幾個小氣室。菊石的化石紀錄相當龐大，而且室壁大多保存良好，但殼內的氣室到底有何功能呢？

菊石的殼之所以要分隔成幾個氣室，最顯而易見的原因是，這些室壁板可以補強外殼的堅韌度。英國普利茅斯海洋生物學會的丹頓爵士，曾進行很多著名的研究，探討現生鸚鵡螺的生活型態，並掌握否定補強外殼堅韌度這種論點的證據。有項研究證實，儘管當周圍的壓力增強時，鸚鵡螺的外殼仍能完好無缺，但若達到臨界壓力時，整個外殼會在無預警的情況下突然粉碎。這項特性與物種所處的自然環境有關，鸚鵡螺的棲息地從淺海往下，直達深度即將危及生存的水域裡，牠們的生存環境中有臨界壓力的存在，安全範圍非常狹窄。檢驗鸚鵡螺的外殼碎片發現，在臨界壓力下粉身碎骨，是室壁構造的特色，而室壁對整體的壓力耐受度並無影響。因此，菊石的現生親戚告訴我們，殼內氣室的用途，與外殼的堅韌度無關。

鸚鵡螺的身體占據殼內第一個，也是體積最大的氣室，這是個開放式的氣室。在第一個氣室之後的每個氣室，都額外具備一個特色——有根體管貫穿氣室中央並穿透室壁，一直延伸到最後一個氣室為止，這根體管與外殼同樣呈螺旋形。菊石也有類似的體管，我們已知鸚鵡螺的這根體管，裡面含有活組織。相對於身體的體積，體管組織僅占鸚鵡螺身體的一小部分；但從動物行為的角度切入，牠們的體管構成一個主要的器官。體管組織的角色，

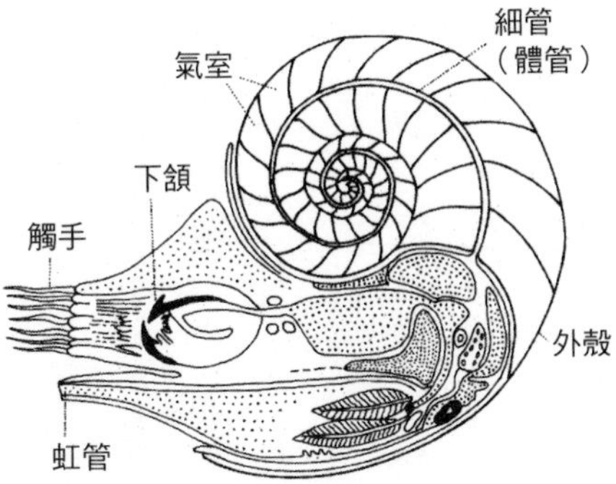

圖解現生鸚鵡螺的橫截面（不包括眼睛），與菊石化石的照片（接近外殼中心還留有部分細管）。

是將水送進與送出充滿空氣的氣室，藉以調節浮力，這表示鸚鵡螺可以在水中自在地垂直移動。

關於菊石體內細管的研究指出，它們與鸚鵡螺的體管具有類似的屬性，海水可以沿著整條體管的裂隙滲入管壁。我們因此得以重建復原滅絕菊石的生活型態——人們對牠們的描述是，雖能靈巧地上下移動，但卻是只會前後游動的差勁泳者。學者接著進一步填滿生物學知識的缺口——在水中迅速垂直移動的菊石身影與牠們的食物有關。

我們對菊石的現生親戚（例如烏賊）的獨特下頷知之甚詳。在嘗試找出某個故意破壞公物的嫌疑犯時，我第一次被這類型的嘴巴吸引。人們在海底鋪設了很多電纜，有時鋪設的地點相當深。最近有人提報有條電纜發生故障，這條電纜有數公分厚，靜靜躺在澳洲海岸。某天有人發現這條電纜已經完全斷裂，他們把斷裂處附近的一截電纜拿給海洋科學家看，立刻明白導致電纜斷裂的原因——這是故意破壞公物的行為，嫌犯應該有喙狀嘴。電纜上的刮痕粗達半公分，黑色塑膠套管上的咬痕，與任何魚類、有顎蠕蟲、海豚或其他動物的咬痕都不相符，除了烏賊以外。烏賊和牠們的親戚，都擁有堅硬的喙狀嘴，和鸚鵡類似。最後科學家發現，博物館中某個烏賊喙狀嘴的標本，與電纜上如同刮痕般的咬痕完全相符。我們已經找到罪犯。

眾所周知，某些喙狀嘴的設計，是為了適於捕食某些特定的食物，這些動物的作風如同猛禽，或聞名的「雀喙之謎」——達爾文認為頗具啟發性。根據菊石下頷（偶爾會發現菊石下頷的化石）的形狀，我們推測牠們是以小型動物為食，可能是浮游生物，所以為了追捕浮游生物，菊石經常需要垂直移動——現生浮游生物還是經常垂直移動。但大部分的菊石是在海邊形成化石，因此在建構真實的菊石生活環境時，必須考慮中等深度的海洋特性。不過這個敘述是事實嗎，或者我們太過依賴情況證據？有時旁證頗具說服力，但在這個情形下還必須擁有更多線索，才能證實菊石的生存環境，不過人們已在牠們外殼內部的體管中找到證據。

科學家發現，在討論菊石外殼的堅韌度時，相較於外殼殼壁與室壁，殼內體管的性質與屬性，是更簡單的指標，菊石的外殼殼壁與室壁的形狀通常很複雜。接下來就能根據臨界壓力原則，從堅韌度的資料推知牠們的生活深度，丹頓的現生鸚鵡螺相關研究，讓人們有正當理由如此推測。結果得出什麼樣的菊石結論呢？很多棲息於水中的物種，生活在至少六百公尺深的地方。但這個結論只凸顯了為何大部分的菊石，會在海岸附近變成化石的問題。菊石之死握有最終的解答。

若去除活組織，鸚鵡螺的外殼就會充滿海水，變成負浮力，並且沉入海底。這是人們對已死亡的鸚鵡螺的傳統看法，但研究已證實這種看法根本不切實際。死後沉入海底的情況，並不適用死亡時軟組織依然完好的動物。死時依然保有軟組織的動物，在屍體分解過程中所產生的氣體，很快就會把水排出體腔，並使正在腐爛的軟組織膨脹，於是在幾小時之內，死亡的動物就會浮上水面。雖然此時除了體腔之外，氣室中的水與氣體濃度，仍然維持動物死亡時的狀態，不過幾天之後，本來在外殼裡面正在腐爛的身體，就會與外殼分道揚鑣。留在氣室裡的海水會透過殼內體管外流，然後牠們就能像顆椰子般，在海面上載浮載沉，直到接觸陸地為止。牠們的外殼可能會留在陸地上，並且就此變成化石。這是「菊石化石為何多半出現在海岸線」這個問題的解答，也是曾經繁盛一時的菊石之所以能留下如此龐大化石紀錄的原因。事實上，若菊石確實在死後就開始沉入海中，而且氣室裡依然維持正常的氣體濃度，那麼在外殼內爆之前，牠們最多也只能下沉到臨界深度，如此一來，這種曾經極為繁盛的物種，就無法留下可供辨識的化石。鸚鵡螺的故事早在三十多年前就已結束，但最近學者又重新翻開這份檔案。有項新生物學研究揭露了一個意想不到的轉折，以及導致菊石發生重大適應性變化的原因。

在本章，我曾提及大規模滅絕事件的概念。地球的生命史，偶爾會因大規模的滅絕事件而中斷，過去曾經發生過幾次大滅絕事件，其中最著名的是距今六千五百萬年前的恐龍大滅絕。但若將目前的困境排除在外，規模最大的大滅絕事件，應屬關係重大的二疊紀滅絕事件。

如同寒武紀般，二疊紀也是依化石紀錄所記錄的事件，來定義分界的地質年代。在二億五千萬年前的二疊紀末期，地球上約有百分之九十的物種消失無蹤。岩石再度提供線索，讓人們了解這起事件的來龍去脈，史密森研究院的道格・歐文已將證據拼湊在一起。

葉片上的氣孔數目告訴我們，歷經一段冰冷的寒冬之後，二億五千二百萬年前的地球，二氧化碳濃度及氣溫都偏高。二疊紀末期，海平面突然下降，毀滅了生活在海岸附近的生物，也讓氣候變得極不穩定。由於曾棲息於沿海地區的植物群和動物群大量死亡，導致大規模的屍體分解作用。屍體分解產生二氧化碳，一如根據葉片上的氣孔所預測的結果，大氣中的二氧化碳含量極高，導致全球暖化，並耗盡能溶於水中的氧氣。二疊紀的生物不幸同時遭受另一重災難的打擊——龐大的火山，無情地爆發長達數百萬年的時間。雖然剛開始時，火山爆發可使地球冷卻，但長此以往，反而導致全球暖化並耗盡臭氧。由於這些事件將使海中因缺乏可溶於水的氧氣而極度缺氧，故而大部分海洋物種因此滅絕不足為奇；牠們可能是窒息而死。濾食性動物所遭受的打擊最為嚴峻，於是最後一種三葉蟲永遠消失在地球上。雖然很多種菊石也已絕跡，但一般說來，菊石是少數幾種較為幸運的生物之一——牠們有幸跨越二疊紀與三疊紀的界線。至於牠們如何逃出生天，則是新生物學研究切入鸚鵡螺故事的重點。

最近的研究發現，生活在深海裡的鸚鵡螺有進一步的適應性變化——牠的外殼如同水肺潛水氣瓶。深海裡的氧氣濃度可能很低，但鸚鵡螺可藉由降低體內的化學活性——牠們只要慢下來就行了——來應付這種情況。不過顯然，牠們還會進一步利用儲存在浮力室裡的氧氣呼吸，以補救外在氧氣供應不足的窘境。由於已經利用水肺潛水氣瓶來比喻菊石外殼的功用，所以關於菊石的古生物學故事，還需略做調整。新興的觀點認為，或許是牠們的水肺潛水氣瓶，幫助菊石類群越過偉大的二疊紀邊境。菊石對水中的氣體溶解度，具有絕佳的適應能力，這可以解釋牠們為何能在歷史上獨領風騷一段如此漫長的歲月。直到如今，鸚鵡螺依然保有水肺系統的事實，是這套系統確實具有競爭優勢的明證。因此，所有的菊石都是獵捕浮游生物的高手，牠們可以四處追蹤浮游生物，追蹤的深度甚至使現生魚類望塵莫及。

這個故事闡明，在重建復原古代動物之前，先了解古代環境條件的重要性。所有關於古代氣候及氣體條件的化石證據，突然間變得關係重大，但也不能捨棄不同類型的化石證據——它們對化石重建復原可能具有同樣重要的意義。菊石終其一生始終在海裡懸浮來去，即使活著的時候，牠們的腳始終不曾著地——也就是海底。還好古生物學家很幸運，有很多動物確實移居陸地，並在清醒時留下活動的痕跡。

生痕化石

福爾摩斯與創造他的人——柯南．道爾爵士，對腳印有敏銳的見解。福爾摩斯利用腳印的大小和類型作為鑑定工具，不但根據腳印的方向推測罪犯進入或離開現場的方位，並使用腳印的間距來判斷罪犯是否屬於性急的人。古生物學家的工作似乎也有異曲同工之妙。

恐龍在泥地上留下腳印，泥地被曬乾後，牠們的腳印就被保存下來，如今我們稱這些腳印為生痕化石。生痕化石並非古代動物本身的一部分，而是牠們活動形成的壓痕。腳印可以揭露很多關於古生物的活動、進食與生活型態，例如群體行為的祕密。不過這都已經過時，自從在格陵蘭島發現二億年前保存下來的立體足跡後，目前恐龍腳印的研究已往前邁入另一個階段。

一九九八年，美國的科學團隊開始探索格陵蘭東方一片無樹無林的原野，團隊成員包括蓋西、彌道敦、小詹金斯與蘇賓，他們曾沉迷於揭露三疊紀（約二億多年前）的祕密，並期盼能發現早期的哺乳動物。但當注意力被模糊腳印的古怪行跡吸引時，他們忍不住暫時把各種古代脊椎動物的骨骼和牙齒，通通拋到九霄雲外。

足印研究者之間盛行一條法則：行跡不只是解剖構造的紀錄。更確切地說，它記錄的是當動物觸及某種特定類型的地面時，牠們的腳所表現的特定移動型態。地面的狀況形形色色，對足印的特徵可能具有相當大的影響，你可以對照在堅硬的土地上，與在潮濕的泥地上所留下的人類腳印。在格陵蘭發現的足跡，從清楚的壓痕，到幾乎模糊難辨的痕跡都有，但重要的是，它們都是由相同的獸足龍類群（肉食性），在各種類型的地面上所留下來的痕跡。地面的狀況變化多端，從結實的地面到鬆軟的地面都有，如同朝著波動起伏的水位線在海灘散步時，我們的腳可能接觸到的各種地面。在結實地面上留下的足印很普通，如同遍布史前地球各個角落的平面腳印，它們照例提供關於足印主人的有用資訊，及腳的確切形狀；不過留在潮濕泥地上的足印，卻讓科學家有突破性的進展。

濕漉漉的泥地可以留下立體的足印，泥地能保存動物的腳踩進踩出時所造成的「傷痕」。經過與現生動物比較之後，人們知道，動物在泥地裡所留下的足印愈深，表示牠的腳愈可能在地面下進行通常發生在地面上的活動。這是個重大發現。撇開表面上那些微不足道的紋路不談，以立體方式保存下來的足印，可讓我們了解恐龍的腳在空中的移動方式。而取得這項有益資料的唯一方法，就是檢視足印的橫截面。

這支美國團隊取得大量足印石膏模型的橫截面，最後在電腦上繪製出完整的立體足印影像。不過，此時立體足印的出現和表面的紋路一樣，只是讓人徒增困惑。為了了解這些足印，團隊轉而求助生物學，開始研究現生珠雞和火雞。讓活生生的鳥類走過愈來愈潮濕的泥地，就能清楚看見牠們竟留下非常類似的立體足印，不過有趣的是牠們留下足印的方式，科學家也因此提出解釋恐龍的腳如何在空中及在地面上移動的理論。

珠雞和火雞在踏入泥地時足趾會分開，但在將腳拉出泥地時足趾會合攏；當鳥類走在結實的地面而非柔軟地面時，也會出現相同的步態，只不過腳的動作是在半空中發生。科學家推斷恐龍也是如此，當牠們將腳放到地面上時，會張開足趾，當

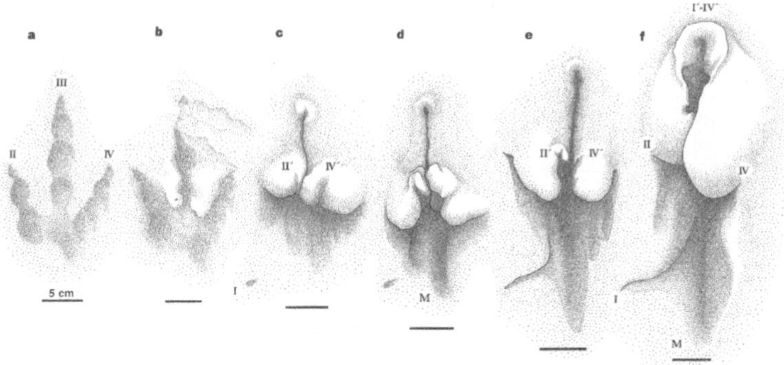

於格陵蘭發現的足印，堅硬地面及泥濘地都有。

牠們將腳舉高時，足趾會合攏。之前人們認為有些恐龍倚靠足底走路，但潮濕的沉積物所揭露的事實是，獸足龍在步行時，腳後跟其實處於最低位，只略低於現生鳥類的位置。這些立體足印是獸足龍的步姿，較鳥類更加倚賴股骨力量的證據，雖然腿與腳的位置較低可以提供更多推力。

科學家曾在電腦上，模擬獸足龍走過泥地時的足部立體活動，這項技術必須將獸足龍的典型解剖構造，植入現生鳥類的步態，因此所製作出來的影像，和獸足龍留在地表的腳印十足相似（見彩面圖六）。能證實獸足龍的走路方式與鳥類相似，是件令人愉快的事，因為平面足印與骨骼本身的證據，已暗示這兩種動物的足骨有相當大的差異。當然，在討論恐龍是否曾是「鳥類」這個問題時，這項發現依然有諸多爭議。如今科學家已能證實，行動與四肢功能的漸進發展，發生在從獸足龍演化到鳥類的過程，如同很多其他特徵一樣。

在骨骼上增添肌肉

恐龍與鳥類之間到底有什麼樣的關係，是個極具爭議性的議題。很多人否定最近發現的一件中國恐龍化石標本的軀體上有些原始羽毛的跡象，他們認為化石上那些毛茸茸的輪廓，不過是皮膚上的纖維，是動物在爬行時，因表皮受損而磨損皮膚纖維所形成的痕跡。諷刺的是，標本本身有問題，來自一億二千萬年前的中華龍鳥屬於獸足龍類群，只因一陣吹向發掘者的風，就被帶到現實世界，而這位發掘者正坐在「恐龍是鳥」的營地裡。

古老湖泊裡的細泥沙，將中華龍鳥的柔軟構造保存下來，包括清晰的肺部輪廓。奧勒崗州立大學研究呼吸循環作用的專家魯本，只看了一眼中華龍鳥的「肺部」，就知道自己正面對什麼問題，他早就在鱷魚身上看過這種肺部構造。魯本立刻開始重建復原一頭活生生的虛擬恐龍，牠具有與鱷魚而非鳥類相同的肺臟、肝臟與腸道分隔。這頭虛擬恐龍無法進行溫血動物（即內溫型動物）所需的高速氣體交換，所以與鱷魚同樣屬於冷血動物（即外溫型動物），當然也可理解牠那像風箱般的肺臟，為何無法演化形成現代鳥類體內的高性能肺臟。但要提出鳥類並非恐龍後裔的結論，顯然還言之過早。隨著新化石的發掘，人們懷抱對現代動物生命的理解來分析化石，繼續重建復原恐龍的真實生活。

鑽研聲腔與周圍骨骼的研究發現，恐龍所發出的聲音（從霸王龍那如同獅吼的高音質聲音，到梁龍的吼叫聲），帶有一種會讓人不禁聯想到空氣被迫從排水管的液壓式活塞擠出來的聲音。霸王龍頭部的鼻孔位置已更往前移，新位置就在嘴巴上方。現在霸王龍的鼻部組織所占據的區域更大，完全有能力執行龐大的嗅覺功能，這讓牠們在真實生活中的獵物，處境更加危險。不過，當古生物學的知識愈來愈完善時，我們或許能得知這些獵物也產生適應性變化——此處的適應是指控制自己的體味。

我們藉由恐龍下頜的齒列與糞便，來確認牠們的食物，致命的齒痕通常會留在骸骨上。不過恐龍的糞便可提供關於古代生活型態與演化的進一步資訊——糞金龜的故事。人們已在白堊紀的生物糞便裡，發現一叢輻射狀的地道，與現生糞金龜在大象糞中所挖掘的地道一模一樣。這些地道顯示，糞金龜曾伴隨草食性恐龍一同演化，而非如先前人們所揣想的，與後來才出現的草原哺乳動物一同演化。在此我們要回到生痕化石的主題，生痕化石在我們的滅絕動物模型裡注入生命，讓我們能不偏不倚地回到前寒武時期的世界。

如今恐龍正在我們的電腦螢幕上奔跑、呼吸、嗅聞氣味、咆哮、排泄。著名的霸王龍正以身軀呈水平的姿態，呈現虛擬的生活樣貌，牠們以腿為支點保持完美的平衡——人們曾將牠的骨骼，以身體直立尾巴拖在地上的方式裝架，如同哥吉拉一般。梁龍也不再用腹部貼地爬行。若那些第一次重建復原恐龍的人們，曾留意生痕化石所傳達的訊息，或者諮詢過福爾摩斯，他們就會注意到輪廓清晰的足印，而不是專注於身體後方的尾巴，或拖曳在地的腹部所留下的痕跡。重要且必然的結果是，恐龍研究引領古生物學邁入電腦時代。

當古生物學遇見現代工程力學

近來已將製作立體模型的想法運用在化石本身。回到四億多年前，恐龍還沒現身的時代，地球上某些生活在淺海的海洋生物，保存狀況也格外良好。如今可在紐約州發現來自這些水域的藻類，有些已為黃鐵礦取代，但有些藻類不但保有原先的化學屬性，而且也將原本的有機物質保存下來，如同乾縮在琥珀裡的飛蟲。不過人們已發現這個時代裡更神祕的生命型式，這些被破例保存下來的無脊椎動物化石，具有不尋常的屬性，它們是立體化石。

最近發現並開始研究這些化石的英國團隊，成員包括大衛．西維特、德瑞克．西維特與布里格斯。這項發現本身，或許不如某些有名實例那麼浪漫。我曾想像這支研究團隊，坐著一九二〇年代的雙翼飛機在大峽谷裡飛行的樣子，但當我詢問大衛．西維特關於化石的發現地點時，幻想立刻破滅。在一個天色灰暗的雨天，他指給我看的地點，是從他辦公室的窗戶就能看見的一個大土丘。不過這項計畫的獨創性與刺激性在於它的處理方法。

在一次決定性的會議上，這支研究團隊檢視了他們採集到的化石的多樣性，並領悟到在分類時可能會出現問題。即使經過高倍率放大，只觀察一個化石的一個表面或平面——化石通常暴露在人眼前的部分，所取得的證據仍然不夠明確。立體的保存方式，限制了人們對化石的觀察，化石暴露在外的部分與岩石齊平。想想一顆埋在沙坑裡，只露出一個小凹的高爾夫球。團隊成員知道這些化石身藏的祕密，遠比他們第一眼所看見的還多。在面對異乎尋常的保存方式時，也必須採用異乎尋常的方法，才能從中得到最多的資訊。他們確實選擇了倡導研究化石的新方法。這個方法十分冒險，在檢驗過程，他們必須將珍貴的化石徹底破壞。無論如何，他們贏了這場賭注。

現今工程師應用電腦輔助設計（簡稱CAD），以立體的方式來製作並觀看汽車設計。相較於紙和筆，電腦輔助設計的優點是，當物體在電腦螢幕上繞著任何軸線旋轉時，能讓人以立體的方式、從各個角度觀看物體。這支古生物學團隊想知道，是否能在他們的分析之中引進電腦輔助設計，他們很快就招聘了一位博士後研究員蘇敦，他擁有電腦程式設計的天賦。不過他們的面前還橫亙著一道障礙，必須將或許只有幾公釐寬的微小化石與岩石分離。基本上在此種保存狀況下，這根本是件不可能的任務。因此，他們該如何測量化石各個面向的構造——電腦輔助設計型程式的材料？這是很大膽的作法——他們一點一點地打磨岩石的表面層。

經過一連串研磨的工作之後，將化石剛暴露出來的一面拍照存證。古生物學家只對化石的表面感興趣，因為內臟通常無法保存下來。雖然每次研磨都會暴露多餘的橫截面，但可將照片依序輸入電腦，讓電腦完成其餘的工作。結果令人極為滿意。在第一章中，我曾企圖描述如何將一小片一小片的證據拼湊在一起，灌注化石生命。漸漸地化石長出虛擬的外皮、身上流著虛擬的血液，並在電腦螢幕上穿梭來去，找尋特定的虛擬食物。科學家窮數年光陰對其他化石的研究，竟於轉瞬之間得到結果，只要按一下按鍵，一頭四億多年前的動物，就能完整地在電腦螢幕上復生。長得像蠕蟲、身穿盔甲的早期軟體動物和分環軟蟲（和古代節肢動物一樣，都是同種類動物中最早的代表），牠們一如原先的生活般，在礁石上漫步。沒有任何東西是支離破碎的，螢幕上所呈現的是隻完整的動物。立體影像可以在電腦螢幕上旋轉，你能或上、或下、或前、或後，隨心所欲地從各個角度觀賞。我們期盼這套電腦輔助設計式的方法論，能在古生物學裡享有快樂的未來。

帶著嶄新工具前往寒武紀

現在我的古生物學旅程已經邁入二十一世紀，可以安全地回到寒武紀時代。在第一章我曾提及，保存良好的寒武紀伯吉斯頁岩化石，由於有細微構造被保存下來，所以能精確分類。伯吉斯頁岩保存了生物的肢體和生痕化石，現代科學家可根據這些化石，推論當年的實際狀況，將化石生物帶入虛擬世界。事實上伯吉斯頁岩與其他寒武紀化石群，已為寒武紀時代奇妙的生態學模式，鋪設了一條道路。加拿大亞伯達省的皇家泰瑞爾博物館，以極誇張的尺寸重建伯吉斯現場，包括一條穿越寒武紀礁石的步道，在步道上處處都有動物在我們身旁上上下下地互動。隨著寒武紀時代重臨現實世界，也將本章所討論的古生物學技術漸漸帶入高潮。

牠們的埋葬條件，注定伯吉斯生物將成為科學界頭條新聞的命運，並躍居刻畫入微的泰瑞爾博物館模型裡的明星。理想的黏土底質，搭配適當的陽離子、酸鹼值與碳含量，至少可使淹沒其中的伯吉斯生物，在極好的狀態下被保存下來，一如現今人們發現牠們時的狀態。至少有些化石保留了伯吉斯生物的原始有機物質。劍橋大學的巴特菲爾德曾仔細分離取自寒武紀岩石的有機物質，證明了這項事實。利用酸來溶解岩石基質，能讓化石完整無恙地在溶液中浮離。本章稍後將討論這些分離出來的物質。

在較細微的層次上展現寒武紀動物群的細部構造，皇家泰瑞爾博物館的模型，申明人們對重建寒武紀景象的工作愈來愈認真。以水彩畫藝術描繪寒武紀時代的珊瑚礁環境景色，數十年來不但使全球自然史博物館的迴廊更增美感，而且也為史前藝術家的精緻工作開闢一條大道。業餘愛好者的「回到過去之窗」，那如同水族箱般的豐富造景，正成為博物館的一部分（我一點也不誇張）。新的重建復原工作遵循科學原則，以立體的方式，細緻地描繪生物在自然、寬廣環境中的活動。科學家利用X光攝影術，得知寒武紀動物的肌肉如何附著在骨骼之上。正如以逼真的比例，在第一世紀猶太人的顱骨外部增添肌肉般，現在科學家也在寒武紀節肢動物類群（如同蝦子般有外骨骼的動物）的附肢內部增添肌肉。當以正確的比例在骨骼上增添虛擬肌肉後，動物就能在電腦螢幕上自然地活動。三葉蟲的觸角被概念化為具有彈性的構造，可彎摺到軀體下方，當危險逼近時，牠們的體板會滑動，讓身軀蜷曲成球。目前學者認為，當危機過後三葉蟲的身體舒展時，鰓板會自拱形的外骨骼上迅速下垂，並以最適合呼吸的方式拍動。若以這種方式將某類群的所有成員都帶入虛擬世界，自然會開始顯露個體之間的互動，甚至整個食物網的構造。目前科學家正在加速進行關於寒武紀化石的研究及重建復原工作。

大約從古爾德撰寫《奇妙的生命》開始算起的十二個年頭，寒武紀生物學已有相當大的進展。在科學家發現可填補其間空隙的新中間物種之後，一度是「奇形怪狀的疑難物種」，如今與現生物種之間已有更緊密的連結。不但身軀長而細，就連腿也很細長，曾經非常神祕的怪誕蟲與微網蟲，現在被納入絨毛蟲動物門。現生絨毛蟲的身體比較粗，外形如蠕蟲，而且有著粗短的腿。伯吉斯頁岩曾發現新的絨毛蟲，具有與現生物種、怪誕蟲、微網蟲相同的重要特徵，例如腳爪。因而填補了演化上的空白。

人們已在寒武紀早期的岩石中發現各種生痕化石，包括分叉與螺旋狀的地道、穿越沉積物的U形及更複雜的移動行跡。海底表面有生物走過或掠過沉積物所留下的蹤跡，也有牠們在當地停留的痕跡，這些是體形和行為都很複雜的動物所留下的足跡，包括第一種在地球上行走的動物，牠們的步伐微小但為數眾多，而且具有歷史意義。

伯吉斯頁岩的環境生物性指標，暗示它是屬於熱帶的珊瑚礁脈環境，但如今人們卻在加拿大一座覆蓋皚皚白雪的山腰上，發現伯吉斯頁岩——距離熱帶珊瑚礁脈最遠的熱帶生物化石群。如今我們了解，眼前的山巒或許曾經是海裡的礁脈，由於地球的板塊運動而形成現代的地貌。事實上，我們可以建構一個可於寒武紀時期精確導航的世界地圖集，當時伯吉斯頁岩的生物還活生生地在地球上生活著。

因此伯吉斯動物是棲息在地球赤道附近的熱帶環境。現在我們似乎對牠們的私生活知之甚詳，雖然往後十年必然會證實我們如今所知，不過是些具有啟發性的知識。還記得發明家協會總裁給我們上的一課，以及他的睿智嗎？我們已根據埋藏在頁岩中，那些扁平生命所透露的模糊而隱密的證據，累積了充分的資訊，足以將伯吉斯頁岩的化石，幻化為在生態系統內互動的活生物。本書稍後將會證明各物種個體間互動的重要性。

本章已說明我們如何建構生存於地球上各個地質年代的生命。藉由將時間逐漸往回推移，並沿路填滿途中的空白，我們比較不那麼害怕重建遙遠的寒武紀時代生態系統。本章所使用的對數般跳躍式的時光旅行，或許能讓你的神經更加安定——從重建復原較近期的古代開始是挺不錯的，因為我們可以驗證對這些年代的推測。如今我們對得自寒武紀化石的豐富生物學資訊信心滿滿，但就在人們劈開於寒武紀時代之前——超越五億四千一百萬年前興盛榮景的界線——形成的岩石那一剎那，這些資訊突然在全球同時消失。如達爾文般以線性方式向外推論，並假設在前寒武時期的岩石裡，必然藏著具有堅硬外殼的多細胞生物化石的作法，已經不再適當，因為這個假設意味的是，在前寒武時期之前，地球上確實已有多細胞生物，只不過我們還沒發現牠們。自達爾文的時代起，我們的化石發現已增加了一百倍，但到

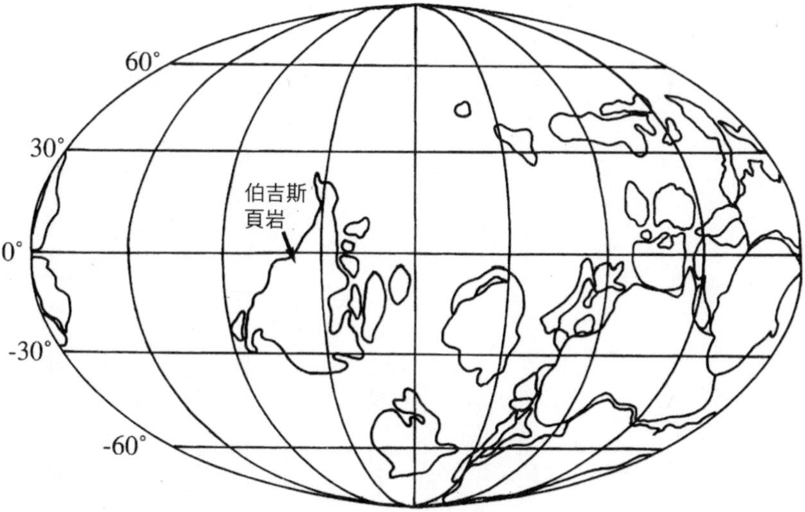

伯吉斯時代的史前世界，圖上所示為伯吉斯珊瑚礁脈的原始位置。

目前為止，還沒有人發現前寒武時期有外部構造獨特的現生動物。

科學家使用相當具說服力的分析法，評估各個時期化石紀錄的特徵，並已檢驗過去五億四千萬年來的化石紀錄。雖然平均來說，古老岩石所保留的資訊較新近的岩石少，但自寒武紀大爆發以來的化石紀錄，已為逝去的生命提供具一致性的明證，我們沒有理由不將這股潮流擴展到前寒武時期，雖然除了海綿、櫛水母和刺細胞動物之外，我們仍然還沒找到對應現生動物門裡各種體形動物的前寒武時期化石。我們對動物演化及寒武紀大爆發的現代觀點，似乎正確無誤。同樣的，儘管從寒武紀時代起，地球上的生命就曾經歷多次大規模滅絕事件，又從這些大規模滅絕事件中復甦，但卻未演化出新的動物門。人們所發現的每件化石，都更強化這個結論。

除了呈現第一章的證據之外，我期盼本章內容也支持史密斯的《演化論》：「研究化石……可以了解滅絕動物的生活方式。」我們已經明白古代動物如何奔跑、游泳、飛行與挖穴；我們已經推論出牠們的飲食習慣、日常活動與特別喜愛的消遣（幾乎）。但在根據化石紀錄了解所有這些細節之後，在建構所有虛擬生活型態、虛擬氣候及整個虛擬生態系統之後，我們對過去的解釋依然缺了一塊——顏色。這是個嚴重的疏忽嗎？現在是時候探索現生生物的顏色了。

第三章　注入光源

每當基於某種特殊目的而改變顏色時，就我們所能判斷，若非提供直接或間接保護，就是攸關兩性之間的吸引力。

達爾文《物種起源》（初版，一八五九年）

穿過牛津大學自然史博物館裡，那一道道維多利亞時代的門廊、樓梯與迴廊，最後就會置身隱藏於哥德式建築偏遠角落裡的一個簡陋入口。這是通往赫胥黎室的大門，門後是一片頗具歷史意義的屋頂，它的木材吸收了一八六〇年大辯論期間，第一項公諸於大眾的演化消息。赫胥黎曾在這裡與韋伯弗斯大主教展開一場唇槍舌戰，是場關於演化論的「科學與宗教」觀點的對決。赫胥黎捍衛的是達爾文於七個月前出版的《物種起源》，企圖阻止「情操干擾才智」。雖然達爾文缺席，但赫胥黎漂亮地贏了一仗，將演化這個名詞注入全球語言。非常值得在赫胥黎室門前暫時駐足。

大辯論之後，赫胥黎室被改裝成昆蟲學標本典藏館，裡面滿是科學家採集而來的昆蟲標本。牛津自然史博物館最後一任維多利亞時代的昆蟲學標本典藏館館長，波敦爵士，命中注定要為館內的甲蟲神魂顛倒。

有天早晨，波敦打開赫胥黎室的門，照例欣賞了一會這棟建築物。陽光照亮略微傾斜的屋頂，和許多裝飾漂亮的橫樑，打斷了室內的黑暗。他走過赫胥黎室的通道，這條通道兩旁各有一排木造的昆蟲標本收藏櫃。有個抽屜不知何時被從收藏櫃裡拿了出來，使他在例行檢查時，不由得停下腳步。陽光照在這個抽屜上，由於光線是穿過一扇花飾鉛條窗的圓形透鏡射入，因此聚焦形成一道光束。波敦吹去玻璃蓋上的灰塵，於是他那雙已適應室內時有時無的黑暗的眼睛，立刻被一枚寶石所吸引。陽光使約拇指般大小的埋葬蟲身上的金屬藍，顯得更亮眼。在支撐標本的大頭針上，貼有「埋葬蟲，蘇門答臘，華萊士，一八六六年」的標籤。這個由共創演化論的華萊士所採集的閃亮標本，正好在演化論首次受到檢驗的會議室裡被人發現，真是再貼切不過了。事實上，此處還收藏達爾文蒐集的其他標本，但波敦真正感興趣的是華萊士標本的顏色。不久，波敦就把所有的昆蟲標本抽屜放在陽光底下，在赫胥黎樑木——演化學識的樑柱——上，映照出一道道絢爛的彩虹。

波敦最終發表了動物的顏色分類法，並成為「大英帝國昆蟲學研究的重心」。他喚起整個世紀關於動物體色的研究，從某方面來說，在本章也能找到解開寒武紀之謎的線索。

維多利亞時代之前

早在數個千禧年之前，埃及人就曾談到「太陽神」。他們將糞金龜的地位抬得更高，認為牠們會在沙漠上，四處象徵性地滾動太陽形的物體。埃及人相信這種「聖」甲蟲代表太陽神凱布利，在埃及文中，「凱布利」這個字具有「聖甲蟲」和「存在」雙重意義。羅馬人對陽光同樣感興趣，但他們的興趣不只局限在宗教層面。反光通信法是羅馬人的訊號藝術，他們會利用反射在金屬盾牌上的陽光進行通信，有時也利用反射作用，讓陽光直射敵軍的眼睛，使對方目眩眼花。閃光比穩定的光線更炫亮，但在近距離內具有擊昏效應。從飛機上往下俯瞰，汽車擋風板反射過來的光線，就算不致讓人瞎眼，也還是非常強烈。不幸，羅馬人竟被自己的技術反將一軍，阿基米德利用他們的金屬盾牌，將陽光聚焦於入侵的羅馬戰船船帆上，使戰船在爆炸之後被無情的火燄吞噬。

自然界也有格外強烈的光。想像一下，若將陽光聚焦引起某種物質起火燃燒，這時它對視網膜的影響會有何巨大。視網膜是演化的產物，但也會因演化適應的結果而遭破壞。就是這個原因，讓天使魚在地盤處於危急關頭時，搖身一變成為冥府的天使魚。

天使魚生活在亞馬遜河清澈的淺層水域，扁平的銀色身體如同一面明鏡。當某條魚侵入另一條魚的地盤時，守衛者就會離開藏身的蘆葦，奮勇作戰。牠們所採取的戰鬥態勢，是在水中保持傾斜的姿勢，目的是反射陽光，將它射入敵人的眼睛。如同羅馬盾牌般，天使魚可將強烈的亞馬遜河陽光，聚集成一道窄小的光束，並精確地擊中目標。事實上在這場戰鬥中，雙方都在開放水域擺出戰姿，藉由調整身體的傾斜度，來微調自己所發射的火線。穿透河水閃爍而出的光線，如同「星際大戰」的要角在作戰時所發射的雷射光。這場戰役的賭注極高。被光直接擊中眼睛會使血管破裂，並促使心跳及呼吸速率加快，以這種方式被擊敗的魚，最幸運的下場是暫時昏迷，最悲慘的結局是喪失生命。但不論戰敗者的下場如何，戰爭都已結束。這是一種生活在陽光最強烈的水域，而且適應良好的魚類。根據強大的選擇壓力，天使魚已逐漸演化形成精密的明鏡。

不過「光」到底是什麼？我即將積極投入這個關鍵問題的歷史。事實上這個問題可分為小規模的討論，整本歷史書會交錯出現問題的答案。無論如何，如此基本的光學要素，起先似乎與談論演化的書籍無關，即使是討論自然界顏色的書籍。因此，為何不簡單地告訴我們答案，好節省些上歷史課的時間呢？科學界的歷史解釋裡，有些關於自然界顏色的成因與目的的線索，甚至連藝術和軍事領域的解釋，也含有這類線索。人類的獨創性與藝術表達，經常會聚於顏色也涉足其中的自然選汰。

本章我們將觀察一種特殊的動物，並詢問二個問題：「是何原因造成**那種**顏色？」及「**那種**顏色有何目的？」我們將探討一系列的動物物種，了解上述問題的各種答案。你將發現，每種情況都有很多可能性，但早期科學家、藝術家與軍事戰術家所贏得的勝利，甚至他們所經歷的苦難，都能幫助我們縮小搜索嫌疑犯的範圍。

如同前人所為，十五世紀時達文西也致力尋找光的解釋，不過他的看法的確與前輩略有不同。達文西開始懷疑當時哲學家所抱持的觀點（他們認為眼睛會散發光），回過頭來思考光是否源自某個物體——觀察物體——的反射作用。達文西認為光可與聲音相比擬，兩者都是以「震動」的方式通過空氣或水。他藉此暗示一種在空氣或水中，透過一連串干擾而傳播的訊號，他所描述的是「波」的概念。他把二顆石頭丟進河裡，並觀察到二顆石頭所興起的同心圓波，會在相遇之後彼此抵消。達文西想知道光是否也會如此表現。

達文西分心了，他把注意力從光轉移到宇宙中的萬事萬物。他認為「每樣事物都是利用波來傳播」。他曾對光著迷，至少達文西得到光是太陽的一種屬性的結論。從現在起，哲學家開始從波的角度來思考光，儘管是最簡單的形式。

惠更斯和笛卡兒把波的概念發揮得更加淋漓盡致，人們常對他們讚譽有加。一六六四年，笛卡兒曾說明當光通過雨滴時會發生什麼事，他得出內反射造成彩虹效應的結論。但當時的人們認為，理論上光只有白色，因此笛卡兒的解釋只能預測彩虹如何形成。此外，笛卡兒也認為光的傳播是瞬間發生。後來人們證實，他的這兩項解釋都不正確。

十七世紀晚期，法國數學家費瑪在達文西的概念裡注入新生命，即大自然總是走最短的捷徑，光**確實**以有限的速度行進。根據費瑪的觀點，光在水中與空氣中的行進速度不同。

約在此時，二十二歲的牛頓離開劍橋，為了躲避大瘟疫，而中斷藝術系學士學位的課業，當時大瘟疫正從倫敦往他的學校蔓延。接下來的二年，我們看見或許是這位科學史上的英才，最具創造力的展現。牛頓在家鄉烏爾索普，想出數學的二項式定理和微分學與積分學；統合天體力學；天文學的重力論；以及……光學的色彩論。在所謂的「決斷實驗」中，牛頓利用一片稜鏡把光細分成一組色譜，然後再讓每一種「顏色」穿過第二片稜鏡，來證明這些光不可能再次分離。牛頓的實驗，除了證實陽光是由所有的色譜組成之外，別無其他發現。現在

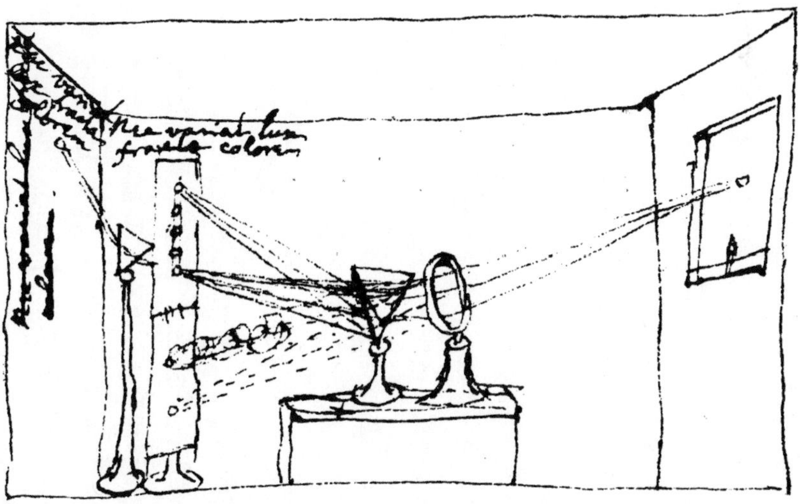

牛頓手繪的決斷實驗圖。可惜他欠缺達文西的藝術天分。

笛卡兒的彩虹有了自己的色彩。

關於自然光，牛頓並未堅持某種觀點，事實上，他贊同光是由粒子所組成，不同顏色的粒子，具有不同的速度或質量的看法。但牛頓發現自己沒有時間依照慣例，以極高的數學嚴謹度來檢驗這個見解。惠更斯的光波論贏得最後勝利（雖然現今我們認為，所有的粒子都能表現得像波，反之亦然）。

一九六〇年，與牛頓同時代的惠更斯明確地指出，波前上的每一點，都是新波的來源，而新波與原波具有相同的振盪頻率。不同行進方向的微波，可以彼此抵消，如同達文西的二顆石頭所興起的漣漪。但若未受到阻撓，波會繼續往前行進。

維多利亞時代的另一項珍品

十九世紀的維多利亞時代掌握所有的知識，當時的人們知道陽光含有不同波長的光波，而眼睛可將各種波長的光波，轉換成不同的顏色（環境中並無色彩，色彩只存在人類心裡——我會在第六章討論這個問題）。維多利亞時代的人可自由使用精密的儀器，他們根據光的特性，完成由達文西所展開的研究，也就是說他們為了本書的宗旨，完成了這項研究（謹向卜朗克與愛因斯坦致歉）。

維多利亞時代早期的英國物理學家楊格發現，只要混合三種不同的顏色，即藍色、綠色與紅色，就能得到任何顏色，這個有用的概念，對科學和電視極為重要。接著楊格又發現了偏光現象，當波沿著一條吉他的弦行進時，弦會朝旁邊位移。若在「波」的行經路徑放置一個狹縫，只要它的位移與縫隙平行，波就會繼續行進，但若它的位移與狹縫不平行，波就會被反射並折回原路。光的表現與波類似，它是一種橫波。人造偏光的太陽眼鏡，近似可降低光傳播的狹縫。若光束裡含有位移或偏振方向不同的波，那麼就只有那些與透鏡「狹縫」平行的波才能通過透鏡，此時通過每片透鏡的光都已經偏振化。

與此同時，維多利亞時代的科學家也正著手應付另一個難題——光的速度。先前科學家曾利用天空的星星因地球繞太陽公轉而產生的微小位移，取得驚人精確的數值，但十九世紀的法國與波蘭科學家的目標，是直接測量光速，這不但需要獨創性，也必須藉助維多利亞時代的高科技。他們進行的實驗是用燈泡照亮一面旋轉中的鏡子，以製造光脈衝，然後將第二面靜止不動的鏡子，放在某個方向的極遠之處，這面鏡子會把一道光脈衝朝旋轉中的鏡子反射回去。隨著轉速的變化，反射回來的光擊中旋轉鏡面的角度也會略微不同，其中只有一個角度能讓光朝燈泡反射。利用鏡子的旋轉速度與相關的距離和角度，就可以相當精確地測得光的速度，約每秒二十九萬九千九百一十公里。所以光只需大約八分鐘的時間，就能從太陽抵達地球。人們將這項事實與馬克士威的研究聯想在一起。

蘇格蘭物理學家馬克士威，因電磁場理論而聲名大噪。長話短說，馬克士威發現，諸如空氣等介質中的電子，會因電場的作用而偏離正常的位置。

馬克士威理解，在他的實驗裡，電子在通過介質時會以波的形式偏離，但他還是能計算這些波的行進速度——與計算所得的光速相同！找到了！馬克士威發現光其實是電磁波的事實，亦即它具有電的成分與磁性的成分——會垂直位移的波。一八八〇年代，德國物理學家赫茲利用一些製作精巧的實驗，證實了馬克士威的理論。但這些事蹟都與維多利亞時代最著名的科學書籍《物種起源》有關嗎？演化也遵從光學原理。

色素

有一夜我搭乘曼莉渡輪返家時，在雪梨港內觀察到楊氏色彩論的混色作用。有部分港灣，岸邊有著高度不一的摩天大樓作為邊飾，這些大樓都裝設顯示公司名稱的霓虹燈。從水面反射而回的燈光形成鏡像，我注意到反射光中竟出現一些霓虹燈招牌所沒有的顏色。水面上的細浪，將來自不同建築物的反射像混合在一起，包括它們的霓虹燈招牌在內。在水平線上，紅色與藍色招牌彼此重疊之處，我只看見一道紫色的反射光。

在維多利亞時代晚期，「有效混色」原理——與在調色盤上，簡單地將幾種不同的顏料調合在一起不同——是法國印象派藝術家的最愛。畢沙羅的畫「農家」，清楚地描繪一位走過菜園門口的農夫，他的前方是一列農舍。靠近一點觀賞這幅畫作，你就會發現畫中的景象變得有些古怪奇異。房舍突然不見了，只看見由紅色、藍色、綠色與黃色條紋拼貼而成的圖形。遠觀時，紅色與藍色會融合形成煙囪的紫色陰影——你眼中所見的紅色與藍色條紋不再各自分立。毗連的紅色與藍色條紋，在我們眼中形成的圖畫裡，屬於相同的像素。趨同演化也存在於自然界。

皇蛾可以長到如標準尺寸的主餐盤般大小。牠那龐大的翅膀混有芥末黃與灰色圖案，這些顏色是來自翅鱗上的色素。如同藝術家的顏料與我們的衣服上的顏色般，色素是會吸收白光中某些波長光的分子。有些光屬於不可見光，但陽光中其餘波長的光，會被色素系統反射回去或穿透色素系統。這些波長的光屬於可見光，而這就是動物與植物之所以有顏色的最常見原因——牠們體內含有色素。

實際上芥末黃與灰色皇蛾的翅鱗上，並沒有芥末黃或灰色的色素，將牠們的翅膀放在顯微鏡底下觀察，你就會看見，灰色的部分竟然變成黑鱗和白鱗的混合，而芥末黃的部分，則是棕鱗和黃鱗混合的結果。從另一個層次檢驗蛾的色素，我們發現，在芥末黃的部分有二種不同類型的顏色，即飽和色與不飽和色。黃色是飽和色，亦即它只含有黃光的波長。在牛頓學說的觀念裡，這是飽和色。若在已經過牛頓的稜鏡分離的色光行進路徑上，放置一個狹縫，使得只有黃光能夠通過狹縫，我們會得到飽和的黃色。另一方面，棕色是不飽和的紅色。若讓狹縫移動，使得只有紅光能夠通過，由於紅光會被其他較昏弱的白光稀釋，於是映入眼睛的就是棕色。因為含有各種波長的色光，所以棕色是不飽和色。

大堡礁裡大部分的色彩都是色素營造的效果。看見如此驚人的色彩，並且了解大堡礁之所以如此五彩繽紛的原因，實在是極美妙的經驗。本章的目標之一，是說明人們如何了解這些奧祕；先對顏色的成因有基本的了解，你就能夠在穿行任何環境時，解釋身旁所有棲息動物的體色。雖然還可以用很多其他的方式來呈現色彩（本章稍後及其他章節會談及這部分內容），但每個機制的光學效應，都具有獨特的特徵。色素可能會使一隻動物，或動物身體的某部分染上顏色，但色素所暈染的色彩，並非最燦爛耀眼的顏色；因色素而產生的顏色，也不會隨著不同的觀看方向，或動物本身的移動而產生變化。這是因為色素會向各個方向散射或反射相等波長的光，因此從可形成整個半球面的任何方向看來，都呈現相同的顏色。由於我們每次只能看見半球上一個極小的圓錐面，也因為我們的眼睛很小，所以只能接受陽光中一小部分波長的光。若我們的眼睛大如足球，色素就會變得更加鮮明，尤其當它們密集存在時。因此我們眼中所見的光，已比原先的光源——陽光——暗淡很多，當我們遠離視野中的動物時，所能偵測到的光錐就變得更小，光線也更暗淡，最後牠們終將逐漸消失在我們的視野之中。你可以想想遠方的陸地逐漸消失在眼前的情形。

回到本書起首就曾描述的大堡礁，墨魚將含有色素的棕色墨汁噴入水中。在我跟蹤那隻墨魚時，一路看見的珊瑚不但形狀各異而且色彩繽紛。飽和的紅色、黃色和橘色，從各個方向看起來都一模一樣，顯示這些色彩背後都有色素撐腰。海綿的顏色涵蓋整個色譜，如同紅色的海葵、龍蝦和海星，牠們也具有色素的飽和色效應。紫色和棕色的海膽代表的是不飽和色。不過當我追隨墨魚在牠們身旁游來游去時，牠們的顏色同樣沒有產生變化，顯示牠們身上也有色素。然後，正如前文所述，我的導遊身上的顏色發生變化。那隻只有棕色和白色的墨魚變成紅色……然後又變成綠色。

仔細瞧瞧彩色電視螢幕。當你打開電視時，螢幕上會出現一簇簇視覺可辨的藍色、綠色與紅色的「次小點」，當整個螢幕畫面連續變換時，每個次小點都會隨著不斷且各自分立地變明變暗。楊氏色彩論的混合作用再度上演。報紙上的黑白照片，是由白色背景上間隔規律的黑點所組成，正如皇蛾蛾翅上的黑鱗與白鱗混合形成灰色色調一般，每個小點的大小，可決定該區域的灰色色調。電視螢幕上的畫面也是由很多小點組成，不過每個小點都含有三個次小點：一個綠色、一個藍色與一個紅色的次小點。藉由改變每個次小點的亮度（並非大小），整個小點就能任意呈現色譜中的任何顏色。因此，當電視螢幕上出現黃色的網球掠過網球場的綠色草坪時，就會有不同的次小點組合發光。當球落在某個小點上時，綠色與紅色的次小點就會發亮，而藍色的次小點則變暗，如此畫面上就會出現黃色；當球通過之後，紅色的次小點也會變暗，只留下綠色次小點發光。而當黃光穿越綠色墨魚時，也是以相同的方式作用。但這到底是怎麼回事？色素可以產生永久不變的顏色；它們無法突然改變。舉例來說，美洲豹就無法改變身上的色斑。解開這個矛盾現象之謎的，同樣是維多利亞時代的人，雖然他並非一開始就成功。

一八〇二年，陶藝家約書亞・瑋緻活的兒子，也是達爾文的舅舅湯姆・瑋緻活，拍下一張最早期的照片。他先把硝酸銀溶液塗在皮革或紙上（硝酸銀溶液對光敏感），再把樹葉放在頂端，然後將儀器暴露於陽光下約一個半小時。光將經過暴露的硝酸銀，轉換為銀合金重新現身，於是浮現灰白色的葉狀翦影。他製作出一張負片，儘管只有黑白二色。彩色攝影術理所當然成為維多利亞時代下一個偉大的目標，最後是由馬克士威完成了這個夢想。

在馬克士威達成夢想之前，十九世紀的科學家韋納認為，色彩的突破，取決於氯化銀中與不同波長的光產生反應的化合物，在反應結束時所形成的新化合物，具有與催化波長一致的顏色。韋納也認為，諸如在動物身上所發現的有機物質，可能具有類似的屬性。因而形成適應性偽裝的理論。韋納指出，毛毛蟲之所以能配合環境變化改變身體的顏色，是因為牠的皮膚會「利用本身組織的敏感性化合物，拍下身周環境的照片」。這是個不錯的想法，但純屬虛構。

維多利亞時代卓越的自然主義者愛德華，曾於一八四八年提出補充。如同亞里斯多德及自那時以來的哲學家、科學家與詩人一般，愛德華也為變色龍著迷。變色龍會戲劇性地改變身體的顏色。有個大問題是「牠們如何辦到這一點？」愛德華了解答案無關皮膚的任何化學變化，而是取決於色素的機械性分布。這是一項突破。

變色龍或墨魚的皮膚外覆色素體，即色細胞。這些簡單細胞外面通常包覆著色素，每個色細胞只含一種色素，只能形成一種顏色。但細胞具有彈性，它可以改變自己的形狀；在神經的控制之下，細胞可以變得扁平細長，與動物的表皮平行橫臥，或者變得短而矮胖。但在任何情況下，色素都均勻分布整個細胞。觀察動物就會發現，短而矮胖的細胞只會顯現一小部分的色素，所形成的視覺效果根本微不足道；但細長的扁平細胞卻可以顯現許多色素，因而肉眼可以看見它們的顏色。我們可以銅板為例，來思考並比較這兩種可能的色細胞類型：人們很容易看見平躺的銅板，但比較不容易看到以邊緣站立的銅板。

變色龍和墨魚的皮膚外表，的確覆蓋各種顏色的色細胞。若與電視螢幕相比擬，你可以將個別細胞視為次小點，次小點聚集形成可以獨立產生任何顏色的小點。在開關電視之際或轉換畫面的中間階段，組成小點的各個次小點，都有能力呈現各種亮度的任何顏色。在高倍率顯微鏡下觀察，將皮膚想像成各色並列的彩色銅板。當某些銅板以側面旋轉時，整體就會呈現不同的顏色，這種作法確實有效，的確非常有效。想想牽涉其中的演化困境，及這類機制所需耗費的生理成本，你可能會希望自己也擁有這項本領。重要的線路——大腦空間——必須製造色素與特化細胞、肌肉和感應器。記住這些成本，我們就能從演化因素與行為關係的角度切入，開始思考光的重要性。我們絕不會過分誇張光的重要性。

演化的間奏曲

動物若無法適應環境中的光，就無法存活。光可說是在現今地球上的大部分環境裡，最強而有力的刺激。本章我將利用一些我們看見世界的方式，是適應有光環境的結果為例，繼續證明這項觀點。我無意削弱其他刺激，例如碰觸、聲音與化學物質等等的重要性，因為這些刺激也非常重要。不過在眾多刺激中，光是個特例，因為它總是在那裡。若你不製造氣味，就沒有生物能聞到你的存在；若你不製造聲音，就沒有生物能聽見你的存在——雖然有些動物極難保持沉默，並隱藏自身的體味。由於顯然只能在彼此相距極近的情況下才能產生觸覺，所以碰觸這項刺激略有不同。對光的適應極為重要。光在太陽輻射線的高峰處。地球上很多環境都有光，若沒有光，生活將會變得極為艱難。

這項獨有原則有些例外。環境中還有二種其他刺激也教人避無可避。很多蝙蝠利用雷達獵食，牠們會發出超音波脈衝，超音波脈衝在觸及物體並回彈之後，會反射回到蝙蝠身上，如同用來偵測飛機的軍事雷達系統。在夜間，蝙蝠的雷達若偵測到浮在半空中的小物體——可能是隻蛾，對蝙蝠而言這是食物。但正如生活在日光之下的動物必須適應光一般，蛾也對雷達產生適應力。牠們身上覆蓋著某種可吸收雷達的軟毛，能降低反射回到蝙蝠身上的信號。當雷達來源非常接近自己時，牠們會讓自己失速，巧妙地躲開迎面而來的蝙蝠。水面下也會發生類似的貓捉老鼠遊戲，海豚利用可與雷達相比擬的刺激來獵捕魚類——牠們會產生聲納。

水裡還有一些魚類會製造另一種刺激。電魚，例如電魟與電鰻，曾一度成為演化論懷疑者的攻擊目標。如此強大、複雜而且特殊的特徵，如何能突然出現在動物演化史上，好似無跡可循？所有的演化震動，都因發現這個「遺失的聯結」而平息——軟弱的電魚。這些魚類無法產生只要被碰觸到，就足以殺死獵物的高電壓。軟弱的電魚只能發射作用方式與聲納類似的微弱電場，牠們可以基於反射回來的電子信號選擇獵物。正因如此才演化形成強壯的電魚。

不過地球表面的雷達、聲納和電場較陽光罕見。首先，動物必須製造自己的刺激物，雖然有時極具價值，因為這些刺激物就像光一樣，是其他動物若未採取行動便無法逃避的刺激。製造刺激是昂貴的活動，因此，這種機制若能繼續存在自然界，就表示牠們的刺激確實能夠發揮功能，而且效果不錯。但出現這些刺激的環境仍然非常有限。聲納和電場同樣只能影響特定體形的動物——足以作為刺激製造者的食物。至於光，總是有一種動物（或更實際地說，是很多動物），對生活在日光之下**各種**動物的光學特徵深感興趣。

因此動物必須接受，或依演化學術語是「適應」照射在牠們身上的陽光。動物可以採取二種路線——偽裝的路線或醒目的路線。在演化匯合處的最底端，可能保有相同的平衡。動物所採取的路線，可能只是在一團混沌的影響之下所造成的結果，也可能是受到演化可利用的物質——組成成分——的影響，或者若以色素為例，則為原子。但是，如同第五章所述，一旦平衡傾向某條路徑，演化就會沿著選定的路徑，繼續全速前進，直到沒有退路為止。本章起首的達爾文提詞，指的就是偽裝（「間接保護」）與醒目（「直接保護或兩性之間的吸引力」）。

色素的目的

一九三〇年代，當澳洲的殖民地開拓者進入巴布亞新幾內亞的崇山峻嶺時，很驚愕地發現依然生活在石器時代的族群。這些部落在和平與爭戰的循環政權中生活。

直到一九八〇年代，新幾內亞的戰爭才出現矛、箭和盾牌。他們的盾是利用三棵樹幹雕刻而成，通常與主人等高。他們使用當地可取得的顏料，以幾何圖案塗繪盾牌。人類學家曾嘗試解釋這些圖案，但卻走錯了路。這些圖案不具任何意義；只不過用來威嚇敵軍。事實上他們的勇士也會在身上彩繪，讓自己看起來「威猛嚇人」。全副武裝雄壯威武的勇士，舉起盾牌發出祖靈的警告……而且還有隻長矛做後盾。他們所使用的色彩具有警告意味，讓對方知道勇士所擁有的威脅力。在這種情況下，武器也會為他增添風采，勇士的色彩，或許會激使對方在有機會開戰之前，就先投降或撤退。

在裝甲部隊退役後，直到十九世紀為止，歐洲軍隊都使用警告色。鮮紅與白色軍服搭配高高的帽子，可以發出一項或二項警訊。如同以往大部分的裝甲部隊般，大帽子可以讓人對穿戴者的體型產生錯誤印象。你的個子愈高大，對方所感受到的威脅也愈大。而潔淨無垢的服裝本身，是部隊訓練精良的清楚象徵。當然，當時也有嚴格控制的軍事演習。這是一支已有準備，而且知道即將執行何種任務的軍隊，至少在敵軍的眼中是如此。

十九世紀的戰鬥色彩哲學有所轉變。隨著精確遠程槍炮的引進，士兵的優勢進入一個新的局面。直到此時，雖然醒目曾是士兵的作戰原則，但在陸軍准將的心底，始終藏著另一個選擇，那就是偽裝。若能融入身周環境，士兵就能逃躲或突襲敵軍。但當時的裝備武器就真的只是裝備武器，所以對敵軍的嚇阻效果不大。裝飾增光的手法已經過時。所以在軍事常識之內總能保持平衡，如同自然界的醒目和偽裝之間始終維持平衡一般。不過軍事平衡最終還是向某一路線傾斜。

新武器的研製需要新的戰術，軍隊開始在遠距離交鋒──到目前為止，人們對整齊的制服其實已經視而不見（人們從不在意閃閃發亮的鈕扣）。雖然嚴謹的陣式依然能逐漸激起敵軍某種程度的恐懼，但通常也已日漸凋零，如同顏色會隨著距離的加長漸漸暗淡一般。現在，鮮紅色的制服只會成為敵人瞄準的目標，偽裝變成大家普遍採取的對策。

自然界中每個意義深長的自然色背後，都隱藏著偽裝和醒目之間的平衡。不論是醒目或不顯眼的顏色，都表明平衡的傾斜方向。這是演化的方向——正向與負向選擇壓力之間差異最大的方向。

撇下軍事的隱喻不談，利用色彩作為「兩性間的吸引力」，是自然界中一個簡單而直接的概念。我們可以列舉很多明顯的實例。想想天堂鳥，母鳥的顏色單調平凡，但公鳥的羽毛則浮華豔麗。公犀鳥的黃色裝扮極其誘人（相較於母犀鳥），鳥喙上的腺體會分泌顏料，讓牠們利用鳥嘴塗抹在翅膀上。但達爾文還列出色彩的其他功能，在自然界中的實例同樣俯拾皆是。

生物可以利用色彩凸顯自己，以發揮「直接保護」的作用。獨角魚居住在夏威夷的海中，牠們因頭上有根長得像角的突起而得名，但這種魚還有另一個明顯的特徵：牠們的尾部二側有一根堅固的棘刺。這些棘刺具有保護作用，只要牠們的大尾一掃，尾部的棘刺就能切開對手的身體。鮮黃的體色讓牠們極為醒目，散發出「不要惹我」的警訊。生物會仔細留意獨角魚所發出的警訊，並與牠們保持距離以策安全。於是這樣的武裝配備也僅止於一種裝飾品，備而不用。

生物也會藉助顏色偽裝，以發揮「間接保護」的作用。胡椒蛾是第一個扣人心弦的實例。這個眾所周知的物種是淺灰色的，如同牠們那十七世紀的裝束，所以可以在銀色的樹皮上巧妙地偽裝，逃躲鳥類的獵捕。在工業革命期間，工廠附近的樹木，因為工廠煙囪所冒出來的煙而被染成黑色，於是棲息在黑色樹幹上的淺灰色蛾，突然變得很醒目……或者若是牠們不曾演化也不致如此。當選擇壓力改變時，新的基因突變——負責編碼黑色素的基因——就取得優勢。因此在工業區的胡椒蛾就變成黑色，牠們又恢復偽裝的能力。胡椒蛾已經適應新的光環境，因此得以倖免於難。

有些蛾類就沒這麼幸運，牠們的偽裝編碼經常被破解。但這些蛾類對這種情況也早有準備。當牠們的偽裝被識破時，就會選擇醒目做為最後的憑藉。這些蛾類的偽裝只局限於上翅，亦即當牠們休息時唯一外露的翅膀。但當危險太過逼近，以致危及牠們的安全時，這些蛾類就會迅速展開下翅，顯露牠們的警告色。掠食者會被這些突如其來的鮮明色彩，弄得糊里糊塗，理論上，這些蛾類可因此爭取到一些時間逃生。由於會偽裝的動物經常使用「閃爍」的色彩，所以這種作法必然有效……只要能夠偵測到掠食者正逼近身旁。

普通偽裝的一種變形是歧化色。老虎的斑紋與長頸鹿的補綴圖案，都可以在自然背景中打散動物本身的輪廓，偶爾也能適當提供古老的普通偽裝。有時在雜亂多變的背景裡，重複出現的圖案，比使用色彩偽裝的連續圖案，更不引人注意。枝繁葉茂的樹木上，那具有不同顏色、形狀與（根據畢沙羅的畫作）圖案精緻奇特的樹葉，隱含很多垂直線。要在這種背景下隱身，需要採用同樣雜亂的偽裝圖案，至於清晰的色彩，反倒不那麼重要。

雪梨大學外面有個種滿了睡蓮的大池塘，睡蓮的葉子鋪滿了整個池面。某天，我站在池塘邊讚嘆植物的生命之美，只不過一會兒的時間，我就發現自己同時也正在觀看一隻黑白相間的大鳥。但這事是怎麼發生的呢？在綠葉的襯托之下，這隻黑白色的鳥豈不是應該很醒目嗎？

雖然是綠色的，但睡蓮的葉片捲曲而且閃閃發光，經過陽光反射之後，映入我眼中的部分，看來是白色的。站在睡蓮葉上，這隻黑白相雜的鳥身上，白色的部分恰與葉片的反射光相稱，於是這隻鳥的白色部分就不如原先那麼明顯。至於黑色的部分，理論上在綠葉的襯托下應該很醒目，但它們卻不再能形成一隻鳥的形狀，或任何當時我所能辨識的物體，因此這隻鳥並未引起我的注意。我因而得知身懷一種以上的顏色，具有偽裝效果，即使只有其中一種顏色與背景色相同。在睡蓮池畔我所學到的另一課是：只在自然環境中思考大自然的色彩。在實驗室裡，綠色的葉子始終都是綠色，以其為背景的雜色鳥相當顯眼。但在自然環境中、在明亮的陽光下，實情並非如此。

莫內曾警告我們，人們應小心提防認為環境影像始終固定不變的刻板印象。大部分的風景畫他都會畫很多次，只不過是在一天的不同時間作畫……而他的畫作也都獨具特色。一八九一年的兩幅乾草堆畫作，可說是即時概念的縮影。他在正午所繪的畫作，乾草堆是黃色的；但在傍晚時分的畫作裡，則是以鮮紅色來詮釋乾草堆。具備所有色譜顏色的物體，在黃色的光線下會呈現黃色，而在紅色的光線下則呈現紅色。你若在不同顏色的燈光下觀察這本書的頁面，就不難發現這項原理。紙張會反射所有的色光，但在陰暗的陽光下會呈現青白色，而在燈光（燈泡）下則呈現黃白色。在不同的光線下，需要不同的保護色。因此，當不同的選擇壓力在發揮作用時，動物的活動在一天之中的不同時刻，也有不同的限制。

到目前為止，我們只考慮過在白光下觀察的皇蛾。但在不同顏色的光線下，皇蛾的外貌也會有所不同。在紅光之下，例如傍晚時分的光線，皇蛾會出現條狀花紋，破壞體色的連貫性；在綠光之下，皇蛾身上的花紋與在白光之下類似：是一般的保護色。因此，在正午或傍晚時刻，皇蛾會傳遞略微不同的信息，儘管目的都是意圖逃避掠食者的注意。但故事不止如此。陽光裡還含有另一種顏色，位於光譜中的紫色光之前。這是挫敗達文西、牛頓和維多利亞時代諸多先聖先賢的一種顏色，因為人類看不見它。它就是紫外光。

甲蟲和鳥類會透過空氣，傳遞寫在紫外光上的祕密信息。我們之所以得知這項祕密，是因為照相機底片可以記錄紫外光留在牠們身上的顏色。如同人類眼睛的水晶體，玻璃也會吸收紫外光。不過，若在照相機上安裝石英鏡頭，紫外光的傳遞方式就與紫光或藍光相同，並能在照相機底片上留下痕跡。當研發出這種底片時，我們就能觀察到諸如長尾鸚鵡鳥羽上的紫外光。不過既然我們平常根本看不見紫外光，那麼為什麼要考慮紫外光的生物目的呢？嗯，其他的動物，尤其是鳥類和昆蟲可以看見紫外光。

很多花的顏色含有紫外光，可以吸引昆蟲為它們授粉。若鳥類通常能看見紫外光，而且也以皇蛾為食，那麼知道皇蛾在紫外光照射下的樣貌，對牠們就極為重要。在紫外光下的皇蛾是依然維持偽裝，還是體色的連貫性遭到破壞？答案並非如此。在紫外光的照射下，皇蛾呈現的是一種非凡的轉變。牠看起來像二條蛇，有著清楚的身體、頭、眼睛與口。本章稍後在討論貝茲的研究時，會談及皇蛾變身的目的。

雖然看似迷人，但紫外光似乎沒什麼神奇之處，只是彩虹中的另一個顏色。不過紫外光的含量，確實會隨著一天的時間偏移而有所變化，拂曉與薄暮時分的紫外光含量最低。它是最無法透過空氣傳遞的顏色，樹蔭之下幾乎完全沒有紫外光的存在，在樹蔭底下，光線就像顆彈珠四處彈跳，然後被樹葉吸收。現在是時候從棲境——動物的「生活方式」——的創造者這個角度來思考光。

西印度的變色蜥棲息在樹木叢生的森林裡。不同的物種有不同的體色，而且你很容易理所當然地認為，生物的體色只是為了在繁忙的環境裡，吸引自己的同類。牠們所處的環境極為忙碌，森林裡有各種微小生境，由植物的物理性質所構成，不過變色蜥並非遍布整個森林，牠們全都棲息在相同的林地，但可根據光的條件，依植物的高度或輪廓，畫分為幾個微環境，包括紫外光的含量。各個物種的體色，也精確適應牠們所處環境的光，因此在每個微環境裡，某種類型的顏色可能最具適應性，於是擁有該種顏色的生物，就是該處最成功的物種。在恰當的微環境裡，動物可用最有效率的方式吸引配偶、保衛領土，牠們可以把更多的時間和精力投注在其他活動。在這種情況下，光是最重要的刺激。適應光是變色蜥最重要的任務，其他的選擇壓力比較其次；適應光是生存的必要條件。很多其他動物也有類似的故事，包括鳥類和魚類。

比較罕見的光適應形式，是動物直接擷取環境裡的顏色，而非利用體內的化學物質製造體色。紅鶴的粉紅色，就是來自甲殼綱食物的胡蘿蔔素。至於偽裝的例子，則有寄生在槍魚身上的扁蟲，從槍魚的皮膚取用色素，讓自己的體色與背景融為一體，達到有效隱形的目的。但其他的動物，包括墨魚和變色龍，在某些環境下會使用色素體來形成保護色。牠們的皮膚或許含有感應器，可偵測自己此時所處背景的顏色與亮度，最後形成對光的適應性變化。任何環境的生物，都可能希望自己既能喬裝掩飾躲過掠食者，同時又能適時亮出象徵警告或交配訊號的顏色。但當無法利用色素體時，在整個演化過程裡，直接與間接保護之間的平衡，可能會傾向某一端……然後又傾向另一端。

維多利亞時代的博物學家貝茲，曾在一八四九年到一八六〇年間走訪亞馬遜河雨林。在採集了九十四種蝴蝶標本後，他發表了一篇論文。這篇論文所引發的熱烈討論至今未息。

如同當時的每一位收藏家，貝茲是根據顏色來將他的蝴蝶歸類，結果發現了一些奇妙的關係——花紋類似的蝴蝶，恰巧被歸入顯然有親緣關係的類別。但貝茲緊接著就發現與此矛盾的證據，蝴蝶的身體形狀訴說的是另一個故事。根據推測應該有親緣關係的類別成員，在卸下翅膀後的身體和附肢形狀，卻有顯著的差異。事實上，單靠身體和附肢的形狀就能建立新的類別，迥異於以顏色為依據所歸納的類別。因此，為什麼沒有親緣關係的蝴蝶會有相同的體色？根據維多利亞時代以前的哲學觀，這只是「自然界的奇觀」嗎？

達爾文和華萊士已經證實，自然界的奇觀並不存在，貝茲也同意他們的看法。他更深入地鑽研自己所遭遇的矛盾困境，指出色彩最豔麗的蝴蝶也飛得最慢，最容易被鳥類捕食。不過貝茲推斷，因為缺乏來自被丟棄的翅膀所呈現的證據，所以他假定這些毫無防禦能力的蝴蝶很難吃。接著是造成重大影響的假設——鳥類是根據蝴蝶的顏色，得知那些蝴蝶很難下嚥。

現在貝茲已可解釋他的親緣關係困境，蝴蝶的身體與附肢的形狀，才能表明真正的演化關係。雖然很多確實有親緣關係的類別，的確擁有類似的顏色，但有些蝴蝶則因為了享有更高的存活機會，而偏離常態。剛開始時，一群尚未演化形成讓掠食者敬而遠之的化學物質的蝴蝶，可能會演化形成保護色，如同胡椒蛾。但若在某些環境下，保護色的密碼被破解，則另一種演化選擇就是佯裝成讓掠食者倒盡胃口的東西，也就是仿效以難吃的化學物質做為武器的生物的顏色。這種行為及演化策略就是模仿。

這種模仿與染色的精確機制本身就是一項課題，它們能發揮令人難以發現的防衛警告。尤其有趣的是，在整個過程裡，掠食物種與個體如何能在不曾消滅獵物的情況下，學會解讀視覺警訊。史密斯是二十世紀解開這個理論網絡的知名學者。但基於本書的寫作目的，讀者只需知道模仿策略確實奏效就已足夠。畢竟自然界中的模仿策略不但豐富多彩，而且也有真憑實據。

在陳述關於顏色的問題時，達爾文的說法是：「**每當**基於某種特殊目的而改變顏色……。」使用「每當」這個詞很有趣，他是否暗指生物偶然會毫無目的地改變顏色？

若只考慮顏色，黑色的鯊魚或許等同紅色的鯡魚，牠們的顏色只對研究光適應的生物學家具有警示作用。夏威夷的卡內歐荷灣，是個讓扇貝雙髻鯊孕育後代的溫床。小鯊魚喜歡悠游在安全的海底，雖然海灣只有一到十五公尺深。在海灣最深處，小鯊魚幾乎是白色的，但在海灣最淺處，牠們是黑色的，不過海底始終是白色的。因此，只有在較深的水域裡，小鯊魚才需要藉助保護色逃避掠食者的捕食嗎？或者在淺水中的牠們，只是利用顏色來表達信息？兩個問題的答案都是「否」。有時顏色不具視覺功能，換句話說是偶然發生的。實例之一是我們可以看見自己的靜脈是藍色的。

除了視覺效果以外，顏色還有另一個功能。黑色或棕色的黑色素可提高構造的強度，例如甲蟲的外骨骼；或保護生物免受陽光的紫外線輻射影響，紫外光會使很多生物的組織受損。正如曝曬在陽光之下的我們，在極淺的水中，陽光對雙髻鯊也有相同的影響。在一公尺深的水裡，紫外光的含量是十五公尺深處的六百倍。所以在最淺的海水中，小雙髻鯊的皮膚會聚集一層黑色素，黑色素不只能吸收有害的紫外光，也會吸收其他波長的光或顏色，由於沒有任何色光被反射出去，因而在淺水中的鯊魚看似沒有顏色，也就是黑色。

顏色的這種功能在色彩學上毫無地位，自然也沒有出現在《物種起源》裡面。不過達爾文在大膽地陳述顏色時，確實忽略了一個功能——「披著羊皮的狼」這個功能。我們已經看過幾個利用體色偽裝，間接保護自己抵禦外侮的實例，但掠食者也可利用體色隱藏自己，以免獵物發現自己的行蹤。

在希臘潛游時，是我第一次主動遇見顏色。雖然那裡沒有珊瑚礁，但藍色的海水極為清澈而迷人。淺水區很大，棕色的石塊隨意散落在白色的海底。我留意到一條鮮黃色魚的背後，浮現了一道夾在兩塊岩石之間的縫隙，於是我潛下去想看個仔細。剛開始並沒看見什麼異常之處，雖然我很納悶，既然我已現身，這條魚為什麼還不游開。牠出現了，在我眼裡這條魚幾乎被挾在岩石之間，所以我向牠伸出援手。我才剛碰到牠的尾巴，就發現有東西動了起來。動的不是那條魚，而是那塊岩石。岩石的某個部分略微發生「變化」，更仔細地觀察後，我才發現這竟是一隻眼睛。原來這塊岩石是一塊真的岩石，再加上一條薯鰻構成的。有條棕色的大薯鰻，以被牠用身體纏繞起來的岩石為背景，進行了一次完美的偽裝，牠正咧開下顎咬住那條黃色魚的頭。當時我還年輕，既然那條黃色魚大約與我的頭一般大小，所以我想是時候離開海裡了。後來我才了解，淺海魚通常必須小心提防所有的岩石……與小石塊。

如同大堡礁和亞馬遜河的天使魚，色彩在極淺的海水裡非常醒目——就在距離海平面幾公尺深的地方。這就是為什麼我能在礁岩上看見所有的顏色，若礁岩位於較深的海裡，它的顏色就會變得相當有限。

莫內的畫作教導我們，在陸地上，陽光的顏色會隨著天空中太陽的位置而變化。在海中也是如此，但在水裡影響太陽色光的是另一個因素——深度。穿透海水的陽光會被吸收，最後消失不見。但陽光可穿透約一公尺深的地方，儘管非常暗淡，但依然可以捕捉到光的身影。不過當我們躍入海中，不同波長的色光或顏色被吸收的速率也不盡相同。紅光、紫外光和紫光是第一批逐漸消失的光，在二百公尺深處的陽光只剩下藍光。然而不論深度如何，藍光在海水中的傳遞狀態最好，即使在淺灘也一樣。這種效應相當顯而易見。當你潛入十公尺以上的海中，世界就會變成一片藍綠色。而且不出所料，動物只適應殘留在特定環境中的顏色。

在二百公尺以下，有很多動物是紅色的。這裡的光線是藍光，而且只有藍光。缺乏紅光表示這地方沒有機會映現紅色，反而會因為吸收藍光而變為無形。在深海裡，紅色是很棒的保護色。

在中層海域裡的生物，所面對的問題是如何破解淺海與深海的保護色。從下面往上看，是以光，也就是天空為背景來觀看一條魚；從上面往下看，則是以深海的黑暗為背景來觀看一條魚。解決之道是擁有上表皮色深、腹部色淺的身體。水面下很常見「消影效應」的策略，所以這個辦法必然能夠發揮效用。槍魚是一種離開水面後色彩醒目的魚，但牠的色澤與花紋在水裡能同時發揮消影效應及歧化色的功用，於是槍魚就在其他生物的眼中消失。槍魚是大型魚類，但卻可以在你眼前悠然游過，而你依然一無所知。牠可以利用保護色防範掠食者（鯊魚），或不聲不響地逼近獵物（小型魚）身旁，因此保護色對這種魚類的存活極為重要，甚至連寄生在牠皮膚上的生物，也必須參與維護保護色的工作。牛津大學的研究生應格朗曾發現，槍魚身上的海水魚虱擁有色素體，所以不論牠們是附著在槍魚的深色皮膚或淺色皮膚上，都不會破壞槍魚的保護色。海水魚虱所採用的策略，雖然與槍魚身上的扁蟲寄生蟲不同（扁蟲是竊取槍魚身上的色素），不過結果卻是相同的。若槍魚死亡，牠身上的寄生蟲也會同歸於盡。此外還有幫助槍魚去除寄生蟲的亞口魚，所以槍魚身上的寄生蟲也必須利用保護色，以免自己被亞口魚吃掉。因此，槍魚及其寄生蟲所面對的選擇壓力是光。

牛津大學的另一位研究生威爾許，感興趣的是另一種形式的偽裝。由於通常保持水平移動，所以消影效應是魚類的一種可能選擇。但有些動物會變換牠們的移動方向。水母常在水中四處翻飛，實際上也沒有上下之分，牠們缺乏能處理色素體的精密硬體與軟體，因此通常只有一種選擇，可幫助牠們與四周背景融為一體，那就是讓自己變透明。

在牠們的演化過程中，很多水母曾繞過擁有與背景相同的體色這條路，牠們選擇讓背景光直接透過身體的方式來融入背景。不過這個解決方法其實並不簡單。水母的內臟通常是透明的，但這並不是牠們最大的問題。威爾許認為，問題出在一些比較不明顯的障礙，即偏光現象和表面反射。

掠食性魚類可以偵測到偏振光，因此作用於水母身上的選擇壓力，促使牠們避免自己變成偏光濾光器。水母不能只讓某些偏振光通過身體，牠們必須讓所有的偏振光都能穿透自己的身體。若未能符合這項要求，水母就只能擁有與背景光相同的顏色，而非偏振光，如此一來牠們就無法完全隱形。

此外還有表面反射的問題。我們能看見自己映射在玻璃窗上的影像，從微觀的角度來看，這是任何完全光滑的表面都具備的效果。但水母不能像玻璃一樣，讓最外層的表皮只反射一些光。事實上，水母的表皮會大幅減少光反射，因而可以解決這個潛在問題。

光確實是掌控現今動物行為的主要力量。對於有幸生存至今的生物來說，光過去必然曾是牠們的重要演化因素。稍後我們會繼續討論這類觀點；它們是寒武紀拼圖的另一片拼圖片。但目前的話題，即現今環境中的光，或許是解開這個謎題的最重要線索，雖然在這個階段，光只不過是片沒那麼明顯的拼圖片。這確實是個我們應該盡可能深入鑽研的課題。但你應該了解，在此處我們真正要處理的是什麼問題，千萬不要偏離本書的探討主題。我指的是動物**整體**的外觀設計。

軍官帽或體積和形狀的相關性

前文述及十八世紀的士兵制服時，我曾提到與自然有關的另一個重點，就是體積和所知覺的樣貌。不單只有顏色會影響視覺偽裝和醒目之間的平衡。自然界的色彩並非動物外觀設計的唯一要素，體積、形狀與活動也傳達相當多的資訊。

正如戴著誇張頭盔的士兵，看起來身材好像比較高大，因此讓敵人感到較有威脅感一般，在發現危險逼近時，河豚也會膨脹自己的身體。當蟾蜍意外遇見蛇時，會本能地將腿完全伸直站立，並將身體膨脹為原先的三倍大。現在，蛇眼捕捉到的是截然不同的影像——從看起來似乎可輕鬆捕得的一餐，變成可能是隻侵略者的樣貌。突然之間，蛇發動攻擊的可能性降低，牠的判斷純粹以其他動物的外觀為基礎。在所有有光的環境中，外觀設計會對物種之間的互動與關係，產生整體影響。

更顯而易見的是，動物的形狀是動物偽裝及模仿的重要要素。不論是竹節蟲、樹葉蟲、草海龍，都分別必須具備樹枝、樹葉和海草的顏色及形狀。這些動物的活動也同樣重要，模擬樹葉的螳螂必須隨風搖擺，如同牠身周的樹葉一般。

動物對光會產生身體與行為上的適應性變化。光不只影響動物的顏色，而且也影響動物的整體外形與行為。切記，不能適應光環境的動物無法存活。現在我們已經了解，在整個物種演化過程中，必須有極大的反應才能符合這項規則。只具備米黃色色素的母獅，不足以讓自己與身周的草原融為一體；母獅也無法演化形成搭配所處環境的身形輪廓，因此必須配備其他武器才能獵捕食物，牠們必須有能力蹲低身體，如同狙擊兵一般。這也是對光的一種適應。但母獅的獵物也已對光產生適應性變化。牛羚通常臉部朝外圍成一圈吃草，牠們會留意母獅的蹤影，大家聚集成圈就能掃視整個平原。牠們圍成一圈吃草，是適應光之後所產生的行為。

成功的偽裝甚至必須考慮到陰影。棲息在綠色樹葉上的綠甲蟲，若無法隱藏自己的影子，就無法成功偽裝。牠們的演化結果，再度讓掠食者不易捕到獵物。很多生活在樹葉上的甲蟲，體形呈半球狀。這是對光的身體適應。球形總是帶有陰影，但從大部分的方位來看，半球形並不會投下陰影。考慮讓標準的甲蟲外形產生如此變化的龐大演化成本非常重要，不單只身體受影響，牠們的腿和翅膀也受到波及，因而必然也會影響牠們行走和飛行的方式。光確實是個有力的刺激。

形狀和行為也是醒目的要素。蜜蜂的舞姿，引導牠們朝花蜜所在地的方向飛去，牠們擺動身體和急轉的方式，都是對光的行為適應，光是牠們的視覺信號。人們更熟悉的例子是孔雀，相較於黃褐色的雌孔雀，雄孔雀的色彩十分絢爛。在此討論的相關話題是眼點，在每根尾羽的尖端，都有極為明顯的眼點。雌孔雀會「細數」雄孔雀的眼點數目，牠所關切的是眼點愈多代表愈歡樂。安靜的孔雀可能擁有一百個眼點，但在求偶時孔雀並非靜止不動。牠們會搖擺尾羽。

你可以拿起一枝筆，從左到右迅速搖動，此時你眼中的一枝筆可能會變成二枝，在搖動方向的末端各出現一枝筆。孔雀的尾羽也相同。在搖擺時，一枝尾羽可能會浮現二個眼點。現在想想整隻孔雀。當雌孔雀正在細細點數雄孔雀的眼點時，雄孔雀會搖動尾羽，於是原本只有一百個的眼點就會變成二百個，向雌孔雀表示自己是比較適合的候選者。只有一百個眼點不能讓雌孔雀感到滿意，因此搖擺尾羽是對光的適應性行為。

動物王國裡眼點甚為常見，通常扮演的是「軍官帽」的角色，讓它們的主人在別人眼中看起來比較龐大。在某些可能的掠食者眼裡，翅膀邊緣有眼點的蝴蝶，頭部顯得比較大，於是在概念上整隻動物就變得更大。但並非所有的掠食者都如此容易上當，而且眼點可能有其他缺點。

參考書上的蝴蝶圖片，大多是從上往下觀看翅膀的樣貌，但有時潛在的掠食者或配偶，是從某個角度逼近蝴蝶，此時眼點就會變成蛋點——瘦長的圓形。

一五三三年，德國藝術家小霍爾班畫了第一幅肖像畫，是幅真人大小的全身肖像。「使節」這幅畫的主角是二位男子，一開始觀賞畫作時，每件東西看起來都相當正常……直到觀畫者留意到畫中主人翁的腳邊，有個奇怪的瘦長物體為止。這幅畫作原本懸掛在大樓梯間頂端，不論直視或從斜角都能看見這幅畫。如前所述，賞玩者應該是站在畫作前面觀畫，但若從樓梯某處的斜角觀畫，畫中的二名男子就會變得模糊難辨，而永恆的死神則變成主角。此時在觀畫者眼中，男子的身影不再像是身體，而那神祕的物體則露出本相——一個清楚的人類骷髏頭。

在求偶期間，有些雄蝶會從某個斜角觀看雌蝶的翅膀，因此雌蝶身上用來吸引雄蝶的花紋，必須以斜視的觀點呈現。演化的結果，或許不是先符合人類眼睛需求的變化。關於此點我曾討論過色素，但在考慮過結構色後，視角的作用會變得甚至更加重要。

現在我們可以開始了解，為何人類眼中的動物會具有顏色，而在這個系統裡也有些精密之處。事實上我們只是在自然色彩精密度的底層。除了利用色素之外，動物還有另一種用來顯色的方法。雖然有點反諷，不過自然界裡最鮮明的顏色，是來自於純粹透明的物質。

結構色

羅馬人非常精於玻璃工藝。我們之所以知道這件事實，是因為發現羅馬人墳墓裡的陪葬品有玻璃器皿的碎片。很多陪葬的玻璃器皿不但被保留下來，而且還能完全恢復原貌。

有個羅馬玻璃盤特別吸引了我的目光，不只因為它很完整、不曾受到破壞，也因為它上面漆有彩虹釉。盤子表面閃耀著紅色、黃色、綠色與藍色——事實上是完整的色譜。這些顏色含有金屬色澤。它們比漆上顏料的盤子更亮眼，或者說更醒目。有趣的是，當我繞著盤子四周移動時，映照在眼中的顏色也會變幻不定，家蠅的透明翅膀也具有這種效果。但羅馬盤與一般的家蠅擁有什麼共通特性？

這個玻璃盤極薄，塗層纖細，用手就能輕易拭去，留下一個樸素無花紋的透明玻璃盤。這層塗層顯然是使盤子產生金屬樣色澤的原由，雖然似乎是粗略的描述，但說它是層「薄膜」一點也不誇張。只不過在光學的世界裡，這個名詞所代表的意涵不僅於此。第一個發現自然界也有這層薄膜的人也是牛頓（或可能是虎克），當時他正試圖破解雄孔雀的色彩之所以如此光輝燦爛的原因。事實上牛頓的靈感來自玻璃薄片。

以下幾頁內容，專門描述自然界中最常見的結構色。因為能夠解釋與透明底色自相矛盾的現象，隱藏在這些金屬樣顏色背後的機制極為有趣。不過說得更簡潔一點，它證明物理結構的確能產生顏色，讀完本書稍後的內容，你就會知道這可是無價之寶。

不同於化學色素，物理結構保存在自然史博物館裡用酸處理過的收藏品中，所以我們不需接觸活標本，就能研究它們的成因與多樣性；這是非常有用的資訊。不過正如前章所述，物理結構保存在滅絕動物的體內，為了繪製資訊更豐富的圖像，值得我們先來上一堂簡單的光學課。

若只是擺放著，薄膜不過是一層很薄的材料，只有上表面與下表面。不過就它對光的影響而論，薄膜材料的作用就如同空氣以外的介質。笛卡兒證明水滴的外層與內層表面會反射光，費瑪的解釋是光在不同的介質裡，有不同的行進速度。透明材料製成的薄膜，作用如同水滴——它的上表面與下表面會反射光。或許原有的入射光束中，約有百分之四的光線會自薄膜的各層表面反射而回，而有百分之九十二的光線會穿透薄膜。

當反射光脫離相時，就會彼此抵消，如同達文西的石塊所激起的漣漪一般。在這種情況下，光束

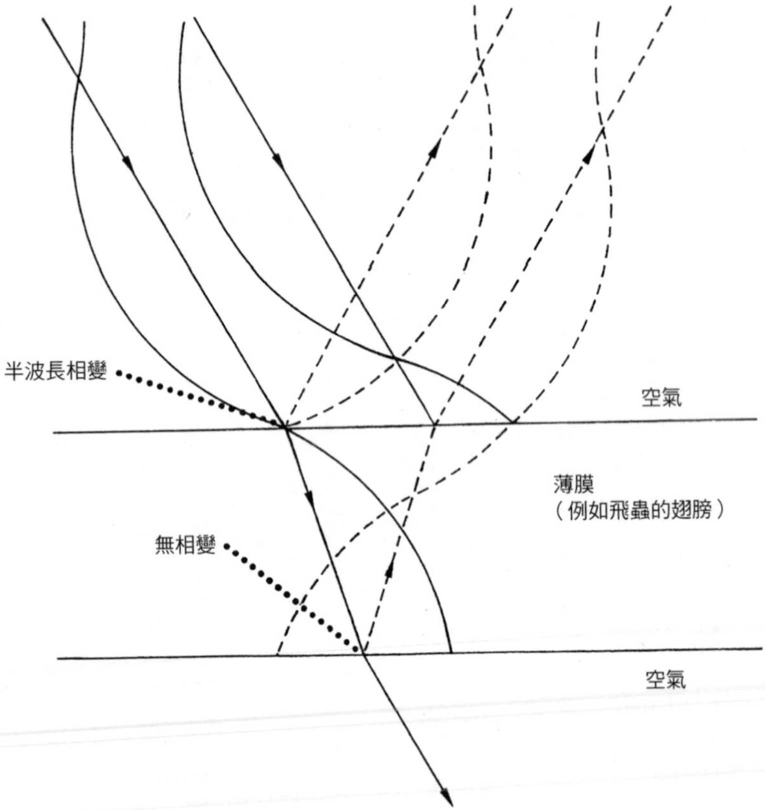

空氣中受薄膜，例如飛蟲翅膀影響的光線。圖中所示為薄膜的橫截面；光線的路徑和波形分別以實線（入射光）和虛線（反射光）表示。

不可能存在。但當波形重疊時，也就是都在相裡，則光束確實存在。在這種情況下，有百分之四加百分之四，或者說百分之八的光線，會被反射出去。也許看似微不足道，但色素所能反射的光還不到百分之一，因為它們的反射光覆蓋了一個半球，而我們只能看到這個半球極微小的一部分。此外，薄膜反射出來的百分之八的光線，是沿單一方向前進，因此你若循著這個方向觀看薄膜，就能看見所有百分之八的反射光。故而在相同的照度下，薄膜遠比塗上顏料的材料來得亮眼（雖然因為眼睛是對數偵測器，所以眼中所見其實沒有這麼亮）。當薄膜的厚度約為光波長的四分之一時，就會出現這種現象。

導入介質的變化，牛頓的稜鏡會使不同波長的光，或者說白光中的不同色光，以不同的方向行進。若將這個概念應用在薄膜模型上，我們也能夠得到以不同方向反射的各種色光。一個方向只有一個顏色的反射光波能在相中，其他顏色的反射光不在相中，也不能在這個方向振盪，所以當我們從不同方向觀看薄膜時，會看見不同的顏色。這就是我們在觀察羅馬盤與家蠅翅膀時所發現的效應。肥皂泡與水面浮油也是薄膜。

我曾將薄膜那百分之四的表面反射，歸因於介質的變化，不過並未提到不同的介質有不同的反射率。在以玻璃和空氣為介質的條件下，會出現百分之四的反射光，但若將玻璃放入水中，則反射光會減少。對透明的水母來說，這是個幸運的結果，水母皮膚的光學屬性與玻璃類似，在水中牠們的身體反射出去的光很少，遠比在空氣中少得多。水母那些在水面漂浮的親戚，例如僧帽水母，最容易踩到反射率這個陷阱。牠們有一部分的身體會自然而然地暴露在空氣中。

前文我曾解釋過水母的夢想——色素體——的作用，人們原先以為會改變膚色的色素細胞，來自化學反應，雖然是個錯誤的解釋，但理論上化學反應的確是可能性之一，當然還有其他的可能性。

我曾參加一場關於液晶的公開演講。液晶含有螺旋狀的分子，像一列微小的彈簧般排列在一起。它們真的很小，側面朝上時一圈螺旋狀分子的長度，只有光的半個波長，也就是說這個構造只能反射半個光波長。液晶可以顯現鮮明的色彩。我們可以買些含有液晶的玩具或溫度計，只要碰碰它

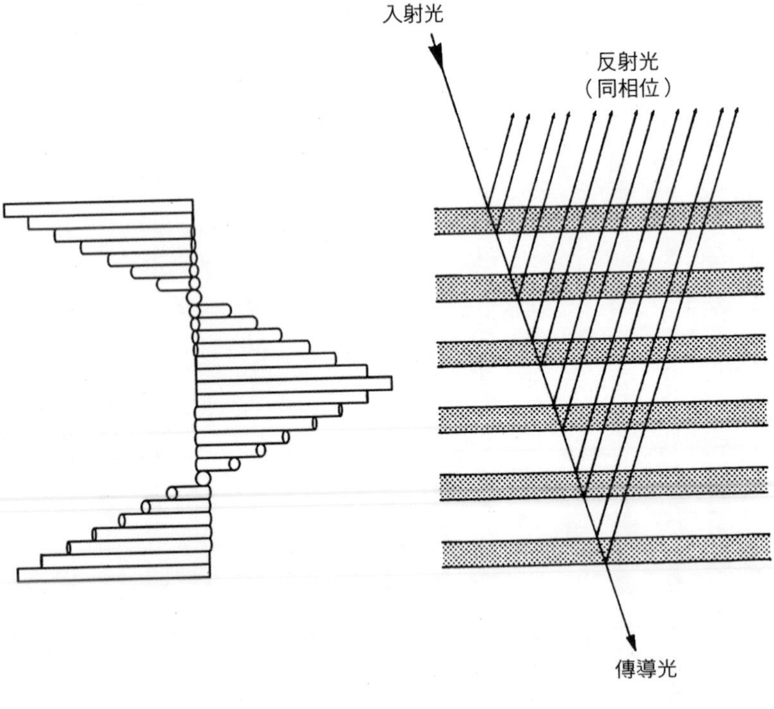

液晶的橫截面（左圖），呈現排列於水平層中的部分分子，其中一層的分子方向與後續的方向有些微的不同，形成整體螺旋形圖案。這一截面所顯示出的高低——亦即系統的一個「週期」，相當於多層反射器中的兩層。這種多層反射器對光的影響顯示於右圖。

們，它們的顏色就會隨著溫度的變化而改變。

液晶的顏色來自每半圈螺旋狀分子所反射出來的光波。若能將整個結構想像成一疊薄膜，其中交替排列的薄膜材料具有不同的光學屬性，你就會比較容易了解這種現象。

每半圈螺旋狀分子涵蓋四分之一個波長的距離或「厚度」，也就是等同於一片薄膜。所以整個分子從頂端到底端，大約是很多片薄膜堆疊而成，如同一疊薄膜般，液晶分子也能反射較多比例的光。百分之九十二穿過單片薄膜的光線，會遇見另一片薄膜，於是又額外反射出百分之四的光，最後，圈數夠多的螺旋狀分子可將所有的光反射出去，沒有光線能通過這個系統。現在我們得到了百分之百的反射光——若你觀看的方向正確，就能看見最亮眼的效果。

在這場液晶演講的發問時間裡，有位聽眾提問：「變色龍是利用液晶來改變身體的顏色嗎？」真是個奇妙的想法。事實上因為這個問題太可愛了，演講者還熱心地為他解惑：「對，你可能是對的！」演講者是位化學家，我們可以原諒他不知道變色龍變身偽裝的真正原因，但這個問題證實聽眾對整場演講的內容極為了解。演講者成功地讓聽眾理解她所要傳達的信息，而且顯然讓全場聽眾都感到很愉快，因此作出負面的回應似乎很不恰當。但是，我們可以在關於動物顏色的文獻裡找到液晶。

倫敦南方的唐屋，是達爾文的故居。他用過的顯微鏡、書桌和書架都還完整保存，還有一些他採集的標本。雖然達爾文選擇的是藤壺，但跟著他到處跑的似乎是甲蟲。一如牛津的赫胥黎室，在唐屋裡也閃爍著液晶的金屬色澤，自然地埋藏在達爾文那些甲蟲標本的外骨骼裡。

甲蟲的顏色通常極為壯麗，死亡後淪為新幾內亞部落酋長服飾上的裝飾品，或在珠寶店裡被當作耳環販售。熱帶地區的甲蟲，金屬色澤顯然更多變化，因為熱帶地區的陽光較強，所以這種情形不足為奇。晴朗無雲的天氣，致使熱帶地區的光度是溫帶地區的二倍，所以熱帶地區對明亮色澤的選擇壓力較強，也因而發生相應的演化反應。

雖然液晶近似多層反射器，但甲蟲身上的確有多層薄膜，尤其是熱帶地區的物種。在電子顯微鏡下觀察斷裂的泰國葉蚤翅鞘，就會清楚看見輪廓分明的一疊薄膜。但有時也會在甲蟲的翅鞘，發現海綿狀的構造，這種構造如同液晶般，與真的多層反射器作用類似。

辛頓是英國布里斯托大學的昆蟲學家，對顏色十分感興趣。一九七一年他正在委內瑞拉採集昆蟲，他最感興奮的發現來自於無意間捉到的樣本，當時他正在加油。一隻公的大金龜子（世界上數目第二多的昆蟲）飛進加油站的條狀照明燈，並且跌落地面。這實在是值得一看的景觀——這隻在飛行中的甲蟲就像一隻穿了盔甲的鳥。辛頓先拾起這隻昏迷的甲蟲，然後迅速將牠放入從旅行袋裡取出來的襪子。襪子裡的甲蟲角突了出來，事實證明這是個完美的監獄。無論如何，辛頓對這隻甲蟲不純粹只是好奇，（他曾自述「空閒時我常把牠捉出來把玩」）他對科學更感興趣，甚至指出「我察覺牠的鞘翅會適時變成黃綠色，然後又再變回黑色。」

大金龜子翅膀的黑色素層上面，還有一層海綿狀構造。海綿狀構造裡的小孔，作用如同多層反射器的交替層，如此就能解釋辛頓為何會看見黃綠色。但間歇出現的黑色又是怎麼回事呢？

當海綿狀構造裡的小孔充滿空氣時，就能滿足上述的多層薄膜條件。在這種情況下，光可有效辨識介質間的差異，於是浮現薄層效應。但當小孔充滿水時，薄層效應就會消失，因為水這個介質的光學屬性，與甲蟲的翅鞘類似。現在當光穿過海綿狀組織時，並未辨識出任何介質邊界，只有黑色素才能攔阻它繼續前進。

辛頓在不同的濕度條件下觀察他的甲蟲。在高濕度時，甲蟲翅膀的海綿層充滿了水，看起來是黑色，這是色素所造成的顏色。在低濕度時，海綿層小孔恢復充填空氣的狀態，因此黃色與綠色波長的光，在抵達下面的黑色素層之前，就已被反射出去，於是物理構造及顏色也隨之改變。所以，在講堂聽見以相同的字句說明液晶和變色龍，實在不需大驚小怪，不過結構色也如同變色龍的色素體般具有生物功能嗎？

由於具有行為效應，結構色較色素容易界定。它們是自然界最鮮亮的顏色，所營造的視覺效果總是具有某種功能，它們總是發生在環境中的可見之處。結構色確實衍生自物理構造，所以可能具有其他功能。舉例來說，一隻斷裂的猛獁象象牙，內部有一疊像六角風琴般摺疊的薄層，可增加整隻象牙的強度。不過，象牙裡的薄層厚度遠遠超過光的波長，它們不會產生顏色。因此，若是改變反射器構造的大小，消失的是顏色而非強度屬性。這種改變可能微不足道。因此只需輕微的突變就能終結結構色，但若考慮到它那強而有力的視覺效果，可想而知作用在多餘結構色上的選擇壓力必然很強大。自然界確實會出現多餘的結構色，但只發生在自然環境中看不見之處。很多貝類選擇改變體內的薄層厚度，牠們的內表面會發出帶有光澤的結構色，但在軟體動物所處的環境裡，這種視覺效果卻被牠們外層那引人入勝的顏色所掩蔽。本章文首摘錄的那段達爾文的提詞：「每當基於某種特殊目的而改變顏色時」所指的只是顏色。我認為進入環境的結構色總是有其功能。它們不得不如此。

遺憾的是，限於篇幅，本章無法討論其他能產生結構色的迷人機制，雖然有些機制在後面的章節還會談到。我也無法詳述唐屋裡那些大玻璃櫃，裡面滿是蜂鳥和天堂鳥，還有華麗的結構色。在事情真得開始變複雜以前，我必須先停下來。這是生物學變成比較次要的配角，而複雜的電磁散射論（光學物理學裡較深的課題）登上舞台的時刻。本章的主旨並非解釋自然色彩的所有功用，而是略微暗示自然界中色彩的範圍與複雜程度。

更具體點說，我撰寫本章的宗旨，在於誘使讀者尋思動物通常如何適應光。我曾說過，這不只牽涉到顏色，還包括形狀和行為。演化過程裡，生物對光的微妙適應隨處可見。我曾提出幾項實例；現在是請讀者環顧四周並完成這幅圖畫的時候了。若能完全體會這種偉大的適應性變化，我們就能發現有助於了解寒武紀之謎的重要線索。隨著情節的持續發展，本章所提到的種種想法，將被澆灌成更穩固的概念，最終變成更清楚的理解。如水晶般透澈。

光確實是今日我們必須考量的一股力量——有太陽的地方就有光。

第四章 當黑暗降臨

恩典就是你在地平線上升起，活力充沛的太陽，你是萬物之始的最初。你的光芒環繞陸地直到地極。

埃及法老阿肯納頓的讚美詩（西元前一千年）

……嗯，幾乎到地極。

十八世紀中後期，在演化論公布之前，懷特曾寫了許多封信給彭南特和白林頓，這兩位與他分享大不列顛自然史這項興趣的朋友。懷特生活在漢普郡的賽爾伯恩小村落裡，利用教區的野生生物激起同伴對動物學的好奇心。一七八八年，他將一百多封信件集結成書，《賽爾伯恩的自然史》這本書成為英文暢銷書排行榜的第四名。

懷特、彭南特和白林頓描繪了賽爾伯恩的野生生物，及他們在歐洲四處考察探險時偶遇的自然界生物。他們繪製了一幅生動逼真的畫作——一幅只存在於日光之下的景象。但他們認識夜間的生物嗎？達爾文是否曾在夜幕低垂時分，觀察唐屋四周的原野與林地？答案是「沒有」、「沒有」。前一章我刻意迴避「夜行性動物的情況如何？」這個問題。是，我有理由忽略這個主題。夜晚的地球陸地是片灰色地帶，既不明亮但也並非全然黑暗。

無論如何，面對即將攀爬的高山，達爾文只能冒險勇闖他能清楚看見的世界。人類已經適應白晝的視覺世界。但彭南特寫給懷特的信裡指出，夜間也有個視覺世界。在到蘇格蘭旅遊時，彭南特看見了一隻鷹鴞。

我曾在英國中心發現一隻鷹鴞。在夜間開車回家時，車前燈的燈光幫助我辨識出家園村落的路牌。一切似乎極為平常，除了路牌上棲息了一隻鷹鴞以外。等一等。一隻鷹鴞，在英國？我必定是瘋了或酒醉。但我知道自己沒有喝酒，或許這隻體高超過六十公分的鷹鴞，是我幻想時虛構出來的生物。我不知道當時彭南特看見了什麼景象，但我認識我的貓頭鷹。鷹鴞並不住在英國。

我決定忘記那個幻影……直到隔天清晨打開收音機時為止。最後一條地方新聞是關於埃及鷹鴞的報導：有隻鷹鴞從本地的野生動物園逃脫。我突然決定召回前一天傍晚的幻影。那隻鳥最令人難忘的是牠的眼睛——牠有一對龐然大眼。

彭南特在十八世紀時的所見所聞，在今日已經不再意義重大。雖然牠們曾經棲居英國，但如今鷹鴞也在別處生活。不過牠們確實曾在那裡現身，貓頭鷹是在夜間活動的夜行性動物，牠們利用聲音……和光來捕捉獵物。

前一章我們學習到眼睛較大的生物所看見的光，色彩比較明亮，因為映入大眼睛的色光，多向反射率較高。夜間地球的光源是月光，即反射自月球的太陽光。人類無法有效偵測這些光線，而且夜間人們的視覺邊界通常比較短。

如今被達爾文排除在外的生物及鷹鴞的眼睛，已成為人們感興趣的議題。達爾文看不見的東西，鷹鴞看得見。本章的主題是黑暗，及失去光之後的野生生物會發生什麼事。但在進入全然黑暗的旅程之前，我們得先利用介於明亮與完全黑暗之間的中間地帶，讓眼睛逐漸適應黑暗，現在就讓我們邁開第一步。

入夜後的陸地

缺乏夜視設備的輔助，維多利亞時代及早期的博物學家，只能把他們的心力集中在白晝。不過當他們凝視黑暗世界時，在他們眼前匆匆奔過的夜行性囓齒類動物和貓頭鷹，正睜大眼睛觀察他們。

哺乳動物的體形，在偽裝這個項目上始終不曾拔得頭籌。牠們那極為精緻的體軀構造，尤其是溫熱的血液，需要有龐大的體積（相較於表面積）才能順利運轉，牠們必須具備圓圓的體形。儘管如此，哺乳動物還是盡力偽裝，如同母獅將自己隱身於草原之中（牠們成功擁有與背景匹配的體色），但有時這還不夠，於是牠們不得不演化形成在夜間活動的習性。

有趣的是，夜間與白晝的陸地，物理環境完全相同。樹木和岩石及裂縫依然可供生物藏匿，只是不再有明亮及陰影的區域之分。這是演化的結果嗎？相較於日間，在夜間活動的物種種類相當稀少。夜晚的棲境（「生活方式」）確實比較少。

由於缺乏光而導致棲境減少，是這個結果的核心，接踵而來的是次要的因素——攝食。細小的急流從整個食物金字塔順勢而下。棲境較少，導致接近金字塔底部的物種也較少，因而使整個食物金字塔變窄，於是金字塔頂端的掠食者自然也較少。不過夜間食物金字塔的物理空間，與日間的食物金字塔相同，因此將食物網撐大了，進而導致彼此糾纏或演化越線的機會降低。在夜間世界中，演化形成的多樣性同樣也較少。

「熱」必須負擔部分責任。白晝比夜間溫暖，很多動物已適應溫暖的環境，但大部分動物門的動物，也能適應寒冷。這並非演化辦不到的事。所以我們可以認為，日間世界的生物多樣性，至少有部分是證明「光的力量對地球生命具有刺激作用」的證據。只要開始移除這個刺激，演化就不再如此複雜。我之所以用「開始」這個字，是因為陸地上的黑夜，只不過是向全然黑暗往前邁進一步。

在夜間，生物會利用其他感官。這是凸顯光與其他重要刺激間的重大差異之處，現在我要談談這個差異。光射入地球並穿過樹蔭撒落地面，照在岩石與草原的葉片之間，也透入水中——水無法躲避光的射入。光能滲入環境，但其他的重要刺激卻不能，這可以解釋為何聽覺極為敏銳，而且有潛力進一步開發其他感官的貓頭鷹，並未放棄利用光。事實上，貓頭鷹還進一步發展自己的視力。偵測到附近有貓頭鷹飛過的老鼠，會靜止不動，好讓貓頭鷹聽不見牠們的動靜——等同於在光天化日之下隱形。要在光照之下隱形，需要運用龐大的演化力量，但要讓其他生物聽不見自己的聲響，只需要暫時靜止不動就行了。

直到目前為止，我已討論過幾種重要的感覺（自然界常見的感覺），即嗅覺和味覺（這兩種感覺相當類似）、光覺、聽覺與觸覺。但在夜間，有個次要感官極為重要，這個具備光之優點的刺激是避無可避的。如第三章所述，蝙蝠利用雷達獵食。

首先，由於生物需要耗費龐大的演化代價與化學和體軀努力，才能將這些刺激注入環境，所以雷達是個次要刺激／感知。另一方面，光是已經存在環境中的刺激，但雷達只有在進入環境的當時，才具備可與視力相比擬的偵測力。即便如此，蝙蝠的雷達在動物界所引發的演化小改變，也並非直接受這個刺激影響；但只要是有光存在的地方，環境中的一切都會受到它的影響。

貓頭鷹完全不受在牠們身周捕蛾的蝙蝠影響。不過在白晝時表面上彼此分立的掠食者與獵物之間的關係，卻開始彼此影響。食物網和動物的行為變得愈來愈複雜。因此，除了夜間的棲境減少之外，舉例來說，透過光的降解與陰影的分隔，夜間的演化刺激也少了很多。在本章我還是要強調掠食者與獵物的關係，因為生物求生存的第一守則，就是避免成為別人的盤中飧，所以掠食者與獵物間的互動極為重要。

在日落或薄暮時分，陸地環境由亮轉暗的速度非常快，因此陸地上只有少數動物，可以同時適應明亮或幾近黑暗的環境條件。但海裡的環境是另一種形式的由亮轉暗——屬於空間的轉換。我們可以比較一下棲息於不同深度的海洋動物，牠們生活在不同光量的環境裡。

在夜晚的陸地環境中，可用來解開寒武紀之謎的最重要線索是，生物的多樣性及行為的複雜性，會隨著光量的減少而減少。這是本章的討論重點。不過在深海裡還藏有進一步的線索，我們可以穿越時光，追蹤動物樹上一個小分支的演化過程。

深海

東澳海洋腐食性動物探索計畫（或簡稱「SEAS」）的進行，目的是以科學的方法，記錄整個棲息在東澳沿岸的腐食性甲殼動物類群，牠們是一群包括蟹類、蝦和龍蝦在內的節肢動物。一九九〇年以前，科學家曾設置捕捉這些動物的陷阱，但因設計不良，只能捉到幾公釐大的個體。其實在泰晤士河的倫敦塔河段，已恢復使用十二世紀時用來捕捉魚類和淡水螯蝦的陷阱，事實證明，十二世紀的陷阱設計優於二十世紀的陷阱。陷阱的整體外觀是用枝條編製的圓錐體，有個漏斗樣的入口。在入口後方額外設置一個較狹窄的漏斗樣入口，將圓錐體的內部隔成二個隔間，可以關住不同大小的獵物。小隔間裡的誘餌，可誘騙獵物游進圓錐體。安裝時是用兩塊大燧石把整個陷阱沉入河床，並用一條繩子繫住陷阱表面。

除了將科學化的腐食性動物陷阱，沉入較十二世紀的標準還深的深度外，他們也零星地裝設了一些陷阱，即在小區域裡隨意設置陷阱，心裡並沒有太多預設的想法。有段時間羅瑞曾經考慮使用這種不嚴謹的方法，讓自己對這群生物有更廣泛的了解，為腐食性甲殼動物的保育鋪設基礎。

由於可以清潔海底的生物屍體，例如魚屍，以免屍體腐爛消耗海中珍貴的氧氣，因此腐食性甲殼動物的群落格外重要。平常一天會有相當多的屍體沉入海底，腐食性動物是海洋食物網裡一群很值得注意的生物，牠們能為海中的其他棲居動物提供食物，並完成有機養分的循環。

在泰晤士河已恢復使用的十二世紀捕魚用陷阱。

在紐西蘭工作一段時日後，羅瑞從美國維吉尼亞州轉移陣地到雪梨的澳洲博物館。他選擇了後花園（其實是澳洲東海岸，沒有小型殯葬業）作為研究地點。

羅瑞住在雪梨北方海灣的一個小島上，搭乘汽艇和摩托車上班。他的摩托車很漂亮，是黑色與鉻黃色的七百五十西西車款。他的船很不起眼，但人們滿懷柔情地稱它「飛雲號」。飛雲是美國俚語，雖然對端足目動物（一種甲殼類動物）來說，並不是個相當普通的名字。海灘、岩石區的潮水潭附近，常可見到端足目動物的身影，牠們就是沙蚤，牠們的身體通常長得就像隻從某一側到另一側被壓平的蝦子。羅瑞研究端足目動物，他（與他的同事史托達特）進行了一些算得上是最精細的分類工作。

分類學可說是最古老的科學專業，不但涉及利用前後一致的方法，鑑知及描述新（對科學來說）物種，也是所有科學學科中最基本的一門學問。科學分類法始於十八世紀的瑞典植物學家林奈，至今我們依然使用他的分類系統。不過達爾文和華萊士的演化論，是讓科學家觀察動態過程所產生的多樣性結果，而非靜態的圖像。思及人類導致的物種滅絕速率，與到目前為止人們只描述了百分之十左右的地球物種等情形，我們確實應該盡速發展分類學。從演化觀點來看，分類學也極為重要。為了進行演化及基因多樣性分析，我們必須描述並採集現生物種的核酸。在物種還存活時採集牠們的DNA，比等物種滅絕後再採集牠們的DNA更好，還記得只採集一隻滅絕物種（例如猛獁象）的古老DNA的那場戲嗎？不幸地，毫不誇張地說，我們排除障礙的速度實在有點慢。現生物種的消失速度遠比人們發現牠們的速度還快。

羅瑞對腐食性動物的興趣，源自於端足目動物的親緣關係，端足目動物是主要的腐食性動物之一。另一群主要的腐食性動物是等足目動物。等足目動物也是種長得像蝦子的動物，不過身體被壓平的方式通常是從頂端到底端，而不是從某一側到另一側。木蝨屬於等足目動物類群，牠們是等足目動物中唯一一群惡名昭彰的動物，不過牠們大概是不好的代表，因為大部分等足目動物的成員屬於海洋生物。

羅瑞設計了一種用來捕捉腐食性動物的陷阱，與十二世紀時所用的陷阱相去不遠。他把塑膠排水管分切成幾條較短的水管，組成陷阱的框架，也形成結實的構造；他的陷阱適合放在較深的水中。羅瑞將塑膠漏斗切割出二種不同的隙縫，並用黏膠固定在「排水管」內形成二個隔間；在每條水管末端安裝網線，因此水雖能流過陷阱，但不致把陷阱沖走。網線的尺寸非常重要，羅瑞選用半公釐大的網眼，讓身體小於半公釐的生物能逃離陷阱，只將身體大於半公釐的生物留在陷阱裡。

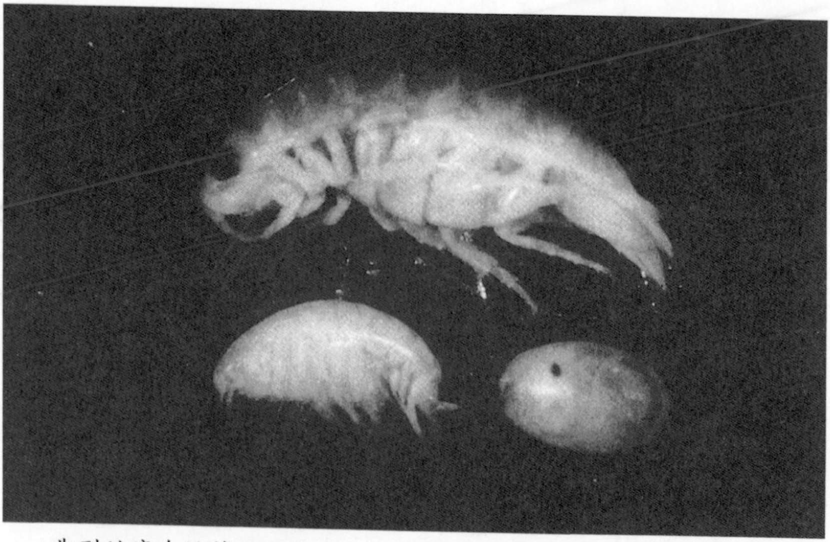

典型的腐食性等足目動物、端足目動物與介形蟲（種子蝦）。

羅瑞選擇在雪梨附近測試這種陷阱。他在澳洲博物館裡，將粗繩分切成五十公尺長的繩索，由於繩索如果繞得不夠緊，很快就會散開像一盤義大利麵，所以必須小心地將繩子盤繞成圈，再放到「飛雲號」上。船上也載了些蓋房子用的磚塊，還有橘色的塑膠浮筒。「飛雲號」被拖離海岸，停靠在前去購買冷凍沙丁魚途中的加油站。釣魚在澳洲是很普遍的活動，而沙丁魚是很適合的魚餌，當地的冷凍沙丁魚賣得很好。

在「飛雲號」上，羅瑞在每個陷阱的小隔間裡放入一條沙丁魚。每個陷阱都分別繫在二塊屋磚及一條五十公尺長的繩子上，繩索的另一端是繫在一個浮筒上，然後將整個裝置猛力拋向船外，投入二十五公尺深的海中。繩索的長度必須比預定放置陷阱的深度長，如此當陷阱靜置海底時，置身強烈水流中的繩索才能有些「伸展性」。他們根據海岸線地標的相對位置，記錄每個陷阱的投擲地點。

隔天早晨，「飛雲號」重返研究地點取回陷阱。要找到浮筒並不容易，他們也遺失了一些陷阱。不過當他們在船上打開收回來的陷阱時，人人臉上都露出笑容。羅瑞如願捕抓到端足目動物和等足目動物。雖然若想在波濤更加洶湧的澳洲外海進行研究，這份試驗計畫顯然還有必須改進之處，不過這次的測試相當成功。但是海生蝸牛群落卻意外引發一個問題，有時牠們也會被魚餌的味道所吸引，瘋狂地企圖飽食一頓沙丁魚大餐，卻卡住陷阱入口，導致陷阱受損。漁場也傳來消息指出，有些龐大的等足目動物生活在澳洲東北海岸外海的深海中，這些動物以死魚為食。種種問題都顯示羅瑞必須修改陷阱的設計。

羅瑞打開南太平洋的地圖，用針標出目標的準確位置。他標出不同緯度的幾個城鎮：從北方的新幾內亞開始，橫渡澳洲東海岸，直到南方的塔斯梅尼亞島為止。以各個城鎮為起點，沿著緯線放置陷阱，從五十公尺的深度開始，直到一千公尺的深度為止。人們開始正視他的探險考察。

在這些事件背後，SEAS計畫正逐漸成形。羅瑞設法徵募幾位學生及澳洲博物館的技師，為他製作新陷阱，因為已逼近他的船首度下水的最後期限，於是他們啟動生產線，將已完成的陷阱以極快的速度堆上大拖車。新陷阱都外覆金屬網格，以免蝸牛進入陷阱。為了對付傳說中的巨大深海等足目動物，羅瑞將陷阱放進更大的構造裡，這些構造實際上是經過修改的龍蝦陷阱。所有的設備都能堆成一疊，所以只需一部拖車就足以裝載完畢。

因為需要利用較大的船，才能進入較深的採樣地點，而且「飛雲號」也已經退役，所以羅瑞從各城鎮包租商用漁船，這些漁船都配備全球衛星定位系統（GPS）。全球衛星定位系統可利用衛星精確定位任何座標，即使在海上也能發揮功能，因此，理論上應能輕易找到陷阱。但要與這些深海的強勁水流搏鬥，並讓陷阱留在原位，還必須藉助錨和沉重鉛錘的力量。由於預料到陷阱還是有可能漂浮移位，因此羅瑞也將海面上的標記升級，防止它們被拖入海中。他們將巨型浮筒和小旗繫在像籠子般的拖車上，使這些拖車乍看之下像是巡迴馬戲團的大篷車，而那長約一公里半的大捆繩索，只是讓兩者更加相似。

一九九〇年，SEAS這股風潮席捲澳洲東北方的肯因茲，探險隊也積極投入。事事平順。他們在某天午後設置陷阱，隔天早晨也成功收回大部分陷阱，順利捕到端足目動物與等足目動物，而且幾乎都是新物種。澳洲博物館的吉普車拖著設備前進到下一個地點，繼續他們的採集工作……等等。研究者必須在各個港口等候不同的漁船，每艘漁船的船長和船員都不相同。

在首次及後續的採集考察中找到數百種新物種，SEAS計畫可說成就非凡。有趣的是，彷彿要讓自己變得更醒目似的，物種的體型有隨著生活環境的深度而增大的趨勢。

SEAS計畫的生態學結果，還在研究發表前的最後掙扎階段。我只能說它們首次揭露人們較熟悉的魚類，與其他海洋動物的命運，這些生物生活在地球上面積最大的環境之一。我們首度了解，腐食性甲殼動物群落的生物學，包含各樣捕漁業實務與管理的蘊涵。若不知道海平面下有些什麼，我們根本無法擬定終能兼顧捕漁業與海洋生物多樣性的海洋管理計畫。SEAS計畫是個美妙的成功經驗，但該研究只有等足目動物這部分與本章有關。

奇保是SEAS的團隊成員之一，對捕捉等足目動物特別感興趣，旅程途中他曾親手在新幾內亞的淺水灘，布置了一些陷阱。奇保的確捕捉到等足目動物，但某天，當他潛入水中又浮上水面後，決定縮簡自己的計畫，他讓一位當地部落的男子跨站在一塊大岩石上，手裡拿著箭已上弦的弓，箭尖瞄準他所指示的方向。奇保繼續在距澳洲海岸不遠處的安全水域，進行淺水灘的採集工作，結果極為成功。面對如此多新的淺水等足目動物物種，他將深水物種留給對形狀驚人的動物並不抗拒的羅瑞。

淺水灘腐食性動物的多樣性，規模最龐大。當陷阱的放置位置較深時，所捕捉到的物種數目較少，個別動物的總數也較少；但捕獲動物的總重量卻非如此，陷阱放置的深度愈深，所捕獲的動物體積愈龐大。漁夫口中的巨型等足目動物占盡優勢，這種巨型等足目動物就是巨型等足蟲。對SEAS團隊而言，巨型等足蟲已不再是傳說。

研究者用絞盤將深海的陷阱拉上海面，當陷阱慢慢升高接近船弦時，船上的人就能看見水中的陷阱，此時船員就會伏在船弦上，將陷阱拉上船。人們立刻看見陷阱裡有隻活蹦亂跳的動物，牠那像螃蟹般的腿，開始戳穿較大的外側陷阱裡的洞，當牠那銳利的尖腳爬上陷阱堅硬的塑膠側面時，人們還可以聽見刮削塑膠板的聲音。橫放在甲板上的陷阱四處滾動，旁邊是圍觀的船員，等候研究人員打開陷阱。

陷阱一打開，船上的**每個人**都忍不住倒抽了一口氣。出現在他們眼前的景象簡直令人難以置信，那彷彿是隻從科幻小說裡跑出來的生物。當人們遇見未知的事物時，必然會感到震驚，船員親眼目睹自己以前不曾見過的生物，既不曾在電視上看過、不曾在書上讀過，也不曾在水族館裡見過。至於科幻小說的比擬，我要提到關於外星人的電影，或許那些一九六〇年代的「狂魔系列」是更適當的形容——巨大的鳥蛛或螞蟻，追逐體積比牠們小十倍以上的無助人類。

他們從深海裡撈上來的，是一隻看起來像是鼠婦的等足目動物，但這隻生物絕不會被誤認為是鼠婦，牠的體積比鼠婦大上五十倍。這是一隻巨型等足蟲。漁夫口中的傳奇故事，在現實生活中上演，現在那些巨大、強健的等足目動物正在甲板上漫遊。當體積變為正常的五十倍時，鼠婦的下顎看起來相當兇狠，牠們的步伐幾乎就像機械怪獸。臉朝上時，牠們的頭看起來就像是「星際大戰」裡的突擊士兵，而身體則像是輛小坦克，約有半公尺長。巨型等足蟲的外形不像動物，反倒更像機械獸。

熟悉陌生的事物需要一段時間，看著一隻像裝甲車般的巨型等足蟲匆忙橫越甲板，下顎還發出嘎吱嘎吱的聲音，仍然讓人心驚膽戰。那些能在非洲看見大象，在尼泊爾看見老虎，在加拿大看見熊的幸運兒，應該試著在自己的幸運事蹟裡，增列巨型等足蟲這一項。

巨型等足蟲與這些動物的相同之處在於眼睛，但巨型等足蟲生活在一公里深的海中，牠們的眼睛有何用處？嗯，即使是在這麼深的海裡，還是有些陽光存在，儘管只剩下藍光。如同生活環境光線暗淡的鷹鴞，巨型等足蟲也有一雙大眼睛。所以地球上某些光線過於暗淡以致人類無法視物、但陽光依然可以透入的地區，還住著其他會運用視覺的動物。

在一公里深的海裡如同陸地上的黑夜，光對行為的刺激及對演化的選擇壓力大幅降低。不過它依然存在。這並非本章的目標——全然黑暗，我們不過是向正確的方向邁進一步。我們再度學到，當光大幅減少時，生物的多樣性也會同步減少。將SEAS陷阱放置在更深的海中，所能捕捉到的物種數目會更少。

由於有很多更驚人的未知生物尚待發掘，所以深海極為有趣，每年都有讓我們不斷著迷的新發現。相較於較淺、較明亮的環境，深海生物似乎具有體型龐大及生物多樣性降低的趨勢。分類學家正在研究海蜘蛛（海蜘蛛是屬於節肢動物門的海洋生物，與真蜘蛛有親緣關係），結果也證實，雖然有時單一物種的數量驚人，但因物種多樣性少，所以可隱約識別深海動物群。深海動物那龐大的體積與重量，顯示牠們的資源未必總是受到限制，不過光量減少是深海世界演化降低的主要因素。物種的多樣化減少，背後隱含著這層意義。

很多深海動物都與巨型等足蟲一樣，擁有一雙「大眼睛」。雖然種類繁多，在此我只舉幾個例子，深海的魚類、烏賊和蝦子，都擁有較大且較銳利的眼睛。即使透入的光線很少，但演化依然讓生物朝適應光的方向演進，光必然是個強而有力的刺激。我不打算繼續詳述現生動物如何適應光線不佳的環境，部分原因是有些深海動物自己會發光。即使深海的光線極為暗淡，選擇壓力依然讓動物對光產生適應性反應：牠們可以看見光，甚至自己會發光，雖然巨型等足蟲並非自己會發光的生物。生物自己發出的光，就是生物冷光，我們將在第五章討論這個議題。雖然深海裡的光場依然微弱，不過在此加入這個因素，可能只會使問題變得更複雜。

為了了解在全然黑暗的環境下生活的生命樣貌，我們必須出發前往洞穴一窺究竟。但在離開深海之前，我要先回頭討論巨型等足蟲，及牠們教導我們的另一課，即相較於第三章所描述的結果，在光線較差的環境中，演化的步調也會減慢。

奇保開始著手描述他在淺水中捕捉到的等足目動物。顯然有很多新物種，不過可以根據外貌，將淺水陷阱裡的獵物輕易分類，即使沒有等足目動物或分類學經驗的博物館義工，也能執行這項工作。有很多明顯的特徵可用來區辨甲物種與乙物種：有些物種的腿外覆棘刺，有些物種沒有；有些物種有很長的觸鬚，有些物種的觸鬚比較短。諸如此類。辨識及分類淺水等足目動物的工作相當簡單易懂，但使用經奇保琢磨推敲過的分類法，可強化羅瑞所發現的動物的特徵。

總而言之，淺水灘的演化產生很多種類的等足目動物，有部分可歸因於光導致棲境增加。由於每種物種都有相當大的差異，亦即在有限的時間裡發生很多基因突變，因此在光量高的地方，演化的速度也快。不過當我們所必須檢視的是現生物種時，要如何討論時間這個變項呢？令人驚奇的是，我竟可以提出一些正當的理由。我的證據並非得自等足目動物的化石紀錄，很遺憾，化石證據不夠充分。我是在地球歷史裡搜尋線索，如第二章所述的板塊構造理論。

澳洲板塊屬於地殼的一部分，是由陸地、沒入水中的大陸棚，與大陸斜坡構成。大陸棚從海濱緩緩傾斜，延伸到約二百公尺深的海中，然後當海底突然朝深海平原急降而下時，就是大陸斜坡的起點。至於深海平原，則是海底另一個略有坡度的區域，約自五千公尺的深度開始。大陸斜坡的基部，標記的是澳洲板塊的邊緣。因此，生活在至少一千公尺深的海底動物，顯然由於生存在不同的大陸板塊，所以地理上的棲息地區隔得很清楚。在一定的深度裡，某個物種可能會藉由繞行陸地，而占據某個板塊的大部分地區。但動物無法遷居到其他板塊，牠們被深海或禁地阻隔。不過如第二章所述，現代的各個大陸板塊原本曾經彼此相連，只不過在地質年代的某個時期發生分裂。對動物來說，板塊分裂的結果，雖然導致如今的物種具有地理區隔，但牠們是由曾在相同板塊一起生活的祖先演化而來。在本章指出澳洲、印度與墨西哥板塊（或大陸斜坡），是在一億六千萬年前完全分離這一點，也挺有趣。

早先在印度與墨西哥的海洋中隨意設置的陷阱裡，也曾捕捉到腐食性等足目動物。奇保將他在淺水灘捕捉到的澳洲等足目動物，與這些物種進行比較。正如在澳洲捕捉到的各個物種差異懸殊一般，捕自印度和墨西哥的腐食性等足目動物，也有很大的差別。牠們都有親緣關係，都屬於演化樹上同一個小分支，但卻有相當大的分歧，牠們在不同的光環境中適應不同的棲境。從這裡我們能夠學到什麼呢？

人們對過去一億六千萬年來全球重要演化狀況的了解，都是以陽光充足的環境為基礎。一億六千萬年前，

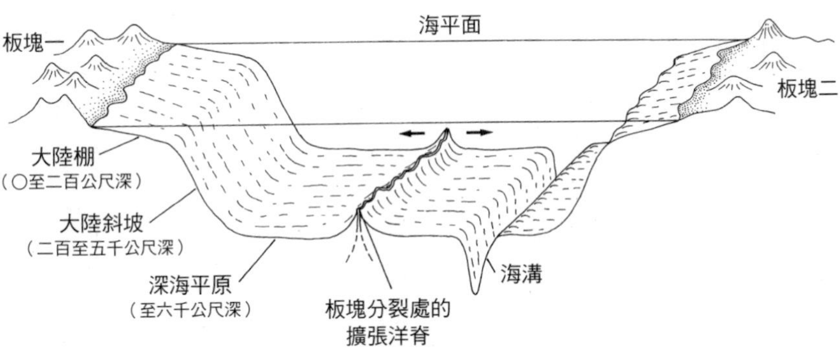

兩塊地球板塊的橫截面簡圖，圖中所示為海底間的地面風光，包括分隔線。

有一群等足目動物的祖先因地理因素被分隔開來，牠們向四面八方播遷，棲居於三個不同板塊的大陸棚。原始物種在三個不同的環境中繼續演化，演化的結果是在各個環境產生大量的物種，但每次都不相同。絕對沒有二個完全相同的環境，演化的結果也正反映這個事實。但你應記住，我們面對的是有光的環境。相較之下，奇保那界定清楚的任務，並未與羅瑞的工作產生共鳴。

羅瑞留下來處理巨型等足蟲的問題。首先，這顯然是項得獎計畫——巨型等足蟲是隻宏偉的動物。但問題接著來了。從二百公尺開始，在澳洲板塊各個深度所捕捉到的巨型等足蟲，外形都很相似，牠們完全不具備那些淺水等足目動物的專屬特徵（即使在外行人眼中也極為明顯）。雖然有些微差異，例如有些個體腿上有四根棘刺，有些則有五根，但尚不足以表明澳洲動物群裡含具有一種以上的巨型等足蟲，而且到底那地方是否還有**任何**新物種存在？這些問題是羅瑞的分類學工作的基礎，而答案則在印度和墨西哥的巨型等足蟲身上。

我們可將「物種」視為是一群可在自然環境中交配繁殖後代的相似個體。「自然」這個詞非常重要，有親緣關係的不同物種，有時可在人工環境中繁殖，但在自然條件下就不會。當然，我們並未觀察到巨型等足蟲在一千公尺深海的交配行為。但當有充分的身體特徵可供辨識，並足以強化某種特殊關係時，就可提供分類的相關證據。澳洲巨型等足蟲其他條腿的特徵與第一條腿相同，也許這就是區別二種不同澳洲物種的基礎。或許澳洲的巨型等足蟲在過去一億六千萬年裡，演化的速度緩慢——牠們的遺傳變異顯然非常有限。現在是時候將我們的注意力轉移到印度和墨西哥了。

根據化石發現，我們知道，早在一億六千萬年以前，地球上就有巨型等足蟲存在。牠們曾在不同的板塊遷移，離開原本棲居的超級大陸，遷徙到現今的澳洲、印度和墨西哥地區。換句話說，這三個地區在過去一億六千萬年裡，並未從淺水等足目動物獨立演化。檢視漁夫在印度和墨西哥捕捉到的巨型等足蟲可以告訴我們，在過去的一億六千萬年裡，牠們那生活在被隔離於不同環境中的祖先，到底發生了什麼事。

深海的等足目動物，並未複製淺水等足目動物的型態。印度與墨西哥的巨型等足蟲，和澳洲的巨型等足蟲並無極大差異，牠們幾乎完全一樣。幾乎，但並非完全相同。牠們的體積不同。雖然從等足目動物的標準來看，牠們的體型都很龐大，不過獨一無二的體積等級是相同的。有些特徵與形狀的略微差異相互呼應，例如棘刺的數目。但相當明確的是，巨型等足蟲物種間的形狀變異很小。牠們生活在陽光微弱的深海……而且一億六千萬年來，幾乎沒有演化。**瞧！**這就是我們尋找的證據，也是整個SEAS故事的重點。

這個故事建構了相對於陽光充足的環境，在光線微弱的環境中所發生的事件。但除了X軸、Y軸或平面圖像以外，還有第三個軸——Z軸。Z軸代表時間。完整的圖像是：在光線較差的地方演化會受限制。由於中度的選擇壓力「光」，並非優勢壓力，導致基因突變的機會縮減。

若只想證實光是主要的限制因素，讓我們比較一下生活在淺水區與深水區海底沉積物裡的動物群。埋藏在沉積物表面之下的世界沒有日照，所以有著截然不同的生態系統，這個系統不適應光的存在。我們始終知道，淺水沉積物的動物群理當變化多端，因為該處大部分的物種，起源於身體有一部分暴露在水面上的祖先，但生態學家對深海沉積物的預測正好相反。一九六〇年代，麻薩諸塞州伍茲霍爾海洋研究所的科學家，使用新研發的設備在深海沉積物採集標本。利用這項技術，可在既定區域採集到較以往更多的標本。他們所採集到的標本超乎預期。

雖然相較於淺水區，深海沉積物的生物個體數目較少，但兩種棲息地的物種數目差不多。深海沉積物中生命的多樣性與淺海區不相上下，因此深海中的動物也能多樣化，牠們的演化結果也可以如淺水區般豐富。舉例來說，溫度與壓力未必會限制物種形成。但在動物已然對陽光產生適應的環境裡，當光量降低時，這些動物的演化就會踩煞車，多樣化的過程減慢，於是潛在的棲境急劇減少。找到這條解開寒武紀之謎的線索後，我們現在可以離開深海了。

此時，我們的視覺已經適應黑暗，也打算邁入黑暗，我們已經準備好要檢視全然黑暗的環境。我並未選擇深海平原，反而選擇略微容易接近的環境，人們比較熟悉其中的棲居生物。若將光從方程式中完全去除，可以凸顯得自大陸棚與大陸斜坡的信息嗎？我將在下文告訴你這個問題的答案。

洞穴

在《動物的顏色》這本書中，波敦爵士用了相當多的篇幅討論穴居動物。他明確地指出，生活在黑暗中的動物體色淺淡，因為在這些環境裡看不見顏色，所以顏色對這些動物毫無用處。波敦極為讚賞達爾文的色彩觀：「無論在何種情況下，當顏色被看見時，總是由於它對自然選汰或性擇具有有利的影響。」他似乎忽略了達爾文也謹慎選用「**當基於某種特殊目的而改變顏色時**」的措詞，因此，波敦將自己的論點延伸到無光環境並不令人意外。他認為在洞穴裡「它（顏色）因此不再受到自然選汰的支持，因此消失」。第二個「因此」成為大爭論的主題。

當時另一位生物學家康寧漢認為，光可直接刺激皮膚產生色素。他認為穴居動物之所以顏色淺淡，是因為牠們所處的環境裡，沒有光能刺激色素生成。根據康寧漢的觀點，光和色素有直接關係，不過其他人則認為，光並非使生物產生色彩的原因，光只是藉由自然選汰，啟動動物製造色素的機制。

如今有遺傳論這項利器在手，我們知道康寧漢的觀點錯誤。但當移除光這個因素時，染色機械，或者更確切地說，基因突變及新基因形成的過程，是否會因此停擺？染色機器裡的嵌齒，是否真是以太陽能為動力，因此缺乏陽光就無法繼續旋轉？或許染色機器裡有個回動齒輪，可在沒有光的情況下運轉。為了揭露完整的故事，我們也必須深入探察洞穴。

若只想比較棲居在這些地方的群落與穴居生物的群落，檢視光量逐漸減弱的環境，即從陸地上昏暗的夜晚，到幾乎完全黑暗的深海，極有價值。洞穴裡也會出現與有光環境類似的轉變，只不過發生的速度更快。光在數公尺深的洞穴裡就已消褪，但在數百公尺深的深海裡，才真正看不見光的蹤影。在深入幾個洞穴的旅程結束後，我們並未迷路，確實抵達地球上真正全然黑暗的環境。

澳洲博物館的節肢動物學家葛雷，曾讓我檢視他的最新發現，首度引燃我對洞穴的興趣。葛雷最近曾去過南澳納拉伯平原的地底。進入洞穴後不久，他發現自己置身於完全黑暗的地方。隨著繼續前進的腳步，葛雷在火光下看見的動物群很快就不再那麼多樣化，但他卻發現自己要找尋的目標——一隻蜘蛛。不只如此，他發現的是一隻新品種的蜘蛛。在澳洲要找到一種新蜘蛛並不困難，葛雷的車庫裡滿是他先前的發現。但這隻穴居蜘蛛顯然與葛雷車庫裡的蜘蛛不同，或者說其實與任何其他居住在洞穴之外的蜘蛛有別。牠和臭名遠播的「雪梨漏斗網」蜘蛛有親緣關係，這表示人們會料想牠應該有六隻或八隻「眼睛」。但在顯微鏡下清晰可見的這種只有十五公釐長的穴居蜘蛛，卻沒有眼睛。

我曾考察過的深海動物，已經適應環境中極微量的光線，牠們有雙大眼睛。但穴居蜘蛛卻被所有的光摒棄，也放棄演化形成視覺的努力，然而牠的缺乏「眼睛」，也是一種對光的適應性反應。不過牠們是否是在短時間內喪失「眼睛」呢？促使牠們對光產生負向演化反應（即喪失「眼睛」）的選擇壓力有多強烈？若以穴居蜘蛛為例，我們很難回答這些問題，我們對牠們的親戚所知太少。不過人們對穴居魚類的研究比較集中，而且已發現的物種，也足以讓我們追蹤牠們在那段時間的旅程——從開放水域進入洞穴的過程。

有時洞穴裡會有生物冷光，如同生活在深海裡的動物，穴居動物會自己發光，就像是支活火把一般。這種現象再度使問題變得更複雜。首先，我們不再確知環境裡的光條件，生物冷光可能創造出有效率的連續光場或間歇光場，它們形成的光場可能相當明亮、昏暗，或有各種程度的亮度。雖然生物冷光或許能在大環境裡畫出一道相當微弱的光芒，但在現階段，我們最好當這些洞穴裡沒有生物冷光存在，是個全然黑暗的地方。墨西哥的海蝕洞裡，就有這樣的環境。

現今大部分棲居海蝕洞的生物，祖先原本住在開放海域。這些生物的祖先如今多已滅絕，或移居其他極端環境。舉例來說，有一群名為槳足類動物的甲殼動物，如今幾乎都住在洞穴裡，雖然牠們的演化起源是居住在開放海域的生物。牠們是所謂的劫遺動物群，衍生自先前分布普遍且具多樣性，但如今卻完全生活在洞穴環境裡的動物類群。根據百慕達洞穴生物學家艾利夫的看法，這類物種之所以有如此轉變，是導因於競爭力降低或掠食因素。艾利夫發現，住在東大西洋洞穴裡的槳足類動物，外貌與西大西洋洞穴裡的槳足類動物極為相似，而且這種相似性不但並非趨同演化（逐漸演化形成類似的身體，以適應類似環境）的結果，反而是演化活動幾近於零的信號。從地理學的角度來看，這些洞穴已分離一億多年，而且正如巨型等足蟲的情形一般，在黑暗環境中極少發生演化。若能更仔細研究巨型等足蟲的故事，你會發現，生活在洞穴裡的等足目甲殼動物，即使已經分離超過一億年，但彼此之間還是極為相像。事實上，這個故事得到很多類型動物的共鳴。在大部分的情況下，人們對牠們目前的穴居生活所提出的解釋均相同，亦即牠們的祖先曾經住在開放的淺海裡，但在地質年代中被出現的新競爭者與掠食者驅離。不過墨西哥的穴居魚類，可提供我們更多的資訊。牠們有個親緣關係極為親密的近親，如今生活在洞穴之外。

在前一章我們已知天使魚運用牠們的銀色表皮，將光線反射到敵人眼裡的技巧，頗有「星際大戰」之風。但魚類的銀色表皮還有另一個更普遍的功能，那就是幫助牠們隱身。

在靠近水面的水域，例如天使魚在亞馬遜河的棲息地，陽光如同一束聚光燈的光線，和它穿透地球大氣層時的狀態一模一樣。但在水面之下，光束的構造會被破壞，陽光向各個方向散射，不會投射任何陰影。因而位於此處的物體，各個面向都同樣明亮，沒有陰影產生。若在水裡放面鏡子，由於鏡面只能微弱地映照環境的影像，所以你看不見這面鏡子。這面鏡子會讓你產生光學錯覺：在鏡子所在的方向，除了背景環境之外，你什麼也看不到。在海中，銀色的魚實際上如同一面鏡子，掠食者不論是直視魚的銀色側面，或從下往上觀看，都只能看見魚身表面的反射光。因此在魚應該在的方向……沒有魚！但魚的皮膚如何發揮鏡子般的功能呢？畢竟魚身上並未含有金屬成分。有另一種方法可將陽光中的所有色光，強烈反射成一束光線，使得這道反射光，看起來就像是極為明亮的白光，也就是我們所知的銀色。我們要回到結構色。

在第三章，我們學到薄膜會產生顏色——結構色。人們也發現，一疊薄膜可將極大比例的陽光反射出去，散發相當明亮的色彩。不過因為薄膜的厚度都相同，所以這個反射器所產生的，是強烈的染色效果而非白光，薄膜的厚度可以決定被反射的波長或色光。

現在，想像一疊不同厚度的薄膜。想像放在最上層的是會反射藍光的薄膜，接著是能反射綠光的薄膜，然後是可反射紅光的薄膜。當陽光射入這個構造時，頂層的薄膜會將藍光反射出去，只餘綠光和紅光依然沿著原本的入射路徑前進；當光線射入中層薄膜時，綠光會被反射出去，於是只留下紅光繼續沿著原先路徑前行；最後，當紅光射入最底層的薄膜時，也會全部被反射出去，因此所有的薄膜組合而成的效果，就是將藍光、綠光、紅光以相同的方向反射出去，於是藍光、綠光與紅光混合形成白光或銀色的光芒（銀光是方向性強烈的白光）。不同厚度的薄膜愈多，光譜中被反射出去的色光就愈多。這就是魚皮之所以呈銀色的原因——魚身上有一疊厚度不一的薄膜。

東墨西哥的東馬德雷山住著墨西哥麗脂鯉，這種長約五公分的魚，是家庭魚缸裡常見的寵物魚，與南美洲的水虎魚有親緣關係。牠們的眼睛和銀色的膚色，顯然是適應光的結果。相同物種的魚類，也棲居在墨西哥廣闊的洞穴系統，但體形並不相同……或者更確切地說，有各種不同的體形。

在整個地質年代裡，隨著有眼的穴居魚類遷徙進入更深的洞穴系統，牠們必須適應光的選擇壓力，也跟著消失無蹤。當生活環境發生如此變化時，動物的構造與化學物質，即硬體和軟體，也會出現相應變化，牠們的眼睛開始退化。穴居魚類生活在黑暗中的時間愈久（這些魚類冒險深入黑暗之地），眼睛就退化得愈厲害。演化機械並非靜止不動，而是促使回動齒輪囓合轉動。只要牽涉到光，「退化性演化」就是一股趨勢。想要適應洞穴外的光，必須具備一些昂貴的硬體與軟體，而在洞穴裡生活的魚類，為了更有效率地運用自己的精力，必須拆掉已經作廢的視覺機械。牠們不只眼睛退化，銀色的體色也受到影響。

牛津大學的威爾許，曾經研究墨西哥龐大洞穴系統裡的穴居魚類。她發現，當棲息地移到洞穴更深之處時，這些魚類身上的銀色也會消褪。而當銀色消失時，牠們的皮膚就會轉變為透明的白色，再搭配紅色的血管，使全身呈現粉紅色的效果。但從銀色轉變為粉紅色是一個漸進的過程，介於兩種狀態之間的中間型，宛如一幅不均衡的美術拼貼畫。無論如何，這並非唯一的型態。

所有生活在黑暗洞穴中的穴居魚類都沒有眼睛。牠們經歷急速的退化性演化。由於眼睛是**非常**昂貴的設備，因此當它作廢時就必然會被拋棄。不過，從投資精力的角度來看，銀色的體色略微便宜一點。事實上銀色可能受「遺傳漂變」影響，這是一種只有在自然選汰的壓力之下才會發生的突變。

雖然仍處於完全黑暗的環境，不過在地質年代裡，棲息於洞穴深處的穴居魚類，生活在黑暗中的時間，較棲息於洞穴入口附近的魚類長久。既然銀色的體色完全退化所需的時間，比眼睛退化的時間長，居住在洞口附近的穴居魚類，自然會比棲息於洞穴最深處的穴居魚類更加銀光燦爛。事實上，居住在洞穴最深處的魚類，已經完全變成粉紅色。

威爾許想知道這些穴居魚類的皮膚發生了什麼事。銀色反射器受到怎樣的影響？她採集來自洞穴中不同深度的魚皮標本……並且發現銀色褪去的原因。她觀察到這些魚類呈現中等的演化步調。

可在電子顯微鏡下觀察每一層薄膜或銀色反射器的薄層。有眼睛的穴居魚類，擁有幾疊排列井然有序的薄層，厚度從藍色到紅色反射器逐漸增加。而居住在洞口附近，但仍置身黑暗之中的魚類，身上的銀色反射器卻開始出現失序的跡象。薄層開始分離、裂開甚至數目變少。在檢視生活在洞穴深處的魚類時，這些失序的跡象更加明顯，薄層的總數也漸漸減少。薄層開始變形，在皮膚內隨意散布，於是皮膚的銀色就更淺淡。最後，住在洞穴極深處的魚類，皮膚上已經完全找不到薄層，牠的身上不再具有任何反射器。

這是個奇妙的發現，可以觀察到隨時間發生的退化性演化的各個階段。相對的，銀色反射器的退化若是發生在有光的環境之下，就會極為快速，以至於無跡可循。在洞穴環境的發現，或許也表明起初動物**演化形成**銀色反射器的歷程，或許是個與銀色反射器的退化恰巧相反的過程。無論如何，基於本書的主旨，這個故事的實際寓意是，再度說明在無光的環境中演化的速度緩慢。事實上，在進入截然不同的環境，即完全沒有光存在的環境裡，生活了這麼一段漫長的時間，依穴居魚類的演化速度，尚不足以形成新的物種。

洞穴裡缺少光，以致將大環境分隔成微環境的情況也較少，與西印度變色蜥的狀況恰好相反。因為欠缺微環境助長的海島型演化，所以洞穴裡的生物數量雖多，但物種的變化卻較少。本書稍後我將提出的問題是：「前寒武時期的環境與現代的洞穴環境類似嗎？」我們現在就開始思索這個問題，以便在往後四章顯然更重要的內容裡，找到解開寒武紀之謎的線索。

科學家曾進行其他實驗證明，當光射入周遭環境時，原本棲息於黑暗洞穴的動物完全不會受影響，因此得知牠們確實不具視力。事實上，人們在某些有光的棲息地發現不少穴居動物，在這些案例中，**從來沒有來自地表的競爭者闖入牠們居住的地方**。在環境類似，但有些已適應光的競爭者或掠食者存在的地方，不曾發現穴居動物的蹤影，因為牠們若是誤闖這些環境，就無法平安長壽。

在第三章我曾提及很多深海動物是紅色的，這是對光產生適應的結果。有一種蝦子生活在深海蝕洞裡或洞口，當牠們從洞穴裡走到有光存在的洞口時，身體的顏色會從無色素的白色變成紅色。對光的適應顯然**無處不在**。同樣在第三章，我們曾比較（本章我們必須略微擴充）過嗅覺、味覺、聽覺、觸覺與視覺，所得到的結論是，視覺與其他感官不同，因為環境中始終存在它的刺激——光。環境中的各種動物都受到光的影響。在洞穴裡，上述的其他感官發展極為優異，但演化才剛啟動了第一個齒輪。在某種程度上，動物可以控制注入環境的聲音和氣味的量，但在陽光普照的環境裡，光量是已經預先設定好的條件。

黑暗是本章所談論的洞穴環境裡最明顯的特徵。黑暗對動物的直接影響，是讓盲眼的物種能生活在不致讓自己處於劣勢的環境裡；但黑暗對動物也有間接影響，它將行光合作用的生物排除在外，因而黑暗之處無法生產食物。儘管缺乏養分會影響洞穴環境的食物網，但不應對生物多樣性、物種的演化、個體的數量，或生命密度造成影響，其中以物種演化與本書的主旨關係最密切。事實上，對大部分的洞穴掠食者來說，幾周甚至幾個月不進食根本是家常便飯。

洞穴環境其實非常穩定，不會發生極端事件，在黑暗中生活的生物，除視覺外的其他感官會發展得格外敏銳，而且洞穴裡的生物多樣性也較少，演化速度緩慢。或可歸因於洞穴環境缺乏光刺激，以致無法發展行光合作用的生物及視覺。在本書中我常常提到「光」與「視覺」，不過很快我就會審慎明智地區分這兩者的差別。從太初之始，光就存在於地球上。視覺是適應光的存在而產生的反應，它未必總是存在。這個問題相當值得我們深思。

第七章我將專門討論視覺，但首先我們要後退一步，檢視當演化機器中**促進**視覺的齒輪囓合時，發生了什麼事。我打算從會發光的種子蝦談起。

第五章　光、時間與演化

生命因一些圓圓的小東西而豐富。

湯瑪斯

甲殼綱介形蟲，或者俗稱種子蝦，曾在整個地質年代四處旅行，如今依然子孫繁多，與寒武紀時代同樣處處可見。全球各類型的水域均可見種子蝦的身影，科學家對牠們的關注程度，與大眾對牠們的鮮少了解不成比例。科學家已描述超過四萬種種子蝦，相較於目前人們只知道大約八千七百種鳥類和四千一百種哺乳動物，這是個非常值得注意的數據（雖然更符合某些其他高度多樣化的無脊椎動物）。但當有人說出「種子蝦」這個名稱時，他的談話內容通常只涉及一群種子蝦，即速足亞目動物類群，是外殼通常厚而結實的物種。我將速足亞目動物類群歸類為「重量級」種子蝦。古生物學家對重量級一族心存成見，雖然重量級這個詞可用來表明該處有無石油蘊藏，但在本章你將會聽到另一個版本的故事。我們要談的是另一群對解開寒武紀之謎頗有貢獻的種子蝦，牠們將色彩這個主題引進動物的演化故事，色彩與演化間的關係，將隨著本書內容的進展愈來愈炫亮。

如同扇貝一般，種子蝦擁有兩片可封住整個身體的外殼。雖然重量級種子蝦的外殼通常只有幾公釐長，但卻頗具聲望，牠們的外殼含有很適合化石化的化學物質，因而留下龐大的化石紀錄。在酬賞的激勵下，古生物學家已仔細觀察過重量級種子蝦在整個地質年代中的遷移分布與活動。這道古生物學彩虹的尾端藏有「金礦」，人人皆知重量級種子蝦是石油蘊藏的指標，直到最近引進更精密的石油探測法為止，石油公司的實驗室裡，曾經滿是重量級種子蝦的專家。不過還有另一群種子蝦，即麗足亞目動物類群，是外殼通常沒那麼結實的物種。我將麗足亞目動物類群歸類為「輕量級」種子蝦。輕量級種子蝦的外殼所含的化學物質，與重量級種子蝦迥然不同，這種類型的化學物質通常無法形成化石。因此，有時我們無法確知輕量級種子蝦的過往行蹤。

一九九〇年代初期，隸屬於英國萊斯特大學的古生物學家團隊，也是第二章曾提及的立體化石重建復原團隊的大衛．西維特，劈開採集自蘇格蘭的一塊岩石，他在這塊大約已歷經三億五千萬年歲月的岩石內部發現化石，這些卵圓形的化石，一端有個極小的凹痕，總長大約五到十公釐。這些化石生物有可能是種子蝦嗎？雖然形狀看似種子蝦，但尺寸不對。不過，我們並未全然了解所有的現生種子蝦，在比較蘇格蘭化石與現生物種的異同之前，我們必須先徹底認識棲息在現代水域裡的種子蝦。

SEAS探險隊確實達成目標，他們成功地採集到具代表性的腐食性端足目動物及等足目動物。雖然曾採集到這二類動物，不過出人意表的是，牠們並非數量最多的腐食性甲殼動物。數量最多的反而是另一群甲殼動物——東澳腐食動物之王，即介形蟲，也就是種子蝦。這是極不尋常的發現，人們本不認為種子蝦在全球腐食性動物世界裡，具有任何舉足輕重的地位。

碰巧喜歡冷凍沙丁魚，而又在閒逛時晃入陷阱的種子蝦，屬於輕量級種子蝦，化石紀錄裡很少留下牠們的蹤影。尤其牠們只是輕量級種子蝦的一科，即凹星介形蟲科種子蝦，外殼前方通常有個細小但輪廓分明的凹痕。我將凹星介形蟲科種子蝦稱為「凹痕」類群。凹痕種子蝦的尺寸和形狀通常像番茄籽，而且大部分的時間都埋藏在海底的沙裡。裝設在淺海的陷阱中，也能看見如番茄籽般的生物，在較深水域裡的陷阱也常見牠們的身影，不過在二百及三百公尺深的水裡，牠們偶爾會與古怪的凹痕種子蝦——「烘豆」，同時現身。

將最早設置在雪梨岸邊二百公尺深處的陷阱，拉上專門雇用的漁船，並在船上打開陷阱時，展現在人們眼前的場景怪異地可笑，陷阱裡滿是長得像烘豆的東西。「烘豆」是當地漁夫對「巨型」的橘色或紅色種子蝦的正式暱稱，這種種子蝦的

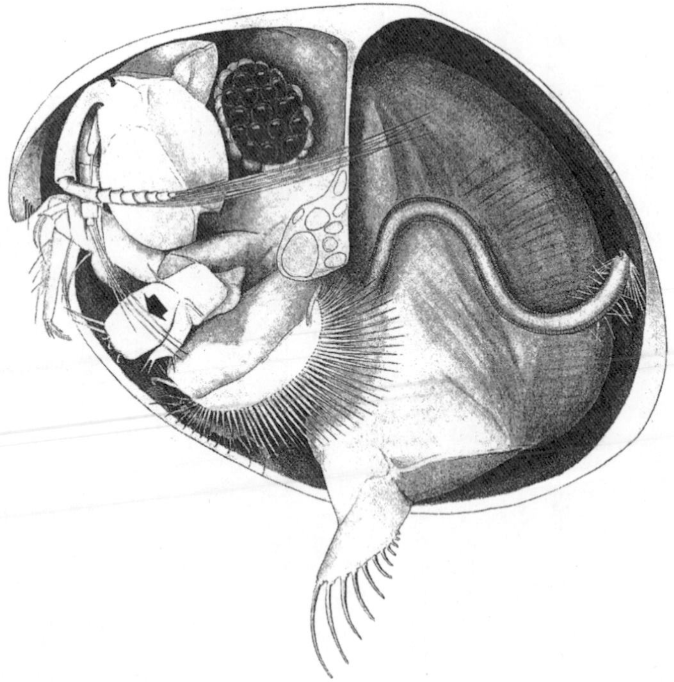

一隻輕量級凹痕種子蝦，為了呈現殼內的身體與肢體，已將牠剝去一半外殼（摘自卡農，一九三三年，《探索報導》）。箭頭所示為左側第一根觸鬚的感鹽器。

正式屬名是阿茲果斯普狄納介形蟲。有時牠們會落入只知道牠們「不好吃」，但不知應如何處置牠們的漁夫手中。烘豆的活動範圍顯然局限在大陸棚邊緣，如同真正的烘豆般，這些種子蝦長約一公分，形狀是從一側到另一側稍被壓平的卵圓形。由於在深度二百公尺以上的海中，射入的陽光幾乎只餘藍光，所以牠們的身體呈現橘色或紅色。至少你能確定在如此深的海水裡，陽光的色光譜中欠缺橘光與紅光。由於沒有東西能照亮烘豆，所以你看不見牠們。舉例來說，在一間全然黑暗的房裡，你無法利用藍光手電筒看見橘子。但深海種子蝦和烘豆的外觀不同，這種種子蝦的一端有獨特的凹痕。蘇格蘭的化石也有這項特徵。

活化石

每過一段時間，人們總會在地球某處發現「活化石」。活化石是型態與遠古時代的物種化石極為類似的現生物種。由於牠們的外貌、行為，以及更重要的——牠們在演化樹上的位置，與已滅絕的鸚鵡螺類群、菊石相同，因此我們可將鸚鵡螺視為一種活化石。不過鸚鵡螺依然存活在世上。

瓦勒邁杉是最近發現的活化石之一。這類針葉樹化石，曾經只出現在蘊藏恐龍骨骼的中生代岩石中，人們認為它們已經滅絕數百萬年。瓦勒邁杉是古生物學的一個重要課題，學者曾花費極多心力，想要設法得到並推測牠們的細部解剖構造，以便重建復原這類針葉樹的虛擬生命，不過他們的努力卻因一個單一事件而化為烏有——有人發現了一件活標本。虛擬生命突然為真實生命所取代，對史前藝術家而言，這實在是專業上的災難（雖然很罕見）。

在澳洲新南威爾斯的偏遠地區，有座隱密的縱深峽谷，人們就在那裡發現了四十棵生氣蓬勃的成年瓦勒邁杉。這道峽谷孕育著一片生意盎然的溫帶雨林。以前竟然沒人發現這片繁茂的杉樹林，實在令人感到驚異，但科學家對大部分的澳洲內陸地區確實一無所知。在澳洲有相當多生物學研究可進行，舉例來說，蜘蛛是地球上分布最普遍的動物，但約有三分之二的澳洲種蜘蛛，至今尚未被人發現並命名。因此，在澳洲發現一種新樹種實在不足為奇。當然，身為世界上最稀有的樹種，瓦勒邁杉必然受到嚴密的監視與保護，到目前為止，它們的精確位置仍然是個祕密。即使在澳洲植物園裡培育成長的標本，也還是在鎖與鑰匙的保護之下，就算在園藝黑市你也買不到瓦勒邁杉。

瓦勒邁杉與SEAS計畫顯然有關。放置在較深地區的大型腐食性動物陷阱，可以捕捉到盲鰻。滿身黏液的盲鰻，長得就像條鰻魚，牠們有原始的口器，事實上是現今原始魚類的代表。由於盲鰻有龐大的化石紀錄，可回溯到五億多年前，所以牠們的口器確實是個議題，不過化石紀錄並未證明牠們具有下顎。現生盲鰻也證明此點，牠們的確沒有下顎。下顎是更進一步衍生的魚類，即鯊魚和硬骨魚類的特徵。不過盲鰻是腐食性動物，在某些能讓牠們存活至今的環境裡，確實可以捕捉到無下顎的盲鰻。瓦勒邁杉和盲鰻與本章內容的關聯性，在於烘豆也是一種活化石。雖然乍看之下並不明顯，但可以使用型態計量分析來揭露這個事實。

烘豆的形狀，與大衛．西維特所發現的三億五千萬年前的卵圓形化石類似，當時他曾將這種生物歸類為輕量級種子蝦。型態計量學可提供關於形狀的數學值，大衛．西維特曾以方格紙上的相對座標，繪製化石的型態學數值，烘豆似乎也很適合類似的檢驗。結果兩者完全相符。大衛．西維特是對的，他發現了生活在三億五千萬年前的輕量級種子蝦。說得更明確些，這些化石是屬於凹痕類的輕量級種子蝦。很早以前，大衛·西維特和他的團隊，就進一步發現輕量級種子蝦的化石，現在他們知道自己要尋找的目標了。

人們已在古老的岩石裡，發掘到各種型態的輕量級種子蝦，但並未發現烘豆形的種子蝦。整個輕量級種子蝦的歷史，可追溯到五億年前，即寒武紀時代剛結束的年代。但烘豆形與凹痕種子蝦，似乎是在三億五千萬年前才演化形成。現在，我們將首度開始追蹤幾乎已被遺忘的輕量級種子蝦的地質歷史，不過基於另一個原因，了解烘豆的演化年代也很有用。

光柵——一門物理學課題

關於動物的結構色研究，已有漫長而傑出的歷史。虎克可能是十七世紀探討這項主題的先驅，他曾對蠹魚那具金屬光澤的外表提出解釋，恰好在最後一刻擊敗牛頓。從那時起，科學家對這個課題就有極佳的描述，直到安德魯·赫胥黎爵士、丹頓爵士、蘭德與海凌在二十世紀後半期所進行的研究為止。因此，生物學家對導致陽光散射的動物型多層反射器與構造，以及所有的變異，已有充分的紀錄和解釋。不過這也是光學物理學的研究課題。物理學家利用光學材料進行實驗，已有數個世紀的歷史，而且趨向研究自然界中的相同構造。不過生物學和光學物理學這兩個領域，始終不曾真正產生交集。

儘管很多知名的動物相關研究，曾證實動物具有金屬色反射光，例如很多甲蟲、蝴蝶、魚類和蜂鳥，但動物身上仍有些物理學家熟悉，而生物學家卻不知道的物理構造和光學構造。舉例來說，科學家不曾發現動物會利用稜鏡作為光反射器。或許精準的形狀或龐大的體積，使得稜鏡無法在生物演化史上，成為實用的利器。然而科學家卻發現自然產生的「稜鏡」，隱身在折射及反射陽光以創造彩虹的雨滴裡。

一八一八年，有家物理學實驗室發明了另一種具反射屬性的物理構造——光柵。將細銅線牢牢地纏繞在一根螺釘上，於是由銅線組成、有著尖銳溝槽的表面，就可將陽光分解為組成色：被反射而出的光譜色。從不同的方向可以看見不同的顏色。你可以將光柵想像成微小的瓦楞板，這片瓦楞板的溝槽間距趨近光的波長，而且相當固定。效率最高的光柵，必須利用顯微鏡，才能看見它的細部構造。光柵已成為科學及商業光學世界裡的主角，它們不但精緻而且多變，足以產生一系列的光學效應。光柵與信用卡或錫箔包裝紙上的金屬色彩全像技術有關，又因為很難偽造，所以如今戳印及

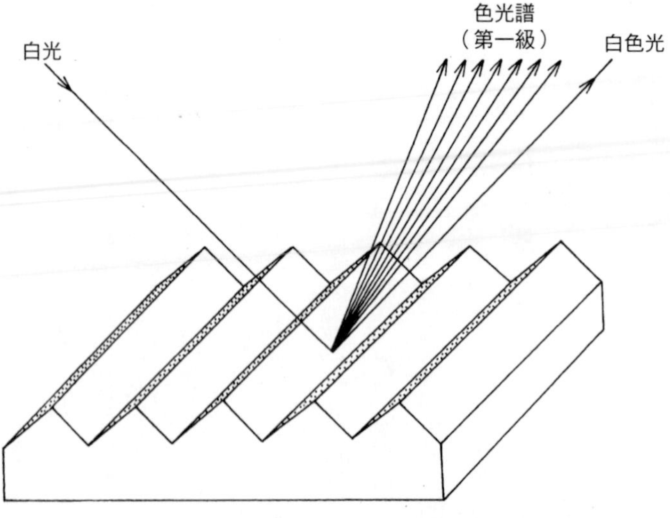

光柵將白光分離為彩色光譜。

鈔票也利用光柵來防偽。不過直到一九九三年為止，人們對自然界的光柵和動物的結構色仍然一無所知。

突然閃現的綠光

我在SEAS計畫中所扮演的角色，是描述採集到的新種種子蝦。在被認為總共只有兩、三種物種存在的地區，竟出現了六十種陌生的凹痕種子蝦。但凹痕種子蝦之所以成為如此重要的腐食性動物，不單只因牠們頗具多樣性，主要是由於牠們數量龐大。單個陷阱，基本上是放置一些死沙丁魚當誘餌、長約三十．五公分的排水管，就能誘捕約十五萬隻種子蝦。考慮到種子蝦只喜歡短距離獵食的習性，SEAS計畫的發現顯示，凹痕種子蝦可能是澳洲大陸棚最常見的多細胞動物。但直到當時為止，人們其實並不知道牠們的存在。這表示我們對地球上這種體型較小，但可能更常見的生命形式，所知極為有限。不過，感謝SEAS計畫，我們已經揭開凹痕種子蝦的祕密。還有更隱蔽的祕密有待發現，一個只能利用顯微鏡才能揭露的祕密。

若要檢視保存下來的種子蝦身體，必須先去除牠們的外殼。你得在顯微鏡下操作標本，切斷讓外殼緊閉的肌肉，才能除去種子蝦的外殼。由於大部分的種子蝦都非常微小，所以這項工作困難重重，常常需要經過數次嘗試才能成功。種子蝦很容易四處滾動，然後又恰好掉在很不適當的位置。在澳洲博物館某個時間似乎特別長的日子裡，我曾僅僅因為這個原因，不斷與種子蝦搏鬥。雖然已是下班時間，但我卻不得不加班工作。當時發生了一件讓我改變研究方向的事件——**我看見一道閃光**。

在我的顯微鏡底下，當一隻種子蝦在玻璃盤內翻滾時，顯微鏡的燈光碰巧照在牠身上，將一道極為短暫，但卻燦爛非常的綠光映入我的眼底。因為不確定那是什麼東西，或者說事實上我根本不確定自己是否曾看見閃光，所以我再次翻滾標本，試圖重現剛剛的景象。牠再度閃現綠光。我發現只要將種子蝦固定在適當位置，牠可能持續發出綠色的反射光。這隻種子蝦的外殼看來相當晦暗，牠所在之處的背景也確實是黑色的，不過牠所閃現的綠光，卻如同夜晚的霓虹燈招牌般明亮。我請附近的同事，端足目動物專家羅瑞和史托達特幫我細細察看，到底是否真有這種現象發生。我沒有眼花，種子蝦的確散發綠色光芒，只不過之前人們沒有發現。雖然有篇關於種子蝦的偉大文獻，但作者並未提到綠色閃光。

種子蝦的綠光來自牠的第一對觸鬚。這對觸鬚長有長毛，每根長毛上還長了一些較細小的毛，也就是感鹽器。因為是由很微小的環，以側邊對側邊的方式堆疊在一起所組成，所以感鹽器柔韌可彎曲。有一層薄而有彈性的外皮，將感鹽器包覆在一起，不過就如同纏繞在螺釘外的細電線般，它們會使感鹽器的外層產生微小的隆起和溝槽。使用光學顯微鏡觀察之後發現，綠色閃光確實來自感鹽器。在電子顯微鏡下，可以看見這些極有規則的溝槽之間的間距——約為光的波長。感鹽器的表面是個光柵。這同樣是前人未曾發現的現象。雖然也有一篇關於動物結構色的重要文獻，不過如同種子蝦本身，這篇論文並未提到光柵的問題。

我們接著檢視各種凹痕種子蝦的感鹽器。雖然程度不一，不過牠們都具有散發虹彩暈光的特性。有些物種可反射光譜上的所有顏色，有些物種則只反射出綠色、只反射藍色，或只反射藍、綠兩色的光芒。使用電子顯微鏡，可觀察到造成這些變異的原因——牠們擁有不同的光柵。這種現象非常有趣，但在投入更多時間和計畫預算研究凹痕種子蝦的虹彩暈光之前，我們必須先跨越一道重大障礙。對這項工作造成威脅的問題是：「虹彩暈光在種子蝦的生命中是否扮演某種角色？」這個問題非常重要。若答案是「否」，那麼我們就該把發現綠色閃光這回事拋諸腦後。沒有功能的顏色，必然純屬偶然發生（我說的是「偶然發生」而非「意外發生」，因為每件演化形成的東西，即使是具有功能的東西，都是意外發生的），偶然出現的顏色，不論在種子蝦或動物結構色的文獻上，都沒有立足之地。但若這個重要問題的答案為「是」，那麼我們就得求教光學物理學家。因此，要如何找出這個問題的答案，尤其在我們對於求解起點，即凹痕種子蝦的行為相關背景資訊，所知如此不足的情況下？嗯，有時的確需要一些運氣。

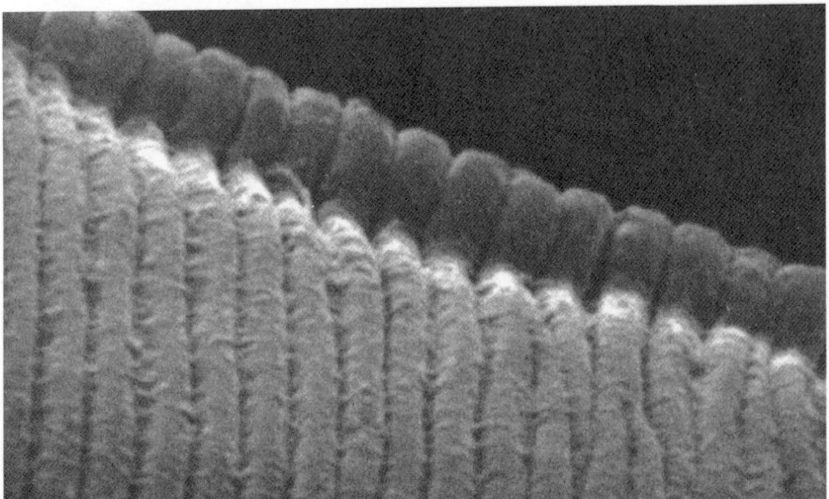

「烘豆」——阿茲果斯普狄納介形蟲光柵的掃描式電子顯微照片。溝槽之間的間距為百萬分之〇．六公尺。（彩圖八呈現的是這個構造的虹彩效應）

雖然尚不清楚凹痕種子蝦的攝食機制，不過SEAS計畫已將攝食提升到「研究主題」表的頂端。為了取得戴上腐食性動物榮冠的權力，凹痕種子蝦必須具備高效率的攝食機制。因此，我們必須緊緊抓住拍攝凹痕種子蝦活動的機會。

一九九四年，有隊攝影小組來到城裡，希望能記錄雪梨的海洋生命。就在港灣裡的一處碼頭，他們打造了個令人印象深刻的水族箱，新鮮的海水不斷流入水族箱，營造出一個幾可亂真的天然環境。水族箱裡有普通的海葵、海星和螃蟹，牠們在水族箱裡過著與平常相同的生活，科學家利用一部功能優異的大攝影機，仔細監視這些生物的一舉一動。經過放大後呈現在螢幕上的影片，的確讓人印象深刻，這個控制系統及攝影機，可從各個方向進行追蹤生物的行動。不知怎地，攝影小組深信或被騙相信，若能讓種子蝦現身，這段影片將更引人矚目，因而在拍攝的最後一天還額外安排讓種子蝦出場。

他們沒有浪費時間，立刻將取自澳洲博物館的腐食性動物陷阱，送到當地的海灘——雪梨港的華森灣。這片海灘長約一百公尺，他們只將目標對準一個地點，也就是種子蝦曾經現身的熱門地點。最初選擇的地點，是從海灘邊緣的岩石開始，直到碼頭末端一家賣炸魚和炸薯條的小店為止。那些可自然分解的垃圾，結局通常是被人拋入海中；還有比在棄置一堆魚屍之處，更適合找到腐食性種子蝦的地方嗎？他們發現了凹痕種子蝦的天堂——收回的陷阱滿載而歸，裡面裝滿了種子蝦。

他們先將陷阱裡的種子蝦，轉放到裝滿海水的大水桶，再由司機開車運到拍攝地點。剛開始時種子蝦表現良好，有些忙著全速游泳，有些則努力拆啃沙丁魚，把沙丁魚啃得只剩魚骨。根據劇本，牠們應該是明星食客。而發現種子蝦身體的某一部分，已演化形成鋸子般的大型工具，能有效畫破魚皮這件事，也著實令人心滿意足。不過這場表演卻被水面上的二隻種子蝦搶盡鋒頭——牠們以交配的樣貌現身舞台。這場戲的確不在劇本之內，人們始終不曾真正觀察到凹痕種子蝦或任何輕量級種子蝦的交配活動。一切都將改變。

在最後幾小時的拍攝過程裡，這對種子蝦躍上了大舞台……牠們交配、外殼並列、下表面彼此相對。這個發現妙極了，但公種子蝦展現求偶儀式之前幾秒鐘所出現的景象，卻讓人們忍不住大聲讚嘆。牠繞著母種子蝦游動，然後……**射出一道藍色閃光！**霎時，牠已將散發虹彩暈光的感盬器藏入殼中。接著，當牠在母種子蝦面前展現風華時，再度將閃爍虹彩暈光的感盬器伸出殼外。而如同面對雄孔雀尾羽的雌孔雀，雌種子蝦大受感動——牠們交配了。能有一對凹痕種子蝦選擇在這個特殊的時刻交配，實在非常幸運，甚至還留下一小時極具價值的影片。這只是運氣。

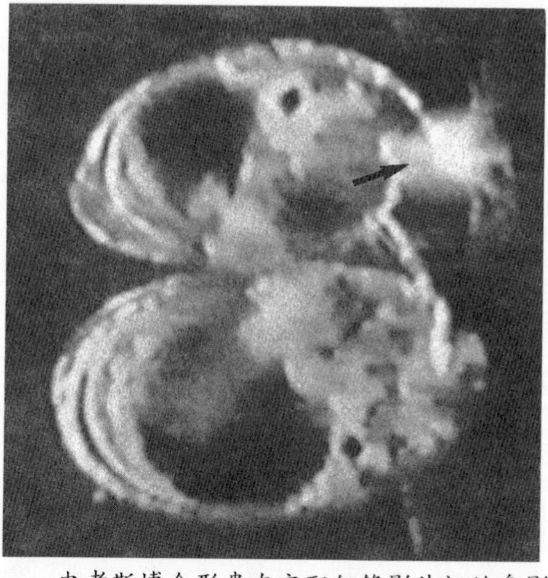

凹痕種子蝦——史考斯博介形蟲在交配紀錄影片裡的身影。箭頭所指之處為雄種子蝦閃現的虹彩暈光。

發現種子蝦利用虹彩暈光的方式，改變了一切。現在人們必須正視凹痕種子蝦的虹彩暈光，不能只在某些沒沒無名的論文中加些注解，就結束對種子蝦虹彩暈光的介紹。現在是時候通知物理學家待命了。影片所拍攝到的物種，是按照一位早期種子蝦專家的名字命名的史考斯博介形蟲。這種凹痕種子蝦所展現的虹彩暈光格外壯麗，但只有雄種子蝦如此，相形之下雌種子蝦相當單調晦暗。在電子顯微鏡下，牠們的這種性別差異更是明顯。

雄性與雌性史考斯博介形蟲的觸鬚，外覆薄薄的一層黃金，不斷受到電子而非光的轟擊。由反射出來的電子所形成的影像顯示，雄種子蝦的觸鬚被淹沒在映現虹彩暈光的感鹽器裡，而雌種子蝦觸鬚的感鹽器則很稀疏。使用較高的放大倍率，可觀察到個別感鹽器間的差異。不論是巨觀或微觀的層次，雄種子蝦的感鹽器外形，都能以最佳的方式反射藍光。從光學的角度來說，牠們能形成極有效率的光柵。另一方面，雌種子蝦的感鹽器光柵確實比較粗糙。我們與物理學家共同做出這項結論。光學物理學家先將嚴謹的電磁散射論運用於史考斯博介形蟲的虹彩暈光，接著再推及其他凹痕種子蝦的虹彩暈光。於是有種模式逐漸浮現。

不同種類的凹痕種子蝦，擁有不同的虹彩屬性。計算所有種子蝦虹彩的光學效率值，就能找出依序排列的可能性——依虹彩暈光的有效性來排序。可利用光柵物理學及大型的感鹽器設計，來計算效率值。效率值衍生自很多要素，由於涉及的要素甚多，以致必須利用支序分類法來建構更複雜的順序。

支序分類法是根據一組特徵來計算物種間關係的數學方法，地球上的每一物種都擁有一組獨特的構造及遺傳特徵。我們可使用家族樹（也稱支序圖）來闡明物種間的關係，也可以利用家族樹來啟發演化樹。支序分類法是演化研究常用的工具，我們確實可以依據種子蝦的虹彩暈光，排列出完美的物種順序。視覺效果是感鹽器的構造愈加精密的寫照，種子蝦虹彩效果的光譜成分與強度，顯然可以轉換。在序列起始處的物種，會平均反射所有顏色，每種顏色都投射到不同的方向；但位於序列尾端的物種，則只反射前所未有的強烈藍光；至於序列中間的物種，則只反射綠光與藍綠光。不過要如何推出這個序列？這個序列是否別有意義？對演化別具蘊涵？我們首先要面對的是演化問題，生物冷光種子蝦專家的研究，很適合解答這個問題。

生物冷光種子蝦

第三章曾介紹過一系列非凡的機制，可藉由演化讓在陽光底下討生活的諸多動物染上顏色。使用不同的方法反射、傳導和吸收陽光，就會營造出不同的視覺效果。到目前為止，人們仍認為凹痕種子蝦的虹彩暈光是一種反射效果。但那些生活在無光環境裡的動物又如何？雖然前一章我們曾談過這個問題，不過只討論了一部分的生物，其實還有其他動物也生活在沒有陽光的地方，例如某些深海物種或夜行性動物，但牠們的視覺很敏銳。在第四章談到的動物，對光的利用還不足以吸引我們注意，牠們是中度演化的動物。因此，在缺乏光源的地方，生物要如何運用光呢？相當簡單，只要自己製造光就行了。

種子蝦不是藉由發電來點亮自己的微型燈泡，牠們採用更有效率的發光法，那就是生物冷光。水中有兩種化學物質，即螢光素和螢光素酶，會與氧氣發生反應，生物所放射出來的光，就是這種反應的副產品。此處所說的光，是生物冷光。在供給燈泡的總能量中，只有百分之二十左右用來發光，其餘的能量都變成熱，散失在空氣中。生物冷光比較不浪費，幾乎可將所有投注的能量都變成光，也因此得到「冷光」的稱號。你能在夜間的露天馬戲團表演場看見冷光。商人將會發出冷光的化學物質裝進塑膠管，然後用一層薄玻璃壁將這些物質隔開，再製成項鍊賣給孩子。當孩子彎曲塑膠管時，管內的玻璃壁就會破裂，塑膠管裡的化學物質相互混合，於是項鍊就在黑暗中閃閃發光，如同霓虹燈招牌（雖然霓虹燈使用不同的發光機制）一般。必須在黑暗中工作的潛水夫與漁夫，也會購買類似的塑膠管。你很容易在夜間的海裡發現會發光的潛水同好，而發光的捕魚浮筒在暗夜中也極為醒目。有時不需要使用塑膠管也能從事這些海上活動；自然的生物冷光就已夠亮。

海水中有很多會發出生物冷光的溝鞭藻，牠們是一種單細胞生物，會讓在夜間游泳或潛水的人，感到自己彷彿置身外太空。當人類在水裡揮舞手臂和腿，使溝鞭藻受到干擾時，牠們的因應方式就是將會發出冷光的化學物質混合在一起。溝鞭藻的發光效果極強，你甚至能清楚看見輪廓鮮明的人類翦影，在黑暗中發出藍光或綠光。事實上澳洲海軍顯然對此極為關切，因為他們會密切監視生物冷光原生物種的地理遷移狀況。不論你的船設計如何精妙，只要航入滿是會發出生物冷光的溝鞭藻的領土，就會點燃一座燈塔，讓人人都知道你在哪裡。輕量級種子蝦已演化形成具有類似目的的生物冷光。

有一群輕量級種子蝦（海腺介科）外殼裡的器官會製造生物冷光。我將海腺介科種子蝦引申為「無眼」的物種，因為海腺介科裡所有具代表性的物種，都沒有眼睛。在採取反應行動時，無眼種子蝦會將兩種生物冷光化學物質泵入水中，形成一片冷光雲。夜間，這些無眼物種聚集在海面，並放出生物冷光，形成一枚大型的「發光彈」；這片生物冷光如此明亮，連太空中的衛星都能偵測到它們的存在。這些種子蝦發出明亮生物冷光的目的，是想要製造自動防盜警鈴的效果。種子蝦會被小魚吃掉，小魚則是大魚的美食。任何進入光亮區域的小魚，都將成為最醒目的剪影，於是警告將有大魚入侵的警鈴就會響起。不要吃驚，無眼種子蝦在夜間依然自在生活。

還有另一群會發出生物冷光的輕量級種子蝦，恰巧也是凹痕種子蝦。不過只有一些種子蝦會發出冷光，或許占所有已知凹痕種子蝦物種的一半。我在澳洲海灘發現我的第一隻生物冷光凹痕種子蝦。雖然早知道牠們就住在那裡，不過我卻只找到一隻會發出冷光的螃蟹，這實在讓我印象深刻。在黑暗中看見發出強光的螃蟹，是幅非常奇特的景象，不過發光的並非螃蟹本身，而是牠的食物。那隻透明的螃蟹吃掉了一隻凹痕種子蝦，生物冷光化學物質正在牠的胃裡攪和。世界其他地區也有類似事件的報告，因此對螃蟹來說，生物冷光或許根本不成問題。

凹痕種子蝦與無眼種子蝦分別演化形成生物冷光，凹痕種子蝦的生物冷光源自唇部器官。靜岡大學的日本生物學家阿倍勝巳，是意外發現凹痕種子蝦生物冷光的探險家。據他推論，產生冷光的化學物質是從消化酵素演化而來。他的看法頗具意義，生物冷光化學物質確實與消化酵素共享排出瓣。既然生物冷光的化學物質基礎，是個頗具爭議性的演化議題，這可能是項重大發現。可惜阿倍勝巳在完成研究之前去世，否則人們就能知道他的想法。幸好他的學生及他的同事，法國里昂博納大學的文立光，仍然延續阿倍勝巳的研究路線前進。

凹痕種子蝦生物冷光的獨立起源，與牠的初步功能相互呼應。如同發光源在外殼的無眼種子蝦般，日本的凹痕種子蝦，也會利用自己所發出的光來反擊掠食者。不過凹痕種子蝦的目的是試圖混淆，而非威嚇牠們的掠食者。當有條魚距離種子蝦太近，讓牠們備感威脅時，牠們就會假定對方已經發現自己，於是發出炫目的閃光。強烈的光線使那條魚一時之間什麼也看不到（如同我們經常因為略瞥了一眼太陽，而暫時喪失視覺一般），種子蝦因而有機會逃生。就像魔術師助理一樣，當煙幕消失，種子蝦也同樣不見蹤影。由於這個策略本身有些不利條件，因此這項技藝得以繼續流傳，表示它必然有效：一道閃光固然可以遏止預期的掠食者展開攻擊，但也會引起遠方敵人的注意，畢竟閃光要比穩定的光源來得引人注目。凹痕種子蝦發出生物冷光的最初目的，是為了抵禦掠食者，這也是加勒比海凹痕種子蝦進行演化作戰的基礎。

美國還有其他研究凹痕種子蝦生物冷光的研究者。一九八〇年代初期，當時任職洛杉磯加州大學的莫林，開始在加勒比海的珊瑚礁著手探究生物冷光。有些普通的海星和蠕蟲，在牠們如樹懶般於海底漫游時，會發出光芒。但牠們上方的開放海域裡，則是足以與陸地螢火蟲所展現的壯麗演出一較高下的閃光，就像一場煙火表演。其實在海中演出煙火秀的是凹痕種子蝦。後來莫林受邀加入洛杉磯郡立自然史博物館的柯恩團隊，柯恩曾在自己的實驗室裡飼養凹痕種子蝦。有相當多關於加勒比海生物冷光的文獻和分析。

顯然，加勒比海裡的生物能製造各種花樣的閃光。日落後不久，海水裡就開始閃爍藍光，一道接著一道迅速地閃耀著，畫出如同空中星座般的特殊花樣。人們約可辨識五十種不同的花樣。牠們只需幾秒鐘，就能畫出一組約十道閃光的花樣，總能吸引大家的目光朝花樣的顯現方向看去。有時閃光會在水中垂直向上，有時是筆直下沉；有些閃光採水平移動，有些閃光是以某個角度移行；有時會有一組往同一方向移動的閃光，取代單道閃光，幻化出一個新的花樣。在這些連續鏡頭裡，每道閃光的間距可能相等，或愈來愈接近旁邊的閃光。所有的景致都極為壯麗。

這場表演的中場休息時分，人們在撒下的網裡捕到凹痕種子蝦名家。牠們都是雄性，但雌性凹痕種子蝦正尾隨其後。加勒比海的雄種子蝦會浮出海沙，游入開放水域並發射閃光。這些魅惑的舞姿可吸引雌種子蝦的目光，引誘牠們也進入水裡。從此開始，雌種子蝦就不由自主地朝雄種子蝦游去，據推測，大概都懷抱著交配的心情。儘管無法利用低倍率攝影機觀察種子蝦的交配活動，但還是可以找到證據，證明這些閃光花樣的確是求偶儀式，如同澳洲史考斯博介形蟲所炫耀的虹彩暈光。

雄種子蝦會製造水平花樣，而雌種子蝦則為這種花樣所吸引，這些種子蝦都屬於同一物種。同樣的，跟彎曲花樣有關的雄、雌種子蝦，也都屬於同一物種，牠們和製造水平花樣的種子蝦不同種。因此故事尚未結束，直到人們發現約五十種可配搭近五十種不同花樣的不同物種為止。加勒比海的凹痕種子蝦，似乎已演化形成一種辨識配偶和求偶的美妙策略，這個策略必須確實有效，才能讓牠們寧願身陷容易被掠食者發現的不利局面，也要採取這種作法。有個策略能讓很多物種即使擠在有限的環境裡，仍能輕易辨識並與自己的同類交配。生物會將犯錯的機率降到最低，雖然短期間內必須面臨窘境，不過物種想要實現代代延續的夢想，可能得付出極高的代價。這個問題引領我們進入演化主題。

華盛頓史密森研究院的柯內卡，曾編纂輕量級種子蝦的分類學書籍，大小如同電話簿，他的工作為凹痕種子蝦的身體及各種形狀，建立了可靠的資料庫。我們終於推衍出演化樹。

全域觀——所有凹痕種子蝦的演化

更進一步仔細地分析加勒比海物種的演化，我們發現，有親緣關係的物種，會展現外形類似的生物冷光花樣。因此生物冷光所閃現的花樣並非偶然，而是有條理地逐步演化的結果。如果出現失序的演化，暗指這個花樣具有適應性：某種物種對特定環境的適應；但漸進式的演化，則意味著閃光花樣與物種本身同步演化。因此，從這裡可以學到些什麼？在進一步探討之前，必須先重新檢視一下凹痕種子蝦的虹彩暈光。

凹痕種子蝦的演化樹揭露了一股趨勢：始終只有位於演化樹其中半邊的物種會發射生物冷光。所有會發出生物冷光的物種，都有親緣關係：凹痕種子蝦只有一次演化形成生物冷光，而且這個祖先的後代也都保有這項特徵。從另一個層面來看，可進一步將演化樹上會發出生物冷光的物種，畫分為會產生閃光花樣的物種，和只是為了逃避掠食者而發出閃光的物種。在這棵已完成的演化樹下，位於起點位置的是烘豆，歷經幾個分支後才演化形成生物冷光。一項較廣泛的光柵研究指出，會閃現生物冷光的物種，都具有極為類似而且相當原始的感鹽器，如同烘豆一般。因此，在生物冷光的演化分支裡，感鹽器及虹彩暈光並未發生演化。與此同時，演化樹上其餘的凹痕種子蝦，也正述說著另一個不同的故事。

我們已經知道，可依光柵工整地排出凹痕種子蝦的序列。若能漠視會發出生物冷光的物種，這個順序就會變得更加明確；而能發出生物冷光的物種，就聚集在這個序列的起始處。虹彩暈光序列裡的物種順序，恰巧與演化樹所推論的物種順序完全相符：從種子蝦祖先最早衍生的物種開始，直到最近衍生的物種。至於演化樹上另一半不會發出生物冷光的物種，則已形成愈來愈有效率的光柵和光的展現方式。在演化樹上會發出虹彩暈光這一半物種的最頂端，是電影明星史考斯博介形蟲。

不論是生物冷光所展現的花樣或虹彩暈光的展示，都具有交配目的，也的確藏有演化蘊涵。若個體在懷孕時發生基因突變，所產下的子代可能擁有與親代不同的光柵。若所發生的突變有些益處，例如是更有效率的交配信號，則這種突變就會在未來的演化路線上繼續傳承。以凹痕種子蝦為例，更有效率的交配信號可能是更複雜的生物冷光花樣，或更明亮、顏色更藍的虹彩暈光。在海水裡，藍光的移動速度最佳或最遠，綠光次之。若突變後的新信號設計，可繼續在演化路線上一路推進，則未來子代所發出的信號，將與原先祖傳的信號截然不同，最後演變成：祖傳形式雖然繼續繁殖，但由於未曾發生信號突變，所以不再能辨識「未來」的信號。由於我們正在談論求偶密碼，所以前文所述的結果，是具備祖傳形式的信號員，不再能與當代的信號員交配。新的物種已經演化形成。新物種成為演化樹上層級最高的衍生物種，位於分支頂端。

在人類身上也能發現類似的故事。人們用衣服、香水、珠寶或人體藝術來裝扮自己，吸引異性的目光。不同種族的人以不同的方式裝點自己，因此某種族的女性，未必能吸引另一種族的男性，反之亦然。舉例來說，想想那些將薄板插入下唇的亞馬遜部落男子。由於歐洲人可能不覺得這是一種特殊的誘惑，因此歐洲人和亞馬遜人不會異種繁殖。因為可區隔種族，所以我們的故事與不同種的種子蝦類似。不過，想像一下在亞馬遜河流域浮現的新潮流：有個村莊的村民不再認為下唇插上薄板對異性具有吸引力，反倒認為臉上刺青才性感。根據求偶的炫耀行為，早在於下唇插薄板與臉上刺青的個體之間出現不一致時，就已產生了一個新種族。亞馬遜河流域的這兩個種族，如今的關係，就像他們與歐洲人的關係般疏離，儘管在種族樹上，他們依然有較親近的親緣關係。這顯然並非演化的結果，而是人為的創造。回歸演化，我們可以從此處繼續接演凹痕種子蝦的故事，演化產生的新物種擁有更具吸引力或更豔麗的裝扮。

整個故事以及到目前為止本章內容的重點，是凹痕種子蝦經過演化後，對光的適應顯然愈來愈好。三億五千萬年前最早期的凹痕種子蝦，是現今的活化石代表「烘豆」，牠們擁有原始型態的光柵。在後續的演化裡，光成為凹痕種子蝦努力適應的刺激。在整個演化過程中，光對牠們施加了強大的選擇壓力。事實上，我們甚至可以利用凹痕種子蝦對光的適應，透過種子蝦求偶表現的變化，來解釋牠們的演化。知道這件事實在很棒。這是個可以確定演化樹的事件，但還要加上其他因素才能有圓滿的解釋。雖然我們可以解釋演化形成各種凹痕種子蝦的原因，但本書所要傳遞的重要信息是，光對演化具有強大的影響力，這種情形不單只見於凹痕種子蝦，在結束種子蝦的討論時，我們會提出證明。

對凹痕種子蝦來說，對光產生強烈的適應力是非常成功的策略。化石紀錄顯示，在三億五千萬年前的世界裡，凹痕種子蝦很稀少，但SEAS計畫發現，凹痕種子蝦至少是現今澳洲大陸棚最常見的多細胞動物。這些種子蝦成功的演化故事有個快樂的結局……不論如何，到目前為止牠們還在繼續演化。

自然界中的光柵

種子蝦研究所得到的另一個重要結論是：自然界中確實有光柵存在。這項發現本身是另一項計畫的基礎，可發掘任何隱藏在動物王國裡的其他光柵。由於現在已知要找尋的目標，所以研究者極有自信能得到正面的結果，事實上也已出現更進一步的例證。不過更出人意料的是，產生繞射的構造竟然與演化有關，這次登台的主角是倒立蠅。

很多無脊椎動物，從蠕蟲的毛到飛蟲的翅，都有光柵。事實上剛毛蟲的光柵根本是與生俱來，而且擁有各種繞射型態。閱讀後文你將了解這項發現非常重要。

除了周密的光柵外，科學家還發現能讓陽光產生繞射的類似構造，只不過這種構造所反射出來的陽光，看起來是帶有金屬光澤的白色或銀色。這是由於光柵以各種方向運轉，使反射出來的各道色光相互重疊，而產生的效果。陽光會先被分解為組成色光，然後再度組合。這種現象可與牛頓著名的「雙稜鏡」實驗相匹敵，在牛頓的稜鏡分光實驗裡，他曾用一片稜鏡將陽光分解為組成色光，再放置另一片稜鏡將這些色光重組。於是光束在穿過二片稜鏡之後，出現的還是一般的陽光。新近發現的繞射構造裡的反射機制，實質上與散射作用相同，顯微粒子將陽光中所有波長的光向四面八方反射出去。這本書頁面裡的纖維，就負責執行這項工作。

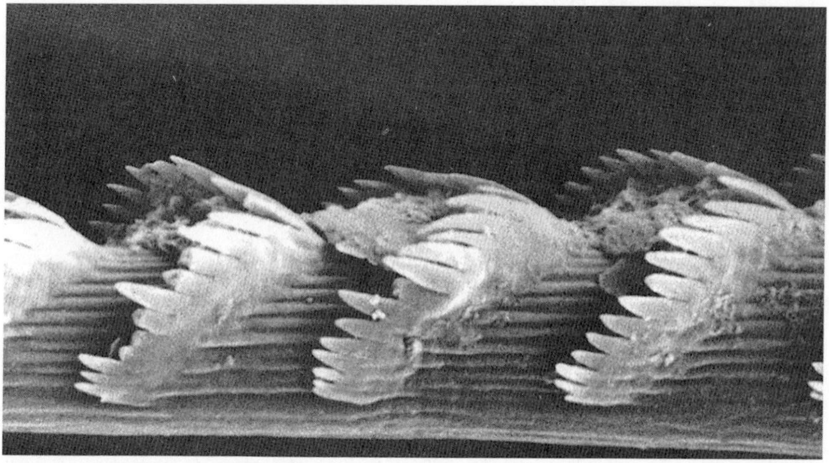

在電子顯微鏡下觀察一種剛毛蟲（*Lobochesis longiseta*）的毛。隆起的部位間隔約百萬分之一公尺，形成可產生光譜效應的光柵。

不過科學家新發現的構造有稜角，只能以一個方向反射白光。如果有人恰巧從這個方向觀看，就會看見一道非常強烈的反射光。其中效果最令人印象深刻的生物，非倒立蠅莫屬。

澳洲的倒立蠅

倒立蠅屬於澳洲博物館的麥奧平所描述的小型飛蠅，麥奧平也留意到這群物種的行為相似性與古怪特性。有些植物葉片長而垂直挺立，這些葉片是「麥奧平蠅」的家，牠們經常身體垂直、成群棲息在葉片上。這些飛蠅聚集成群是一種安全的行為，畢竟從數量的角度來看，有很多安全的理由促使牠們必須這麼做。若可能的配偶就在身旁，而且可輕易找到，那麼繁殖的可能性也會增高。

這個故事所談到的飛蠅包含很多物種，牠們群居在非洲、馬達加斯加、東南亞和澳洲；牠們的祖先在數百年前就隨著大陸板塊的分離而分開。事實上我們認識遠古時代的飛蠅：人們曾在琥珀裡發現一件保存十分良好的標本。

我向德國哥廷根的博物館借出這件琥珀標本。那件琥珀已被塑造成一塊勻整的立方塊，像是塊長寬約一公分，深約數公釐的積木，固定在顯微鏡的玻璃載玻片上。琥珀裡有二隻飛蟲：體型較大的是隻蚊子，有對保存良好的大眼睛；另一隻較小的標本，就是我們感興趣的主角。德國生物學家亨尼曾描述過那隻較小的飛蟲，他因建構種系發育方法論而聲名大噪（種系發育方法論是現今研究演化的重要工具）。可惜，這隻飛蠅所在的位置，是令人最感為難的方位。我們只能以有限且歪曲的視野，觀察這隻埋在琥珀裡的飛蠅，因此很不容易判斷這件古代標本是否具有反射片。更糟糕的是，琥珀會影響許多反射器的光學屬性，例如光柵。我們需要觀察這隻飛蠅在空中的英姿，而不是牠在琥珀裡的姿態。這件標本極為稀有，禁止進行任何可能會破壞標本的操作，所以想要剖開標本仔細分析，以取得豐富資訊的作法並不可行。

不過這件琥珀標本的活親戚，確實具備光反射器，是以銀色毛髮系統為基礎的繞射構造。雖然總是保持相等的間隔距離，但牠們的毛髮形狀與大小各異，而且排列的方式也不盡相同。決定整個反射器光學屬性的特殊顯微特徵，因物種而異。有項關於這種變異的研究，發現了某種型態。

琥珀裡的飛蠅，沿著兩條不同的路徑進行演化。如同凹痕種子蝦的經歷，我們可將源自琥珀中這隻飛蠅的演化之路一分為二。其中一半演化形成正立蠅，另一半則演化形成倒立蠅。不過有件事情是相同的：牠們都能朝上反射銀光，將反射光射入天際。對鄰近的其他飛蠅來說，這道反射光可能是邀請牠們齊聚一堂的暗示。

垂直棲息在樹葉上的正立蠅，以頭部朝天的姿勢忙碌工作，牠們居住在東南亞和澳洲。那些最古老的祖先型（「原始型」）正立蠅，所擁有的反射器效率極差，牠們的反射器位於雙眼之間，可將陽光朝著天空反射回去。科學家已證明，這種反射片對飛蠅必然極有用處，所以這種特徵不但繼續傳承給演化線上的下一個物種，而且還經過改良。由於改良後的反射器，物理屬性變得更有效率，因此視覺效果也顯得更加奪目。我們可以沿著正立蠅的整條演化線，追溯這股趨勢。接下來演化形成的物種，不只再度改良反射器的物理屬性，也在身體各處長出更多反射器。外加的反射器只出現在面向天空的身體部位，例如第一對腳的前方。若略微加快地質時間演化影片的放映速度，你就會發現，飛蠅朝向天際的身體部位，有愈來愈多的地方出現大量的反射器。此外，在透過演化持續改善反射器的光學屬性時，生物的反射器也變得愈來愈明亮。演化樹上另一半的物種，也發生一模一樣的事件，不過兩者並無關聯。

倒立蠅生活在非洲、馬達加斯加與澳洲。由於牠們在歷史萌芽之初，發生了一件怪事，使人們為牠們取了「倒立蠅」這個名字。當琥珀裡那隻飛蠅所代表的祖先型，在演化樹的這一半開始演化時，身體竟然上下顛倒。牠們仍然住在直生的樹葉上，身體也依然保持垂直的方向，但卻旋轉了一百八十度，而且絕不回頭。倒立蠅都面朝地面，所以牠們的尾端指向天際。我們可以利用牠們所盤踞的植物品種，與正立蠅略有不同，來解釋這種情形：牠們選擇棲居於有掠食性蜘蛛潛伏在葉基附近的植物。因此倒立蠅必須時時留意來自下方的危險。倒立蠅不斷聚集，可能也利用反射器來呼朋引伴。不過，當牠們臉面朝下時，要如何朝天發射信號？牠們只是「移動」了自己的反射器，如此就能面朝另一個方向。

倒立蠅的身體後方有反射器。牠們的演化路線幾乎與正立蠅同時並行，在倒立蠅的演化路上，反射片的數量與效率同樣逐漸提高，不過正立蠅與倒立蠅的反射器設計不同。事實上，最近才演化形成反射器效率最高的倒立蠅。當然，這種冠軍倒立蠅生活在澳洲，從太初之時，牠們就已演化形成光學世界裡前所未見的反射器，更遑論生物學界，牠們的反射器甚至可以運用在人類的光學儀器。不過與本書有關的是演化故事。

麥奧平研究的這群飛蠅，如同凹痕種子蝦般，遵循以光為主要刺激的路線演化。我們可以大膽假設，是光驅動這群生物的演化。雖然這是第二個闡述光對演化的影響的例證，但並非最後一個。讓我們再度回到海裡，人們已知光曾介入一群螃蟹的演化。

從聲音到光

槍蝦，或者說手槍蝦，如同螃蟹般，擁有一雙一小一大的蝦螯。大蝦螯有如手槍，在水中射擊產生的聲響極大，連路過的潛艇都能偵測到牠所發出的聲音，事實上牠所發出的聲響，甚至會干擾潛艇的聲納。由於是全方向的信號，所以聲音有其缺點，正如字面上的含意，它會向各個方向傳播。因此不只目標生物會接收到聲音，附近地區的每隻生物也都會聽見聲響。

另一種會在海中發出聲響的甲殼綱生物是卵圓蟹（梭子蟹）。牠們雖然大部分時間都在海底活動，但後足卻長有泳肢，需要時可在水中穿梭來去。各個物種的個體在海底聚集成群，對彼此極盡挑釁之能事。

根據化石紀錄，地質史的遠古時代有很多種會發出聲音的卵圓蟹和牠們的祖先。卵圓蟹的祖先有把銼刀和十字鎬，兩者一起擦撞，就能製造出古代海洋裡最特別的樂音，這可能是卵圓蟹藉以招引同類聚集的手段。這種作法很成功，因為至今依然可以聽見那些聲音——由原始物種的後裔所製造出來的。事實上，現生卵圓蟹物種中，約有一半還在使用類似的手段。不過因為受到製造聲音以外的選擇壓力影響，也就是陽光，導致卵圓蟹的多樣性大幅增加。

卵圓蟹的祖先與現存會製造聲響的物種，都有強硬的外殼。因為是由一疊薄層組成，所以牠們的外殼很堅硬。事實上卵圓蟹外殼的橫截面，看起來簡直就是個多層反射器——除了這些薄層因為太厚，以致無法產生反射作用以外。相較於以相同材質製成的一片連續背板，一疊薄層仍然比較堅固、結實也不容易破裂。舉例來說，想想你在DIY時所使用的木板，這些木板是由好幾層薄板粘在一起組合而成；它們不但堅固而且有力。

雖然還有一群卵圓蟹仍能發出樂音，但其他種類的卵圓蟹，卻漸漸失去發出聲音的能力，不過牠們卻日漸具備反射光線的能力。在這群色彩豐富的族群的演化路上，銼刀與十字鎬漸漸縮小，直到完全消失。在演化初期，這群生物的外殼曾發生一種變化，即合成外殼的薄層變得愈來愈薄，而為了保持外殼壁的整體厚度，薄層的數目也隨之增多。雖然仍舊保有堅固的特性，但牠們的外殼薄層已形成多層反射器。牠們的外殼開始閃爍虹彩暈光。

第一種演化形成虹彩暈光的卵圓蟹，還保有某些可發出聲音的技能，由於只有一小部分外殼會發出虹彩，因此發聲技能對牠們可能還有用處。牠們是羞怯的閃光器。不過演化水閘接著開啟。下一個演化形成的物種，讓海洋更加色彩繽紛，牠們身上能發出虹彩暈光的部位更廣泛。卵圓蟹不斷演化，直到最壯麗的海洋動物，威嚴的彩虹蟹在地球現身為止。彩虹蟹是一種大螃蟹，外殼如葡萄柚般大小，身體的每個部位，包括外殼、足與螯都能閃現豔麗虹彩的微光。由於讓自己這麼耀眼奪目的壞處實在太過明顯，尤其身旁不斷有掠食魚類伺機想飽餐一頓，所以穿上如此鮮豔的服裝，對彩虹蟹必然有極大的好處。種子蝦可適時成功地隱藏自己的虹彩暈光，但卵圓蟹卻沒有這項技能。不過因為牠們機變百出，所以彩虹蟹的虹彩廣告，乍看之下並不十分突出，牠們能在自然環境裡隱形。虹彩信號有個優點，它具有方向性。在明亮的環境下比較手槍射擊產生的火花，與火把所發出的火光，你會發現，不同於爆炸，人們只有在朝著火把看時，才會發現它所發出的光芒。反正穿上明亮的色彩確實有利，因為演化形成虹彩暈光的卵圓蟹，也將牠們的發聲本領傳承給後代。時間會證明一切。但這些優點只局限在地球的某些地區，即那些彩色卵圓蟹的生存之處。或許這些地區的掠食魚類「耳朵較大」，所以保持安靜是最佳的逃生之道。

根據本章的目的，我們得到的相關結論，同樣是光在某群動物的演化上，扮演著重要的角色。我們可將陽光視為是卵圓蟹演化樹上，虹彩物種那一半的演化驅力。朝著陽光的選擇壓力持續前進的演化氣勢，不曾減弱。

名冊持續發表

因為可以輕易利用數學方程式和假設的效率值來說明，本章我只討論結構色，不過人們已知在演化時色素也會發生變化。裸鰓類動物，或者海蛞蝓（失去外殼〔當然是演化的結果〕的海生似蝸牛類群），讓我們知道色素有多麼壯觀。海洋生物的大型畫冊上那些最令人難忘的照片，拍攝的就是海蛞蝓的身影。但海蛞蝓的分類仍有疑問。一旦牠們的色素在防腐劑裡瓦解，牠們身上的顏色就會完全消褪，很多種海蛞蝓外表看起來極為相似。是海蛞蝓的顏色，讓我們得以不需藉助解剖或基因分析，就能區辨牠們的物種。牠們身上絕不出錯的色彩，會向掠食者發出警告。不同的物種必須面對不同的掠食者，牠們也因此演化形成適當的體色。當掠食者的視覺發生改變或演化，海蛞蝓的體色也會隨之發生變化。因此，對海蛞蝓的演化來說，光是一個重要的選擇壓力。

還有很多以光為演化驅力的其他例證。光不只是一個時時刻刻（例如此時此刻）都支配著動物行為的因子，對現今的生態系統如何演化為日後的地質年代而言，光也同樣重要。光不只讓暴露於其下的現生動物顯得醒目或成功偽裝，也能驅動動物未來的演化。如同第三章所述，若未能適應環境中的光，動物就無法存活。因為在大部分的環境裡，光始終存在，所以光是各種刺激中的特例，任何生物都無法忽略光的存在。不過對本書而言，同樣重要的是演化動力學的問題。演化動力學是一門了解在演化過程發生的**事件**，或演化樹的設計等知識的學問，但解釋事件的發生**原因**，則是全然不同的兩回事。本章我曾論證生物對光的適應性反應，可能是導致演化發生的原因。當然，下一個浮現的問題是：「光是寒武紀大爆發時的選擇壓力嗎？」若實情果真如此，「與其他選擇壓力相較，光這個選擇壓力有多強大呢？」

顏色和動物演化這兩個性質迥異的課題，竟能彼此相容。本章是隨著後續各章將逐步展開且漸趨成熟的關係，曙光已露的信號。我們對顏色的堅持不懈，已開始獲得回報，因為我們的線索已經開始聚集，並朝解開本書試圖了解的寒武紀之謎邁進。不過現在距離踏入寒武紀試煉的時間還早，我們也還必須從其他途徑搜尋證據。

到目前為止，我們已檢視過現生動物的顏色，並預測顏色演化的過程。但遠古時代是否也有關於顏色的真憑實據？現在我們是否可以回到化石紀錄，並期待發掘牠們的真實顏色？若能如此，我們將朝找尋寒武紀時代光的問題的解答，向前邁進一步。基於目前對顏色的了解，確實值得我們更仔細地探討第二章曾談過的古生物學的空白。我打算在第六章開始填補這片空白。

圖一：位於加拿大卑詩省的瓦普塔山脈（左）和費爾德山國家公園（右），化石山丘環繞於其間。伯吉斯頁岩採石場位於化石山丘右方。

圖二：徒步前往伯吉斯採石場途中，可見美麗而隱密的碧綠湖泊。

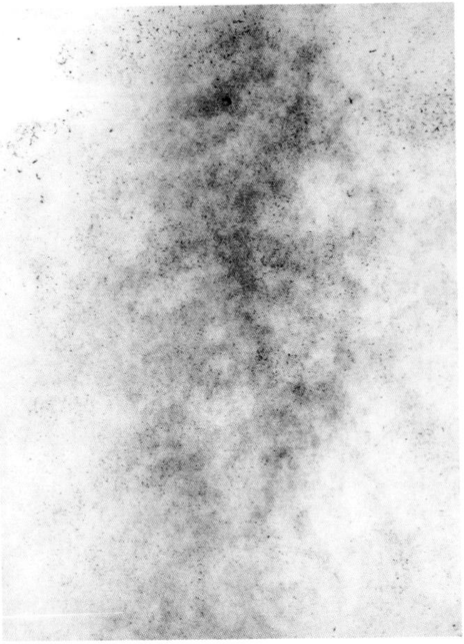

圖三：採石場附近的雪。紅色的部分並不是血跡，而是海藻的紅色眼點。

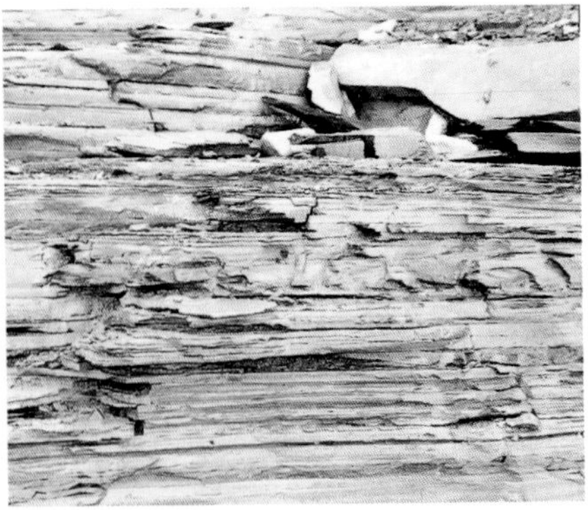

圖四：沃克特採石場後面的沉積層。每一小條沉積層都有幾公分厚。黃色的沉積層略像白堊，深灰色的沉積層都是黏土，兩種類型的沉積層都是由非常細小的顆粒組成。雖無清楚界線但有等級區分之分的岩床層，代表的是個別事件，例如被暴風雨攪亂的泥漿可能會沉入較深的海中，於是窒息而死病埋葬其中的動物也隨之下沉。

圖五：洛磯山脈的沃克特採石場上被清除的積雪。

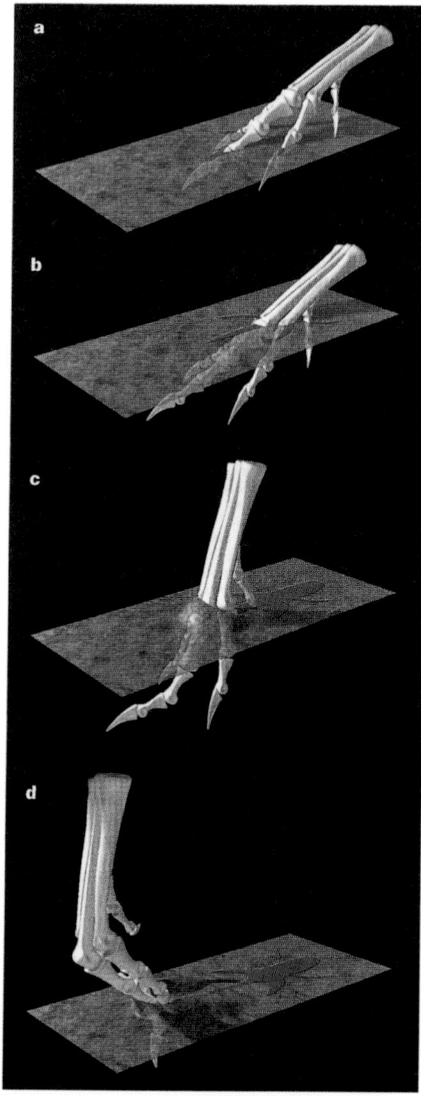

圖六：在電腦上模擬獸足龍的足部立體活動，產生延伸於泥地上的足印。滲透過地表的部分以紅色表示。

圖七：凹星介形蟲科的凹痕種子蝦，發出藍色的生物冷光。

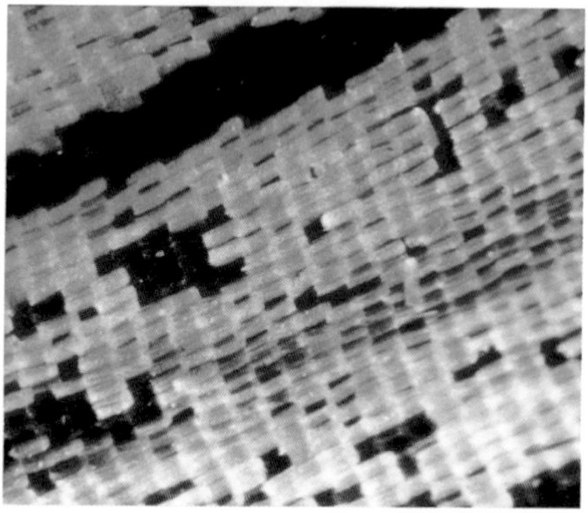

圖八：蝴蝶的藍色「結構」色階特寫。

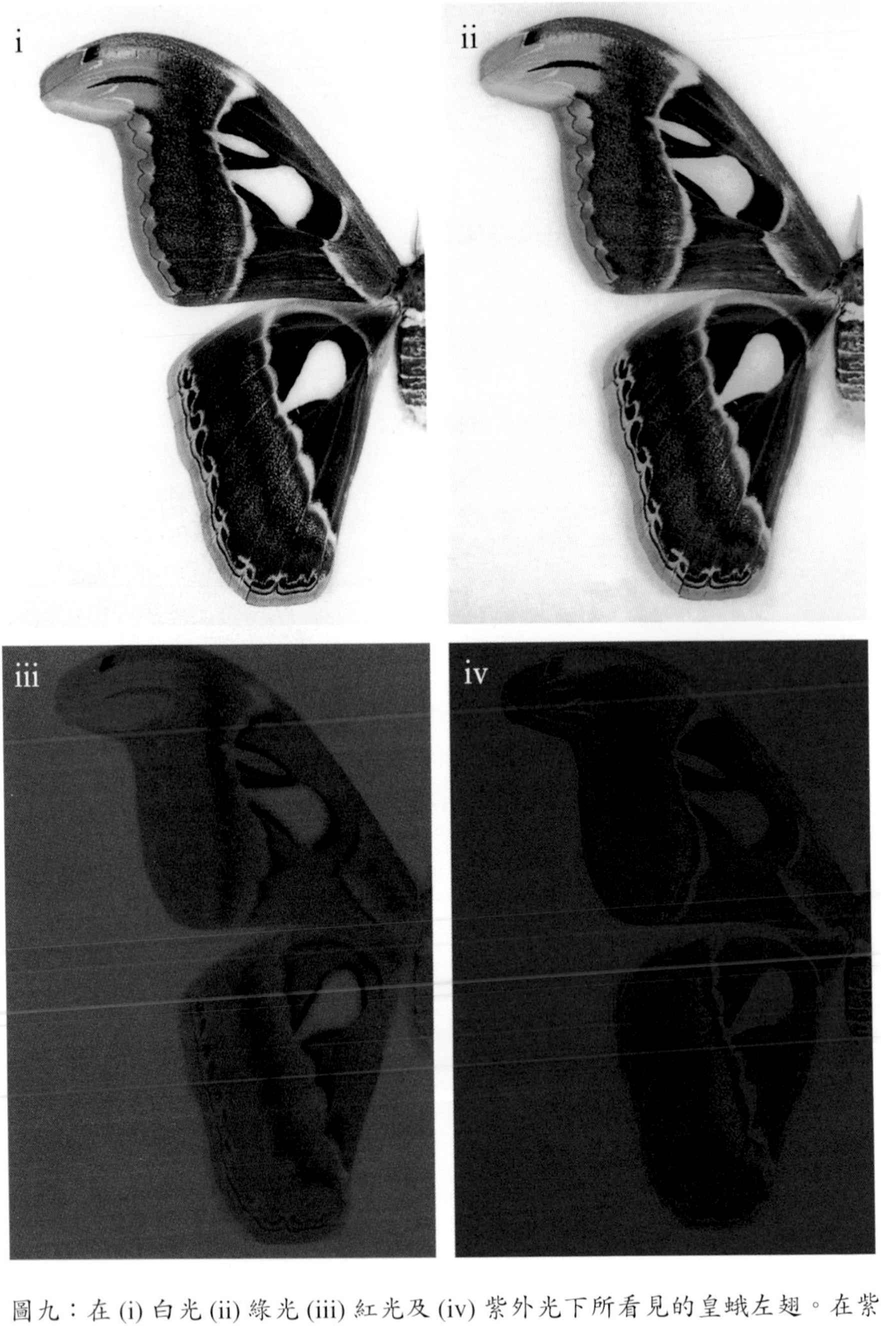

圖九：在 (i) 白光 (ii) 綠光 (iii) 紅光及 (iv) 紫外光下所看見的皇蛾左翅。在紫外光下，沿著翅膀邊緣的蛇影變得特別明顯。

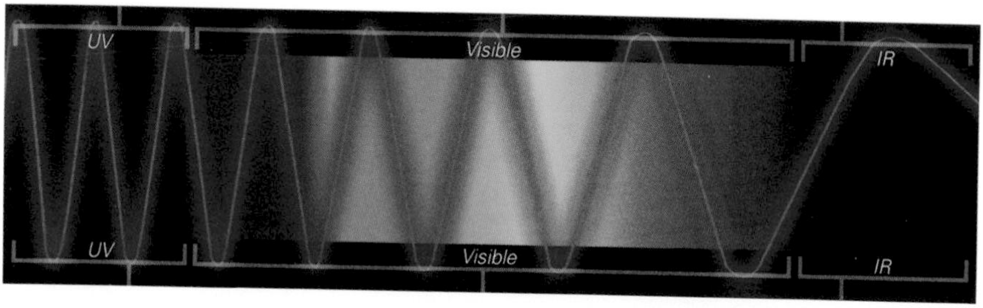

圖十：在人類眼中各個各種不同波長的光波均對應不同的顏色（短波長為藍色，長波長為紅色）。

圖十一：位於澳洲肯因茲珊瑚海岸一公里深的巨型等足目動物——巨型等足蟲。

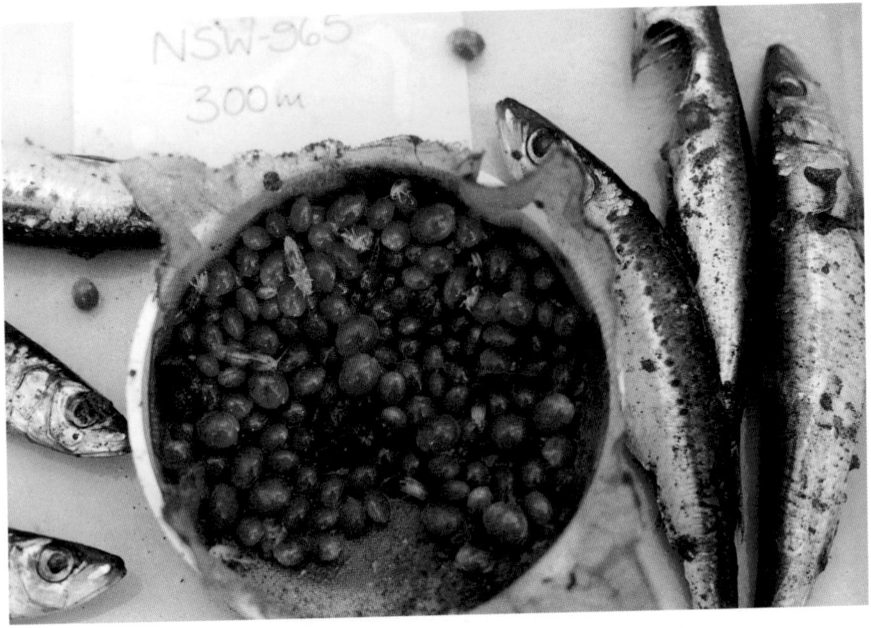

圖十二：雪梨外海三百公尺深所捕捉上來的甲殼亞門等足目的「烘豆」。

圖十三：烘豆的第一對觸鬚，閃爍綠色與藍色的虹彩暈光。

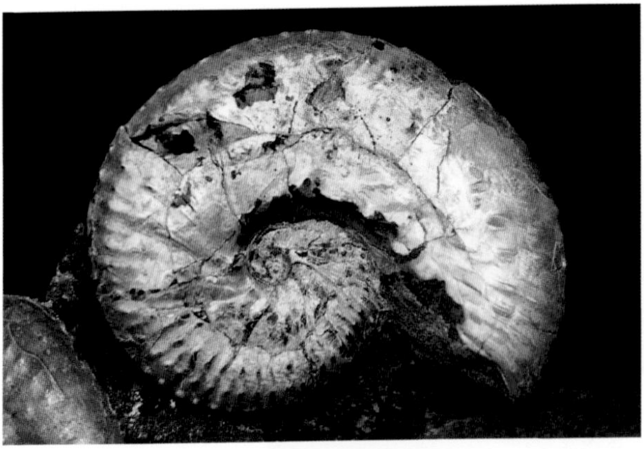

圖十四：一隻來自美國南達科塔州的菊石，生活在距今八千萬年前，仍保留原有的反射率。

圖十五：在電子顯微鏡下檢視四千九百萬年前埋在德國梅索岩石裡的甲蟲標本（從上面開始變扁平）。

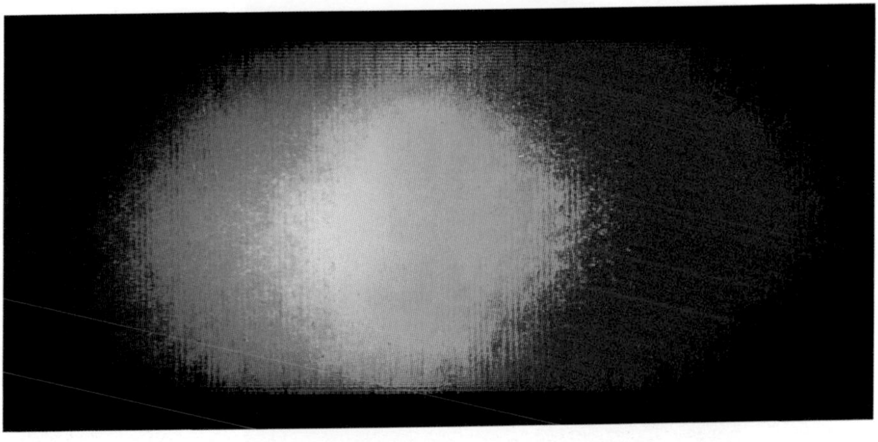

圖十六：完整重建柏吉斯剛毛蟲——加拿大蠕蟲的棘刺光柵模型。模型被水面下的白光照亮。

圖十七：彩圖模擬伯吉斯環境，右方是聖誕老人蟲正在攻擊微瓦霞蟲，而加拿大蠕蟲在海底徘迴，馬瑞拉蟲正掠過水面。不過這張圖的彩度有點誇張了！

第六章　寒武紀時代的色彩？

所有的物種依然閃耀著近乎夢幻的原有色彩。
德國生物學家魯茨（研究德國梅索四千九百萬年前的吉丁蟲顏色）

現今荷蘭萊頓的古物博物館，收藏著一尊掌管陰府的埃及神奧西利斯的雕像。這尊雕像高約三十．五公分，不但面貌保存良好，也保留相當多原有的塗漆，雖然大多存放在墳墓裡，不過它曾略微照射到陽光。這尊奧西利斯有張藍綠色的臉，穿著一件紅裙，它的另一個明顯特徵是內部中空……但為何如此？若未將顏色保存下來，這個問題依然無解。雖然已挖掘出很多尊奧西利斯雕像，但中空的內部與顏色，使這尊雕像獨具一格。

象形文字的解讀，和以古埃及筆跡的形式保存下來的更多顏料，讓我們得知藍綠色是表徵來世的顏色，而紅色則象徵喜慶。因此，現在我們可將這尊奧西利斯雕像解讀為來世的慶典。根據這項解釋，再加上已知古人會以紙莎草紙的手寫原稿，填滿中空的埃及塑像，可推論這尊雕像曾經身藏一部埃及的死亡之書。

事實上，古代的埃及人是藝術大師。他們利用色彩來表徵性格和地位，但也知道色彩會隨著時間褪色，因此他們的藝術創作大多是先雕刻好雕像，然後再著色，如此至少在他們死後，雕像依然能夠長久保存（這是他們的目的）。不過他們也會在雕像上貼金箔，在這種情況下，貼上金箔後所產生的黃金效果，介於色素色與結構色之間。金箔是一層薄薄的金屬，可如同一面明鏡，以單一方向反射一束陽光。它可以反射陽光中除藍光外所有波長的光，於是所有的反射光加總之後，就呈現金色。物理構造可以讓一般的塗料顏色，保存較長的時間，既然埃及人已意識到顏料色素的保存時間很短，因此很多埃及雕像都貼有金箔。現今很多埃及的人工製品顯然含有金箔，如同萊頓所保存的另一尊奧西利斯雕像，其中黃金是地位崇高的象徵。

第三章我曾表示，單只是色彩就能告訴我們現生動物的生活地點與方式。仔細思考埃及奧西利斯雕像的色素顏色所提供的資訊後，有個與本章有關的問題開始成形：「我們能夠以相同的方式重現寒武紀時代的化石嗎？」奧利西斯雕像裡保存狀態絕佳的金箔，表示我們也有希望挖掘到遠古地質年代的結構色。

我們知道寒武紀動物的身體形狀與構造，和現生動物一樣複雜，因此或許可以預料寒武紀動物的色彩，也有精密的發展。不過我們不能只根據現生動物來預測牠們的顏色，我們必須找出滅絕的古代動物自己**原有**的體色。最佳的找尋標的，就是那些在最適當的條件下保存下來的化石。這個領域的科學家已開始進行這項工作。

科學家已經發現，生活在四億八千萬年前（恰在寒武紀之後）的三葉蟲身上，似乎暈染著粉紅色，由於無法從保存牠們的岩石類型這個角度，輕易解釋這種現象，因此科學家認為，這些隨意排列的粉紅色微粒，是曾經覆蓋整隻三葉蟲的顏色所殘留的遺跡。這很有趣。在水面下、在三葉蟲的棲居環境裡，紅光並不存在。在這些地方，粉紅色會變成灰色，並與背景色完全融合，這些三葉蟲具有這樣的體色，可能是為了偽裝。不過科學家曾就此進行了一些實驗，因而我們的推測只能到此為止。粉紅色的三葉蟲，也代表通往遠古時代的色素這條路，已經走到盡頭。可惜，色素與發出生物冷光的器官一樣，都沒能帶領我們回到寒武紀，因此對本章的主題沒什麼用處。不過若再加上結構色，局面就大不相同。它們可以告訴我們一些關於寒武紀色彩的真相嗎？

如同第三章到第五章所概述，能產生「結構」色的身體構造，是現生動物展現光的重要工具。如同色素一般，結構色也必須仰賴含有某些可被反射的波長或「顏色」的入射光源，通常是陽光。

化石紀錄可以保存生物的構造，至少可以保留牠們的形狀和大小，即使原本的組織已被改變或取代。不論是三葉蟲的整個身體或恐龍的骨骼，化石本身其實是生物的構造。雖然規模極小，不過細小的沉積物中能保存攸關色彩的構造，實在不足為奇，畢竟它們也是一種構造。但是一公釐大的沙粒沉積物，顯然無法保存只有微米大小的反射器——除了明顯的尺度問題外，它們會被填滿沙粒間隙的細菌腐蝕殆盡。這就是我們之所以無法在澳洲的埃迪卡拉（前寒武時期）化石裡，找到微小型感覺偵測器的原因。雖然能用肉眼看見整隻動物的形狀，但在顯微鏡底下，你卻只能分辨出一堆堆的沙粒。雖然在化石化初期，岩石裡的化學成分必須適當取代生物的有機構造，但是相較於色素，構造的確更有潛力被記錄在化石紀錄裡。若條件適當，理論上可被以化石樣貌保存下來的構造，大小並無下限。

在直接進入寒武紀化石的討論之前，我們應該先研究人們在面對發掘到的遠古時代顏色時，所採取的處理方法。我們應該意識到各種可能被保存下來的結構色，這些結構色或許會與某些我們在前往寒武紀時，沿途可能遇見的陷阱同時出現。

菊石——多層反射器與變型

我們知道，多層反射器是使現生動物產生結構色的最廣泛原因。如同色素般，這些事件都發生在動物的體內，表皮之下。掃描式電子顯微鏡同樣不適用在這個地方，因為它只能掃描表面。因此，若要找尋多層反射器，我們必須觀察已切成薄片的皮膚或外殼（動物的外層）化石的橫截面，多年之前我曾以菊石和遠古時代的甲蟲作為實驗材料，嘗試進行這項工作。

菊石是少數不但能將原有的透明薄層殘留在化石裡，而且有些現生物種所散發的色彩，也與數百萬年前的祖先相同的動物之一。不過並非每種具有虹彩暈光的化石都是如此，我們必須留意學自蛋白石的教訓：光彩奪目的東西未必是古老的，或至少不如已經化石化的動物古老。

第五章曾描述我在種子蝦身上發現結構色的過程，幾乎可算是人類所知的第一種種子蝦結構色。早在數年之前，當我在整理一大堆小型甲殼綱動物的標本時，就已注意到有隻種子蝦會發出一道有色閃光。這種種子蝦有很多隻，而且都相當透明，但當我移動這些標本時，卻看見有隻種子蝦先是發出紅色閃光，接著是綠色閃光，然後是藍色閃光。

這隻種子蝦的大小如同番茄籽，雖然色光的來源極小，不過已能在顯微鏡下進行鑑定。鑑定的結果，也解決了我心中「為何只有一隻種子蝦出現顏色」這個問題。我眼中所見的色彩，並非來自動物本身的特徵，而源自一顆極小的蛋白石，這隻種子蝦吃了這顆蛋白石。蛋白石躺在這隻透明動物的胃裡。

蛋白石是一種二氧化矽，由微小的球體組成，直徑約為半個光波長。它可以複雜的方式反射光，光學物理學家直到最近才了解蛋白石反射光的方式。不過產生光學效應的，是蛋白石構造的物理性質，而非化學色素，因此可說是由蛋白石產生的結構色。事實上蛋白石那顏色鮮明的虹彩效應，與種子蝦的光柵類似。

在化石化過程的任何階段，化石生物原有的化學物質，都可能會被其他化學物質取代。有時取代的化學物質是二氧化矽和水，於是化石鑄模裡就形成蛋白石。在澳洲的閃電嶺，蛋白石礦工常常挖掘到恐龍的骨骼和牙齒，及其他動物的部分身體，它們都呈現蛋白石特有的虹彩。這些化石極為知名，當我們提到「化石裡的色彩」時，大部分的古生物學家都會想到它們。不過遺憾的是，這些彩色化石並未增添證明遠古時代生物原始體色的證據，蛋白石與現生動物毫無關聯（除了那隻種子蝦以外）。

菊石化石是菊石動物的外殼。這些早已滅絕的軟體動物，與第二章所提到的烏賊有親緣關係。有些菊石化石是彩色的，但如同蛋白石般，它們的顏色並非生物性的色彩。視覺效果特別引人注目的，是加拿大亞伯達省的菊石化石，在劈開它們藏身的岩石時會閃現壯麗的色彩。

在加拿大洛磯山脈盡入眼簾之處，是瑪格拉斯小鎮，及加拿大草原上熟悉的麥田與牧場。七千一百萬年前，這片土地還沉浸在從墨西哥灣延伸到北冰洋的海洋下方。菊石類群就住在這片汪洋之中，牠們的種類繁多，大小不一，小者如雷射唱片，大者有如汽車輪胎。現今瑪格拉斯附近有座與眾不同的牧場，面積約八百萬平方公尺。它的基岩含有菊石化石。

首先掩蓋這些菊石化石的並不是沙，而是火山大爆發後的火山灰——創造洛磯山脈的功臣之一。菊石化石雖被密封在防水的頁岩層裡，但卻無法防止火山灰裡的石英、銅和鐵滲入牠們的外殼。在冰河時期，有一層近二公里厚的冰塊，覆蓋了這個地區，冰塊的重量將菊石化石與牠們的化學成分壓縮，於是形成「彩斑菊石」。

彩斑菊石（與珂賴特石），是人們為組成部分瑪格拉斯菊石化石的半寶石所取的名字。一九八一年，人們發現品質極佳的彩斑菊石，使採礦業有商業利潤可圖。不過牠們那同樣具商業價值的鮮亮色彩，是被原樣保存的顏色，剛開始形成化石時受到擠壓的外殼，可能具有虹彩暈光的屬性。很多現生生物的外殼都具有虹彩層，含有名為真珠層的多層反射器。由於在更自然的狀態下所發現的其他菊石化石，也會散發虹彩暈光，所以我們懷疑瑪格拉斯的菊石化石，可能也含有真珠層。

在英國威爾特郡的伍敦巴塞特，菊石化石簡直就像是被彈出地面：在一股噴泉下方二十公尺處，有灰泥樣的侏羅紀黏土從泥火山表面滲出，於是侏羅紀的菊石化石，也就搭著泥火山迸發的便車，一起浮出地面。雖然已有一億八千萬年的歷史，不過這些菊石化石依然散發出虹彩光芒，但是牠們與瑪格拉斯的菊石化石不同。威爾特郡的菊石化石是原貌的化石，從被保存下來之時起，就一直維持原樣。威爾特郡的菊石化石，外殼內部是一些原始的組織韌帶，同時也保留了霰石，霰石是一種含鈣的礦物，也是原始外殼的組成成分之一。使菊石發出虹彩暈光的，就是外殼真珠層內的霰石。霰石會形成薄層，每層薄層的厚度是光波波長的四分之一，而且各薄層的間隔距離相差無幾。因此，真珠層是個多層反射器，如同我們在現生金屬甲蟲和貝殼身上所發現的多層反射器。正如第三章的說明，多層構造也能提供構造性強度，而當強度屬於適應性功能時，偶然發生的虹彩就會被不透光的外層構造取代。虹彩效應強而有力，只是多餘的虹彩暈光太過危險，因此不能魯莽地在環境中出現。已成功偽裝的士兵，不能在傍晚時分抽菸，尤其不能將香菸上的微光當作火炬使用。因此，雖然現今的菊石化石與世界其他地區的標本，所呈現的虹彩暈光相當引人注目，但在侏羅紀時代，可能是截然不同的故事。由於外殼的外層顏色深暗，在地質史的遠古海洋裡，可能見不到菊石的虹彩暈光，但是這層深色的外層不曾被保存下來。本書稍後的內容會再出現菊石的身影，但現在我們應該思索的是，那些現今仍如五千多萬年前般展現原始色彩的化石。

梅索甲蟲——原始的多層反射器

德國法蘭克福附近的梅索，有個特殊的採石場，人們在那裡發現保存格外良好的脊椎動物骨骼（這些骨骼依然相連，未曾解體），這些脊椎動物約生活在五千萬年前，骨骼周圍是完整的軟組織身體輪廓。這個採石場裡也曾出現獨樹一幟的昆蟲外骨骼「幾丁質」，幾丁質是保存於梅索採石場的節肢動物外殼的主要成分。

如今人們已將梅索那被挖掘成碗狀的礦坑用柵欄隔開，並嚴密保護。雖然現在人們普遍承認這裡曾經發生過特殊事件，不過故事的起頭並非如此。一九六〇年代，當最初開挖這個礦坑的礦業即將邁入歷史時，人們原本打算在礦坑裡填入垃圾。不過梅索採石場因開始有化石被陸續發掘現身，而得到普遍的關注。聯合國幾乎立即就審核通過，核定梅索屬於世界遺產。

四千九百萬年前，在歷經使恐龍死亡殆盡的大規模滅絕事件後，歐洲是個島，而梅索就躺在一座湖的湖底。如今梅索採石場裡的岩石依然留有濕氣，它們含有百分之四十的水。不過當你劈開薄薄的沉積層時，它們有時會洩漏更多祕密。科學家在這裡找到整個動物類群的化石，從蝙蝠到鱷魚都曾出現。由於化石在油頁岩裡的保存狀態十分良好，以致研究梅索的古生物學家給人的感覺，更像是動物學家。不過被挖掘出來的化石一旦接觸到空氣，就必須立即將它們放入水中，因為在乾燥的情況下岩石會碎裂。

梅索也保存了諸如鳥羽之類的構造，保存狀態之良好，彷彿剛從空中飄落不久的鳥羽。不過就我個人的偏見，我認為梅索採石場裡最偉大的珍藏（值得受到最高等級的保全護衛），是具有金屬色澤的甲蟲。牠們的光學效應非比尋常。鍬形甲蟲會反射藍光與綠光，牠們活著的時候會閃現藍色與綠色微光。當人們劈開埋有一隻吉丁蟲的頁岩時，就看見了四千九百萬年前的黃色與紅色虹彩暈光。因此我們的甲蟲與色彩列表尚未完成。

一九九七年的某天，我收到古生物學家夏爾從德國寄來的包裹，夏爾是位名字幾乎與梅索同義的男子。如我所願，包裹裡有些最近被挖掘出來的梅索甲蟲。寄來的化石存放在水中，甲蟲的翅鞘閃爍著紫色、藍色與綠色微光。既然動物的顏色是我的研究重心，第一個掠過我腦際的問題是：「是什麼原因使這些甲蟲產生這種顏色？」若未登錄化石的年代，這些甲蟲看起來，就像是動物學博物館裡最近才由雨林探險隊採集回來的標本。畢竟，就我的理解，四千九百萬年是一段很長的時間。

為了解答心中的疑惑，我改用電子顯微鏡觀察，使用兩種不同的方式，處理取自藍色甲蟲外骨骼的小切片。一片切片採用臨界點乾燥法處理，就是在控制下將其乾燥，以防止切片收縮的方法。雖然還留有本身的構造，但乾燥過後的切片已經失去原有的顏色，變成透明。為了在掃描式電子顯微鏡下檢視構造，我必須先將切片鍍上一層金，然後再放大一萬倍，接著才能清楚看見構造裡的薄層——上層與下層只有部分重疊。薄層表面光滑，並無跡象顯示它含有光柵，或可引發光線散射的構造。不過還必須藉助穿透式電子顯微照相，才能確認這是個多層反射器。

我將一片甲蟲切片嵌入樹脂，然後染色並切成看不見側面的薄片，接著放上一小片金屬網格支撐薄片，並以電子束映照標本的影像。於是發現一面多層反射器。

為了再次確認，我測量反射器的面積並輸入電腦程式，重新複製這疊薄片，並預測在陽光下與表面呈九十度角時的反射光顏色。我預測的顏色是藍色。實際上我所看見的也是藍色。因此，促使梅索甲蟲產生顏色的是一面多層反射器。我們也能預測乾燥標本之所以褪色的原因：牠們的雙層反射器中，有一層薄層是由水所組成，當水分消失時，顏色也隨之褪去。

在梅索已發現幾隻同種甲蟲的標本，所有的甲蟲都有著完全相同的顏色。因此我們確信，四千九百萬年前增添歐洲光彩的甲蟲，身懷壯麗的虹彩暈光，當死亡的甲蟲被洪水沖進梅索湖，並沉入歷史的深淵時，人們還能看見牠們閃現的最後一道微光。再度翻開歷史書，我們了解，甚至在當時，對動物的行為來說，光必然已是個有力的刺激。不過結構色對我們領會這項原理的幫助有多少呢？

伯吉斯頁岩的化石──光柵

一九六六年，史密森研究院的古生物學家托瓦與哈伯爾發表了一篇報告，闡述四億二千萬年前的燈貝之所以能發出虹彩暈光的原因。他們發現層層排列的管狀霰石結晶，大小正落在光波長的範圍之內。一層並列的管子可在表面製造一個光柵，但一疊薄層也能形成一面多層反射器。如同某些現生貝類，燈貝的虹彩或珍珠光澤相當暗淡。托瓦與哈伯爾認為，導致這種光學效應的原因，是合併多層光柵構造的結果，並將微弱的虹彩暈光，歸因於構造的間距變化或隨機排列的程度。或許還需進一步的研究才能確認這些結論，況且我們無法肯定四億二千萬年前的海裡，確實閃爍著這些顏色。再仔細想想現生貝類，燈貝的虹彩暈光或許曾被一層不透明的外層阻隔，只不過化石未能將這層構造保存下來。

物理學家對真正的光柵知之甚詳，不過在我因於種子蝦身上發現光柵，而開始搜尋光柵之前，人們並不知道自然界也有光柵存在。後來，人們開始在一種接著一種的動物身上找到光柵。先是在夏威夷外海發現一隻龍蝦，後來找到一種來自新喀里多尼亞的蝦子，然後在太平洋又有所獲。不過印度洋也藏有類似的珍寶，不只是甲殼動物類群裡藏有寶藏，剛毛蟲、櫛水母、水母與花生蟲也有。人們終於發現，遍布全球，來自很多動物門的大量物種身上都有光柵。事實證明，世界上的色彩，甚至比我們所認為的還要繽紛亮麗，儘管人們剛發現的虹彩暈光，有一大半的時間隱匿不見。

第五章我曾描述種子蝦虹彩暈光的相關研究，其中有部分工作是在史密森研究院的國家自然史博物館進行。起初，我發現來自澳洲的某些種子蝦具有光柵，所以想要盡可能細查更多其他物種。這群動物的世界級專家是史密森研究院的柯內卡，我能在此發現最佳的種子蝦收藏品也絕非巧合。因此我自然而然開始著手申請資金，希望能到華盛頓從事研究。我的申請獲得批准，並於一九九五年開始在史密森研究院負責標本採集工作。

如同第一章所述，史密森研究院也收藏或許是世界上最好，且的確是最重要的伯吉斯頁岩化石。現在，這純屬巧合。史密森恰巧是沃克特的研究基地，他是發現第一批伯吉斯頁岩化石的人。不過除了讓動物學家顯然陶醉其中的「奇妙生命」外，我對化石本身並不特別感興趣。

只要暫時放下在史密森研究院的工作，我就會渴望做些事情。在幾個街區裡，光一條大道上就有好幾家國家博物館和畫廊，不過也有自然史博物館。某天黃昏的休息時間，我發現自己正在化石館裡閒逛。

我在大骨骼之間發現一件小而美的伯吉斯頁岩雛型陳列品。這件陳列品的價值在於它的空間，因為它不但展示完整的化石，而且除了年代外，也詳細呈現伯吉斯頁岩著名的各色生物。這些標本也是一九〇〇年代初期，主要由沃克特所採集的標本。

每件陳列的化石旁邊有幅黑白圖畫，重建復原該動物存活時的樣貌。這些圖畫十分詳細，確實有助於觀賞者想像這些生物**活著**時的風貌。不過有些畫中的細節讓我特別感興趣。有些重建復原圖暗示一件相當驚人的事，在重建復原圖裡，怪誕蟲與微瓦霞蟲的堅甲上有些細小的平行線。這些平行的細線，就是我最初之所以來到華盛頓的原因。

這天以前，我曾參觀航空與太空博物館，館內收藏一些一九五〇年代的飛機，每架飛機都有多個螺旋槳和波狀的機翼與機身，波浪樣的形狀可增加金屬構造的強度。後來我又見到類似的波狀構造，目的也是用來增強構造強度，不過這回是出現在我前往伯吉斯頁岩採石場探險時，於洛磯山上發現的植物葉片。這些葉片很薄，若不是呈波狀可能會塌下來。將這一點牢記於心很重要。伯吉斯頁岩化石上那些窄細的條紋，象徵的可能是讓它們更強韌的細小波狀表面。不過這個發現讓我陷入深思。相同的標準可以應用到現生動物身上：這些條紋若能符合某些尺寸標準，就能夠產生虹彩暈光——就會形成光柵。

提到光柵，就暗指用顯微鏡才能看見的細小波紋，兩兩相鄰的隆起，間距逼近光的波長。我們無法在紙上以線條表示這類構造，沒有任何一枝筆能表現如此敏銳或精確的筆觸，無論如何，人類無法用肉眼看見這些線條。不過，如我所述，這個發現讓我陷入深思。或許這些動物重建復原圖上的線條，目的只是要描繪光柵。化石的保存狀態絕非完全勻整，或許只有一些光柵的隆起被保存下來；或許人們所繪製的線條很完整，也確實能增強構造的韌度。若情況確實如此，史密森的陳列品所描繪的平行線，對化石的顏色這個問題可能毫無貢獻。不過它們改變了我的思考方向。若現生動物擁有光柵，或許古代動物也具有光柵。

在第一次參觀伯吉斯頁岩後的隔天早晨，我要求檢視原始的寒武紀化石發現。在劍橋大學的康威莫利斯、史密森研究院的道格．歐文與哈佛大學的柯立爾等人的支持下，他們同意我取出保存在史密森研究院與哈佛大學的化石。我帶了一些標本，回到雪梨澳洲博物館進行檢視。打從一開始，我就使用史密森研究院裡性能最佳的光學顯微鏡，我並未發覺自己用來在顯微鏡下定位標本的光碟片盒，標題是「韓德爾的水上音樂」——如同某些旁觀者的評論，的確是相當適當的標題。不過效果很好。我將化石放置妥當，以便從不同的角度觀察，於是之前不曾注意到的構造變得清楚可見。當時我確知自己要觀察什麼，而且也嚴肅看待自己的工作。我將化石帶到不同機構的各種地下室環境進行觀察，在地下室裡，震動和磁場對性能更佳的顯微鏡干擾最小。我派遣一隊顯微騎兵部隊衝進這項計畫，在實驗結束時，我已用雷射和電子束彈幕，密集轟炸很多種伯吉斯動物，並用極高的放大倍率拍攝標本，我所使用的放大倍率之高，甚至能觀察到單顆分子。

我所使用的技術都不會對化石造成傷害，包括原始的有機物質，不過我希望進行的進一步檢驗，可能會使化石產生永久性的變化。在使用掃描式電子顯微鏡觀察時，必須在動物表面鍍上一層薄薄的金屬，這層金屬鍍上之後幾乎無法去除。因此我並未選擇傷害極為珍稀的化石，而是改為翻製化石的複製標本。雖然能利用熟石膏來製作恐龍足印的複製標本，但我正在研究的伯吉斯頁岩化石很小，而且只有在顯微鏡底下才能看見它們的光柵，熟石膏的粒子太大，無法填補光柵的溝槽，因此沒辦法製作精細的複製標本。不過我倒是學到一項使用醋酸鹽的新技術，可以製作出精巧、複雜的複製標本。不需在化石表面鍍金，只要在已經乾燥的複製標本表面鍍上一層金，我就能使用掃描式電子顯微鏡來檢視複製標本。

在完成最後一次的顯微檢驗後，原本只是可能存在的驚人發現已然成真。幾位電子顯微鏡技師的反應都顯示，我的檢驗結果不但真確而且獨特。在屬於剛毛蟲類群的微瓦霞蟲、加拿大蠕蟲，與屬於節肢動物類群的馬瑞拉蟲這三種動物的破裂表面，留有光柵的遺跡。化石保留下來的只有光柵的痕跡，有點像很多羅馬的馬賽克畫所留下來的一些方塊，不過它們確實存在動物身體的某個部位，它們的大小和形狀總是一模一樣，而且朝著相同的方向。我所得到的結果頗具一致性。不過由於破碎導致化石原有的虹彩消失，這些化石無疑是灰色的。但在另一方面，我的實驗室裡所洋溢的，卻是更加多彩多姿的氣氛。

這是否意味著活在五億一千五百萬年前的微瓦霞蟲、加拿大蠕蟲、馬瑞拉蟲確實色彩繽紛？似乎還是令人難以置信。為了再次確認，我根據保存下來的遺跡，重建復原原始、完整的加拿大蠕蟲與馬瑞拉蟲的體表。我謹慎地定位二束雷射光，使這兩道雷射光束在感光材料的表面上會聚，並形成干擾，因而在整個材料上蝕刻出殘餘光柵的精確正弦曲線輪廓線（進一步檢驗模型以確認這項結果）。我從黑暗的實驗室取出重建復原的表面，放入陽光照射下的海水裡，於是……這三種伯吉斯頁岩的物

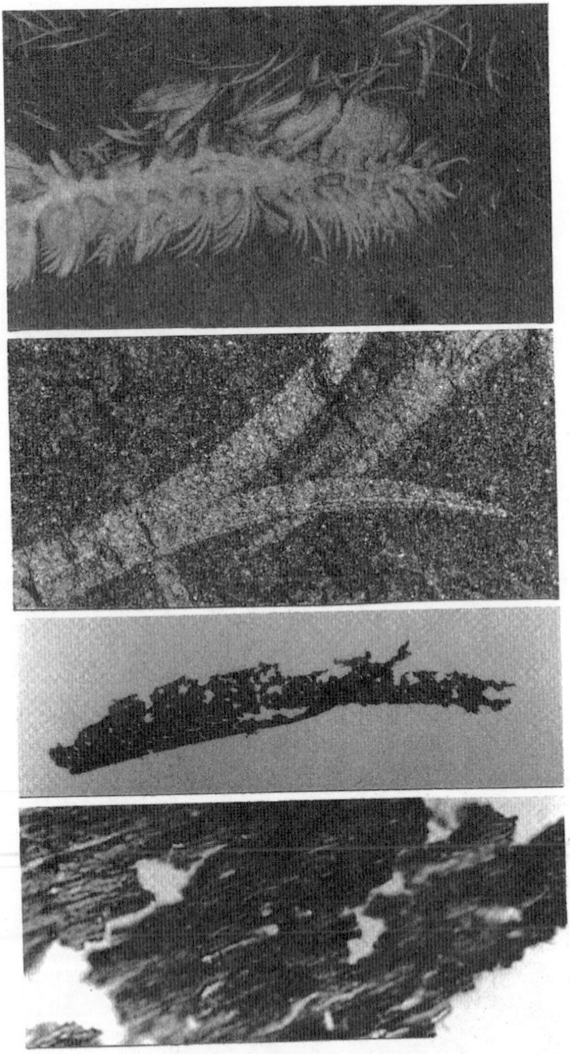

從十倍到一千五百倍，逐漸調高倍率時所拍攝的伯吉斯剛毛蟲——加拿大蠕蟲的顯微照片。最上面的照片是動物的前半段，中間二張照片是剛毛的細部構造。最下面一張照片所呈現的，是才從岩石基質取出的剛毛表面，可看見光柵所留下的遺跡，隆起的間距為百萬分之〇・九公尺。

種，猶如五億八百萬年前般，閃爍著壯麗的色彩。這是最值得紀念的一刻。人類首次揭露寒武紀動物的原始顏色。難以想像的一段寒武紀歷史，就這樣呈現在我們眼前。

當某個表面具有光柵的物理屬性——即大小與形狀，它在陽光之下就會產生虹彩暈光。伯吉斯頁岩動物的生活環境已有陽光存在，至少有陽光裡的藍光、綠光和黃光。我使用一些簡單的光學方程式，重建復原微瓦霞蟲、加拿大蠕蟲、馬瑞拉蟲，並計算牠們反射各種色光的方向。由於我是從各種方向來定位有光柵的部位，舉例來說，因此不論你從任何方向觀察，微瓦霞蟲都會閃現所有陽光中依然存留的顏色，而且這些顏色相當鮮明，如同光碟片所反射的色光，即使在光線微弱的環境下，例如無法看見顏色的深海或拂曉與薄暮時分，這些顏色依然清楚鮮明。有趣的是，只有在紫外光下，我才能拍下微瓦霞蟲棘刺模型的光柵。我使用的手法，與之前用來拍攝皇蛾的方式相同，如第三章所述。人類看不見紫外光，因此我無法透過只有紫外線濾光鏡的相機，看見任何東西。但當人們研發出紫外光敏感底片時，在人類看不見顏色之處，竟然出現極為鮮明的圖案。照相機可以「看見」紫外光，我正透過照相機的視野看東西。因此若微瓦霞蟲曾生活在有紫外光存在的地方，例如淺水區，牠們應能在七色虹光及紫外光下閃現明亮色彩。遺憾的是，我們可能永遠無法知悉伯吉斯動物所展現的完整色彩。

現存的加拿大蠕蟲與微瓦霞蟲的親戚也有光柵，在研究寒武紀化石時，牠們是很適當的檢驗對象。很多現生剛毛蟲的棘刺與毛，尤其是與加拿大蠕蟲和微瓦霞蟲關係最密切的剛毛蟲，都會散發鮮明的虹彩暈光。牠們具有類似的光柵，而且所產生的色彩，足以與寒武紀親戚的重建表面相匹敵。這使得重建復原加拿大蠕蟲與微瓦霞蟲的工作，變得似乎相當合理，當然也能將牠們從科幻小說的領域中刪除。

伯吉斯的色彩很快成為新聞。一些雜誌的專屬藝術家，利用電腦繪製了寒武紀時期的生命新景象，不過這些景象有別於我以往習慣的樣貌。這些景象色彩繽紛，而且顏色正確。寒武紀時期以前所未見的風貌，重現世人眼前。

自然史博物館也建構了全彩的伯吉斯動物模型。皇家泰瑞爾博物館那令人印象格外深刻的寒武紀礁石走道，也以散發彩虹暈光的微瓦霞蟲為主角，當然牠們有數十公分長。增添顏色的資訊，確實有助於將古代生物帶入現代生活，現在微瓦霞蟲幾乎是活生生的動物。

這項伯吉斯計畫確實發現了一些有趣的結果，不過這些結果有何意涵？有本物理學的權威教科書，即伯恩與伍夫的《光學原理》申明，人類早在一八一九年時就已有光柵的構想，夫朗和斐曾將細銅線纏繞在一根金屬螺釘上。在一七八五年的實驗後，有人認為光柵是美國天文學家李滕豪斯的成就。現在世上第一個光柵的誕生日期更往後推了一點，約五億一千五百萬年前。不過認真說來，在發現寒武紀光柵之後，有些令人好奇的生物學問題浮上檯面。為何這些寒武紀時期的伯吉斯動物要反射色光？牠們的這項反應是否導致廣泛的後果？這是動物體色與寒武紀大爆發的研究路徑，首次開始出現交集之處。雖然並非重建復原古老化石的真正顏色，但與演化史上的重大事件極為接近。

這些問題改變了我的研究過程，也是我撰寫這本書的動機，這本書裡藏有答案。雖然寒武紀色彩的發現，對解開寒武紀之謎並無直接幫助，但的確提供了一個奧妙的線索。這是我所發現的第一個線索，最後的結果就是這本書的誕生。

直到此刻為止，本書的內容已涵蓋縈繞我腦際的思考內容——依照事件的發生順序，冥思苦想揭開寒武紀的色彩這層面紗之後的問題。不過我還要再介紹更深入的想法，包括構成最後幾片寒武紀拼圖片的主題。接下來兩章將會談及這些內容；其中第一個主題甚至似乎已經過時。

我花這麼多篇幅討論色彩，是為了思考與它匹配的感官。有個理由可以說明我們今日所見顏色的多樣化與複雜性；「看」，是操作用語。有個特殊器官是觀察者也是被觀察的對象，那就是眼睛。

第七章　形成視覺

假定眼睛及它所有獨特的設計……都是自然選汰的結果，似乎，我坦承，極不合理。

達爾文《物種起源》（一八五九年初版）

前文曾經解說並強調過光的重要性，不論過去或現在，對動物的行為而言，光都是強而有力的刺激；光不但是演化的驅力，也是促使生物出現龐大多樣性的助催化劑。本章內容聚焦於眼睛與光之所以能影響動物及其演化的原因——**視覺**。

眼睛是將穿透大氣層的光波轉換成視覺影像的偵測器。來自太陽的光波進入地球大氣層，在觸及我們身周的各樣事物時，會彈回並反射出來。光波在擊中動物時會產生變化，傳遞關於牠們在環境中的身分及所在位置等資訊。眼睛能完整捕捉這項資訊。眼睛，也只有眼睛，具有視覺。環境中存在各種波長的電磁輻射；但顏色只存在腦中。

在第四章我曾質疑，前寒武時期的環境，是否與現今發現的洞穴環境類似。在結束本章之時，我們就能將光、眼睛和視覺連結在一起，並了解目前還沒有充分基礎提出這樣的問題。科學家估算地球已經形成四十六億年，太陽亦同。所以，前寒武時期的地球表面，多多少少已有陽光存在，但陽光不曾射入洞穴。現今沒有，當時也沒有。從此將進入我所提出的下一個問題：我們將揭開寒武紀之謎的最後面紗。在第七章與第八章裡，我們還要找尋二條更進一步的線索，協助我們找到寒武紀拼圖最後的幾片拼圖片。不過，此時我們可在：「眼睛**何時**建構形成視覺？」這個問題裡，發現一條更直接的線索。

在試圖解答這個問題之前，我們必須先就如今人們對眼睛的廣泛了解，來趟知性之旅，才能解釋化石化的眼睛。達爾文認為眼睛是「極為完美與複雜的器官」。「眼睛」這個名詞，是指有能力製造視覺影像，好讓生物利用光來區辨物體的器官。「極為完美與複雜」是較有效率的眼睛必備的特性，所以第四章我曾提及眼睛是非常昂貴的設備，確實所言不虛。但眼睛本身只是完美視覺執行的第一幕；第二幕是如同電纜傳輸般，將眼睛所接收的視覺資訊傳送到大腦；第三幕則是在大腦中形成影像。眼睛與大腦必須合作無間，才能形成視覺。

本章的中心主旨是了解地球生物如何演化形成眼睛。既然化石紀錄裡只留下了眼睛的身影，沒有存留關於視覺執行的第二幕和第三幕資訊，本章將聚焦於眼睛本身的構造，即主要的硬體設備。我們假定配備優良光學儀器的眼睛，與能形成優質影像的大腦有所連結；而設計不良的眼睛，則與大腦只能產生劣質影像有關。換句話說，軟體可以反映硬體的複雜性。只有箱形水母會阻礙這個理論架構的順暢運行，不過牠們命中注定必須與眾不同。

生物用來偵測光的各種形式中，視覺（來自光波的影像或圖像資訊）雖是最精密的方式，但並非唯一的形式。比較不那麼精密或者說比較原始的形式，與前寒武時期的生命有關，因而也攸關本書主題。生物用來偵測光的原始形式稱為「光覺」，負責執行這項工作的接受器是「光受器」。本章第一部分感興趣的問題是：「看見或看不見？」在閱讀本書的其他章節時，分別看待這兩種可能性及其相關器官極為重要。

看不見

細菌、動物及植物的光覺，最後都牽涉到有機分子的簡單反應，過程中這些分子被一道由光子組成的光束擊中。很多單細胞動物，例如阿米巴原蟲和眼蟲，都擁有光覺，牠們細胞裡的液體會感光。這些動物利用光線來定向，辨別上下方向的差異。

多細胞動物的光覺，是仰賴獨立且複雜程度不一的感光細胞或器官，最原始的光覺器官是單眼。單眼內的小杯具有黑色襯底的感光表面，有時外罩原始的水晶體。具備單眼構造的最簡單多細胞動物是水母。

除了重力、觸覺、化學、壓力與溫度接受器外，有些水母的邊緣感覺器官還包括單眼。事實上，單眼通常是水母發展最差的感覺接受器，大部分的水母都沒有水晶體，牠們的色斑不但無法偵測光線，甚至進化形成一道可吸收光線的光障，以保護下方負責偵測其他刺激的感覺細胞。但有些水母的杯狀感光表面外覆水晶體，所以可對光線的有無產生反應。

許多其他動物門的動物也有類似的杯狀單眼，例如扁蟲、紐蟲、剛毛蟲、箭蟲、軟體動物與海鞘。杯狀光受器之所以勝過平面光受器的原因之一，在於它的表面彎曲。當一束陽光照射在彎曲表面，例如半球面時，只能照亮其中的某個區域；但若照射在平坦表面，這束陽光就能照亮整個平面。所以彎曲的表面可讓生物感知光源的方向。有些蛆（蒼蠅的幼蟲）雖然擁有平面光受器，但仍能藉由

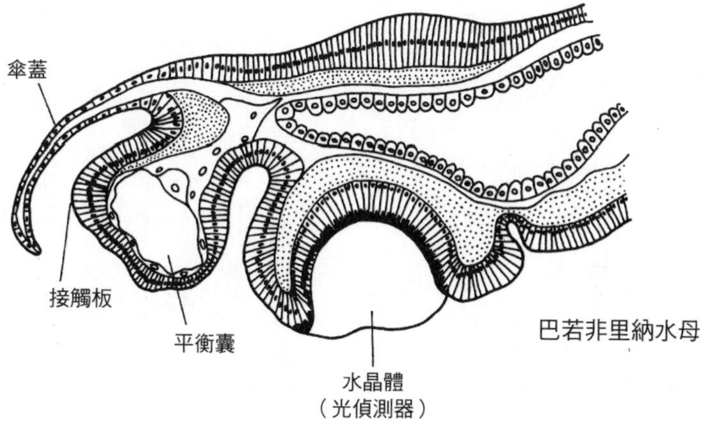

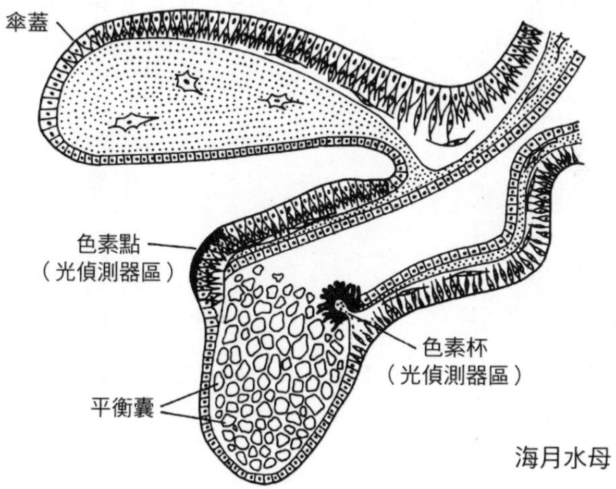

巴若非里納水母與海月水母的邊緣感覺器官複雜程度不同（尤其是右側的偵測器）。

頭部的左右擺動找到光源。不要吃驚，這種機制並不常見。

到目前為止，我們所討論的初級光偵測器不能稱為眼睛，因為它們無法形成影像。當偵測光的細胞增多並形成「視網膜」時，眼睛才正式誕生。視網膜是一層由眼睛內襯的神經細胞所組成的感光薄板，可準確偵測投射在它上面的影像，因此利用其他器官先將影像清楚地聚焦於視網膜上，是很重要的步驟。未裝上鏡頭的照相機，即使底片的敏感度再高，也還是英雄無用武之地。當具備所有上述條件後，生物就有了眼睛，已經進入能夠「看見」的階段。生物要從「看不見」演化成「看得見」，必須邁進多麼大的一步，這一點我們絕不致過度強調。

我們可根據光線入口的數量，將眼睛分為兩種類型，即單眼與複眼。

看見

「單」眼

單眼因為只透過單一入口來接收光線而得名，是最簡單的眼睛設計……理論上是如此。軟體動物雖然擁有各式各樣的光受器或「眼點」，不過也以具有包羅萬象的眼睛為榮，但牠們的眼點或眼睛都只是單眼。儘管名稱聽起來有些無能，不過單眼確實能形成視覺影像，而且所具備的硬體構造，通常也相當錯綜複雜。已知可將動物的單眼畫分為三種類型，軟體動物通通齊備。

第二章我們曾討論過一個謎樣的古生物學題材，那就是鸚鵡螺。鸚鵡螺的單眼獨樹一幟，不需藉助水晶體就能在視網膜上成像。早在二千多年前，中國人就已經知道，若只從對面牆壁的一個小洞射入光線，就能在黑暗的房間內壁形成倒置的影像。達文西利用他的「暗室」，讓這個原理再度受到矚目；不過中國人也在不知不覺中，讓這個原理重獲生機。然而在很久以前，鸚鵡螺早已實踐這項原理。

鸚鵡螺擁有「針孔眼」，牠的成像構造，是個在深色虹膜裡形成的小瞳孔或「針孔」。鸚鵡螺的眼睛並未會聚光線，只是透過針孔接收光線，不過至少具有某種程度的控制力。為了取得正確的方向資訊，牠們的視網膜鑲嵌方式非常細緻，可讓來自單一光源的入射光，能同時照亮好幾個接受器細胞。不過這類型的眼睛天生具有嚴重的缺點，因此極為罕見。大瞳孔能形成明亮的影像，但小瞳孔才能產生輪廓鮮明的影像。很遺憾，鸚鵡螺選擇採用尺寸較大的瞳孔（或針孔），因此只能看見模糊不清的影像。

牛頓爵士在一七〇四年出版的《光學》一書，透露關於以彎曲凹面鏡取代鏡頭的望遠鏡計畫。凹面鏡可將光線會聚在焦點上，如同現代的碟形衛星信號天線將輻射線會聚到接收器一般，在焦點上放置一面小平面鏡，調整角度改變聚焦光線的方向，讓光線穿透望遠鏡側面的一道縫隙（即目鏡）向外射出。這種「牛頓式」望遠鏡性能很好，現今仍極受歡迎。

眼睛的水晶體也能有效替代曲面鏡。扇貝的外殼邊緣內側有許多銀色的眼睛，彷彿很多面微小的鏡子。事實上，這些眼睛裡也的確有面明鏡。每個眼睛中負責成像的視網膜後方，都有面半球形的凹面鏡（類似汽車前照燈內的反射鏡）。光線在被鏡面反射回來之前，是以幾乎不聚焦的方式**穿過**透明的視網膜，此時發揮聚焦功能的是鏡子，它們將光線精準地聚焦於視網膜上，於是視網膜吸收了光線並且捕捉到影像。人們在墨西哥穴居魚類的皮膚上所發現的機制（數疊厚度不一的薄層），也能發揮鏡子的功用。鏡眼是針孔眼的改良版，它可以聚焦光線，不過由於光線是先以不聚焦的方式穿過視網膜，因此可能會被偵測到，所以這種眼睛的性能有限。因為如此，只有扇貝及一些與牠們有親緣關係的蚌類才使用鏡眼。

你可以在蝸牛身上找到軟體動物的第三種單眼。蝸牛有個與皮膚分離的眼睛，裡面有個大型的球形水晶體。人們將這種眼睛稱為相機眼，它的作用方式與使用一片透鏡將光線聚焦於底片（或視網膜）的照相機相同，但具有可調節瞳孔大小的虹膜，能改變穿過「瞳孔」的光量。相機眼的一般設計相當簡單，不過卻十分適合用來觀看影像。由於其他動物門的動物也具有各種相機眼，證明這類型的眼睛相當成功。

剛毛蟲類群中最有效率的眼睛，屬於一群叫做浮沙蠶的動物。這群動物有個成員居住在海面上，不但擁有相機眼、有一對分層細緻的視網膜、眼球內填有二層不同的「體液」物質、有個發展良好的球形水晶體，而且眼睛外層還覆有「角膜」。牠們的視網膜含有一萬個左

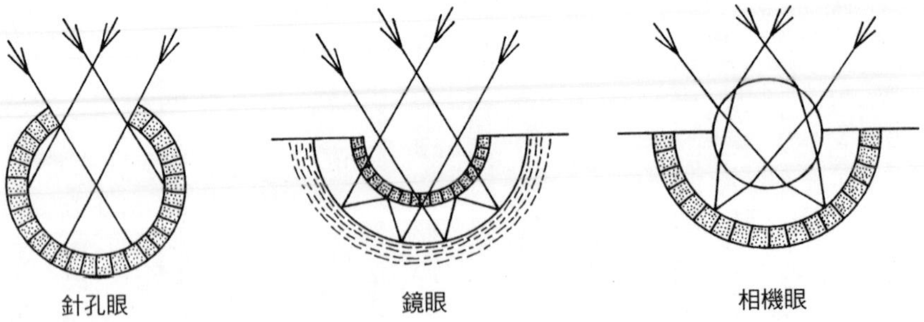

三種類型的單眼：針孔眼、鏡眼與相機眼，及它們對光線的影響。顏色較暗的部位是光受器（視網膜）。鏡眼下層有面鏡子（虛線部位），而相機眼則具有水晶體，兩者都能聚焦光線形成清晰的影像。

右的感光細胞，位於水晶體的焦平面，即水晶體將影像聚焦之處。

不論是陸生或水生動物，相機眼是脊椎動物的標準視覺硬體設備。人類是受惠者，不過除了剛毛蟲與軟體動物以外，節肢動物門的蜘蛛、甲殼動物類群、自成一個動物門的絨毛蟲和刺細胞動物門的箱形水母，也擁有相機眼。相機眼設計的精確程度，取決於水晶體的形成方式。水晶體可以位於眼睛內部，或其實是屬於皮膚或外骨骼的外部——從技術層面上來說是角膜。

聚焦方式是將環境中不同光源的光線彎折，使各方的光線會聚於同一點。有三項因素會影響光線的彎折方式，即界線兩邊的介質差異，與界線和光線的相對角度（想一想稜鏡）。如第三章所述，由於介質的差異，光在空氣與水中有不同的表現，因此陸生生物對視力的適應性反應，有別於水生生物。光在水中的表現，確實與在角膜裡的表現類似，所以當光線射入水生動物的眼睛時，只需辨識一道介質間的界線，在這種情況下，眼睛裡的水晶體必須負責大部分的聚焦工作。然而光能辨識角膜與空氣這兩種截然不同的介質，因此當光線以某種角度穿過這兩種介質間的界線時，就會產生彎折，所以陸生動物的角膜，作用如同性能絕佳的透鏡。

十九世紀時，馬克士威在仔細思量早餐吃的鯡魚後，開始著手處理水中聚焦的議題。當鯡魚的眼睛自然剝離後，馬克士威發現鯡魚擁有球狀水晶體。這在魚類很常見，因為表面的彎曲更急劇，而且與光線之間的切線角度也更陡峭，因此球狀水晶體彎折光線的能力，勝過較薄的橢圓形水晶體。不過球狀水晶體會出現球面像差，這就是為什麼照相機不能使用球狀鏡頭，而必須選用一系列「卵圓形」鏡頭的原因。射入水晶體周圍區域的光線，會與射入水晶體中心軸的光線聚焦在不同平面，因而產生球面像差。由於通過水晶體周圍區域的光線彎折得很厲害，因此視網膜必須同時出現在兩個地方，才能同時聚焦這兩組光線。這是不可能的事。但擁有球狀水晶體的魚類，卻能聚焦形成輪廓鮮明的影像，並可視物，問題是牠們「如何」辦到這一點？解決的方法只有一個，馬克士威已經知道答案。

若將水晶體變平，使表面的曲線或切線變得比較平緩，則焦點與水晶體之間就會相距很遠，因此必須有龐大的眼球才足以安置視網膜。在無法改變角度的情況下，若要解決球面像差的問題，就只有另一個選擇，即改變介質。事實上馬克士威認為，魚類水晶體內的介質並不均勻，而是從中心朝外漸次變化。

根據精確的測量，如今我們已經得知，魚類水晶體周圍區域的光學屬性與水類似，只會使光線略為彎折。由於可抵銷光線射入水晶體周圍區域時的相對掠射角，所以只有射入水晶體周圍區域的光線，才會產生大幅度的彎折；在接近水晶體中心軸的區域，入射光線的掠射角並非斜角，而是逼近九十度角的角度。因此要讓射入中心軸與水晶體周圍區域的光線保持同步，水晶體中央區域的介質，必須具備與水截然不同的光學屬性，如此不但能增加光線的彎折度，也能減緩光的行進速度。由於穿過水晶體中心的路徑最短，所以水晶體對光速的影響極為重要。總而言之，水晶體的作用是讓在同一時刻射入眼睛的**所有光線**，都能同時聚焦在視網膜的同一個位置。巧妙至極！現在已經形成一個輪廓鮮明的影像……而且各個方向的影像都一樣優質。

水生生物已成功演化形成所含介質漸次變化的水晶體並不令人意外，海洋哺乳動物、蝌蚪及某些軟體動物，例如章魚、烏賊、墨魚、蛾螺、海螺和田螺，也都擁有這種水晶體。以英國薩塞克斯大學為總部，研究現生動物眼睛的權威蘭德推測，若鸚鵡螺有個與牠的針孔眼大小相同的相機眼，不但眼睛的敏感度可提高四百倍，而且解析度也會增強一百倍。敏感度是指眼睛讓接受器細胞吸收充分光線的能力；而解析度則是指讓來自不同方向的光線保持分離（防止模糊）的精確度。

陸生脊椎動物的眼睛，由角膜負責提供約百分之二十到百分之六十七的聚焦功率，因此經過特別設計的水晶體，不但可矯正模糊不清的影像，也能根據距離調整物體的成像位置：讓近處物體的成像位置與水晶體之間的距離，較遠處物體遠。哺乳動物、鳥類與大部分的爬行動物，都是利用改變水晶體或角膜的形狀這種方式，來調整焦平面的位

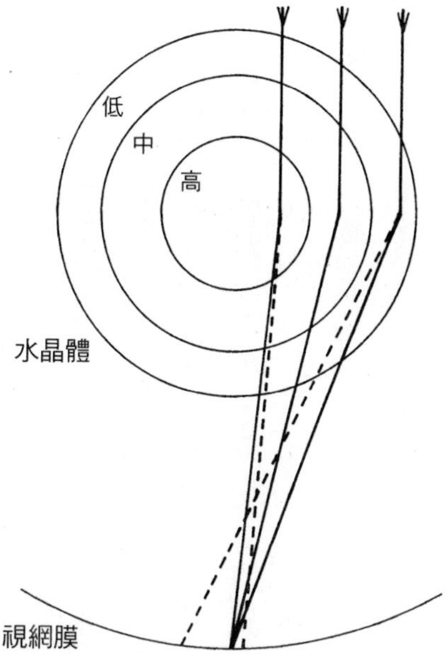

所含介質漸次變化的水晶體（圖中所示為三種層次的介質變化）聚焦光線的方式。虛線表示光線穿透介質均勻的標準水晶體時的行進路徑，由於光線與介質接觸的角度較陡峭，所以通過周圍區域的光線彎折度較大。無論如何，所含介質漸次變化的水晶體，光線通過核心介質時的彎折度，大於通過周圍介質的光線，因而能抵消上述的角度差異。

置，以達成前述目的。這些動物會利用微小的肌肉將水晶體拉長。而魚類、蛙類與蛇類則可前後移動牠們的水晶體。某些兩棲類動物可利用水晶體的移動，來幫助自己適應在水中或空氣中的生活。

雖然大部分的蜘蛛只有單眼，但跳蛛與狼蛛卻是例外。牠們不但擁有相機眼，還有一層厚厚的角膜，可提供所有的聚焦功率。跳蛛的主眼非常奇特，如同猛禽一般，每層視網膜都有一個作用如同凹透鏡的大凹洞，可倒轉並放大影像，與照相機的遠距鏡頭後部組件類似。

跳蛛的主眼還有個特殊之處：牠們的視網膜是狹窄垂直的長條形，水平方向的視野只局限在幾度之內，但垂直方向的視野卻有二十度左右。跳蛛的視網膜會向側面移動（如同影印機掃描圖像的方式），以彌補厚度太薄的缺點，大幅擴展自己的視野。某些蝸牛與甲殼綱動物也具備類似的機制。有些其他的甲殼綱動物，有著更極端的發展，例如外形像「會游泳的蛋白石」的彩虹葉劍水蚤。彩虹葉劍水蚤的視網膜，雖然只是個僅含幾個感光細胞的點，但卻會不斷向各個方向移動，因而能多次重複使用感光細胞。

虹膜能控制瞳孔的大小，因此能控制射入眼睛的光量，如同照相機的光圈。相機眼可能已具備更進階的亮度控制機制，這個機制涉及位於視網膜後方的反射鏡。如同扇貝的眼睛，某些脊椎動物眼睛的視網膜後方也有面鏡子，我們要再度提到銀色魚的反射機制。不過在此處鏡子的功能並非聚集光線，因為水晶體已將光線聚焦；在這種情況下，鏡子的功能是提供生物適應夜間環境的能力。在必須適應黑暗環境的狀態下，反射鏡會將剛開始時曾通過視網膜細胞間隙，但卻未被偵測到的光線反射回視網膜，如此可將光線的利用率提升到最高：牠們有機會偵測第一次沒被偵測到的光線。貓和鱷魚眼中的反射鏡，會反射前照燈和火把所發散的光束，在夜間看起來就像是對會「閃閃發光的眼睛」。這些光線溜過了視網膜的第一次與第二次偵測。當光量非常低時，「所有」射入眼睛的光線，都是形成視覺的無價之寶，看見與看不見之間的視覺邊界非常接近；不過當光量很高時，反射鏡就變得多餘，此時深色的吸收色素就會將反射鏡覆蓋起來。這種機制在很多擁有相機眼的夜行性動物身上，的確很常見。

讓我們暫時退回視覺起點，進入「看不見」的範圍。有些光受器確實含有視網膜和水晶體，例如蠍子、很多會結網的蜘蛛和大部分蝸牛的接受器。不過小尺寸對這類型的接受器非常重要，這些接受器並非「眼睛」，因為它們無法將影像聚焦於視網膜上——這些動物的視網膜與水晶體相距太近。這種接受器的功能，很可能是測量大角度的平均亮度或顏色。如同前文所述，本書並不十分關切這些光受器，不過它們確實有助於闡明，在如此結構與尺度大小之下，一個具有水晶體及視網膜的構造，能夠取得多少資訊量。本章撰寫現代眼睛這部分內容的目的，只是作為探究古生物學的工具。若能看見類似單眼構造的內部結構，我們就能推測它是否能形成視覺影像，是否真的是隻單「眼」。在細想寒武紀之謎的相關化石時，**尺寸**的資訊甚至變得更重要，不過能揭露內部構造的眼睛化石極為稀少，因此最適合研究的眼睛化石，是屬於第二種類型的眼睛——單從眼睛的外層構造，就能推論更多關於視覺的資訊。如今地球上至少有一半的動物具有複眼。

複眼

為了介紹複眼，我們得先暫時回頭討論有些粗糙的單眼。有一群剛毛蟲擁有不同於其他動物的單眼：牠們的單眼排列方式與眾不同。這些剛毛蟲的單眼群聚在一起，位於萌自頭部的細絲（這些厚厚的細絲樣子如同羽毛）。

每個單眼都有個液囊樣的區域，就像感覺毛的分支。這個區域位於動物的皮膚皺摺裡面，作用如同水晶體；而液囊樣區域後面，則是發展良好的感光化學物質區，也就是「視網膜」。在一群單眼裡攙雜著能吸收光線的色素細胞，可避免同一道光線對各個單眼產生不同的影響。不過較進階的動物，會策略性地組合各個單眼所收集的資訊，並形成精緻的複合器官，複眼就是屬於這一類型的器官（雖然這些特殊的眼睛要成為視覺標誌還略嫌不足）。

相較於單眼，複眼有多個光線入口（它也因此得名），所以

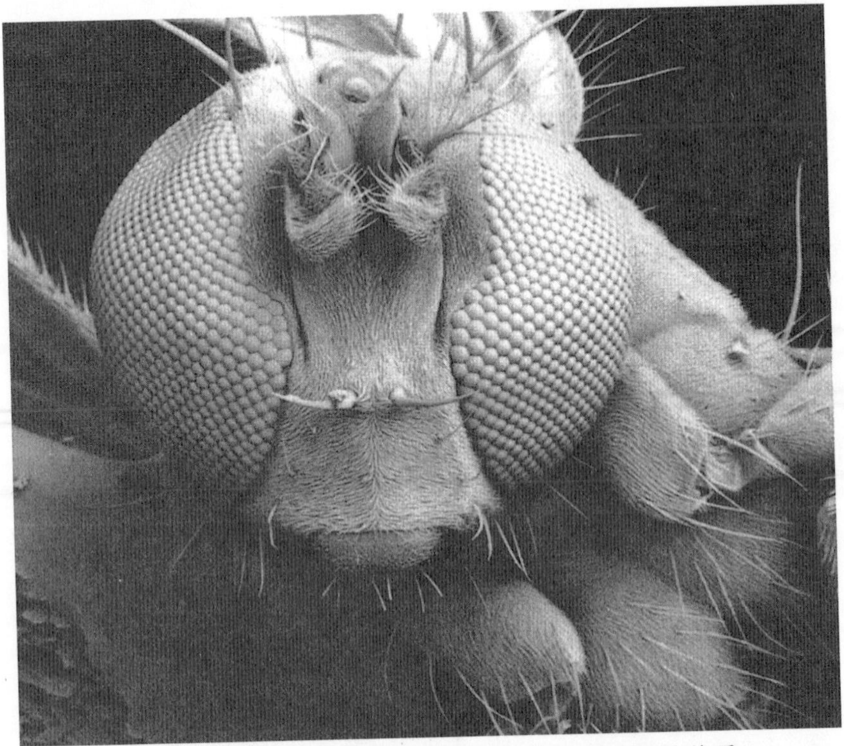

飛蠅頭部的掃描式電子顯微照片，照片所示為牠的複眼。

總是由無數個名為「小眼」的個別單元或單眼組成。不同於剛毛蟲和赤貝的複眼那不起眼的外觀，複眼是節肢動物的特徵。說得更精確一點，現生甲殼動物、昆蟲、鱟（事實上與蠍類的親緣關係較真蟹類更接近）都有複眼。複眼已經演化形成精密的視覺器官（有些種子蝦的眼睛體積，占身體總體積的三分之一），並利用不同的方式形成影像。

一八九一年，生物學家艾森納在他的一篇專題論文中，奠定了探究複眼的律法，是生物學家和光學理論學家的里程碑。艾森納打破了當代的所有規則。當時的人們是以單眼的概念來看待複眼，但艾森納認為複眼的聚焦要素是「水晶體柱」。普通的水晶體是仰賴光線穿過彎曲表面時，所產生的彎折來聚焦光線，不過水晶體柱是讓光線緩緩地沿著整個柱面改變方向。雖然實際上是個柱面，不過其實裡面充滿了梯度狀物質，這些物質對光線的影響有等級之分，如同讓馬克士威冥想苦思的魚眼水晶體。水晶體柱的密度最高，因此光線在其中的行進速度最慢，而彎折光線的能力，則沿著柱面中軸朝邊緣逐漸減弱。水晶體柱的整體作用，是讓傳統的水晶體具備成像的屬性，不過有些複眼並非利用水晶體柱來形成影像。

許多昆蟲和甲殼動物具有外貌相似的複眼，但牠們的聚焦要素和成像機制卻截然不同。我們可將複眼分為二種基本類型：並置眼和疊置眼。從視覺的角度來看，並置眼的各個小眼彼此分離，因此每個小眼所截取的環境區域不同，將各個小眼所形成的微小影像以拼圖的方式拼湊在一起，就能得到完整的圖像。另一方面，疊置眼的小眼則彼此合作將光線疊印，在視網膜的同一點上形成一幅圖像。若進一步畫分複眼的類型，不論是並置眼或疊置眼，在聚焦和成像機制上都有不同的變型。

疊置眼含有許多小眼，甚至多達數百個，有道寬闊的透明物質帶將水晶體與下層的視網膜分隔開來。由於小眼並非連續的導管，光線可以穿過某個小眼的水晶體後，再進入另一個小眼的接受器。從單一構造而非個別單元的角度細想螢火蟲（其實屬於甲蟲類）的角膜後，艾森納發現了這個現象。角膜形成了螢火蟲的水晶體，艾森納只需摘除螢火蟲的眼睛內側，就能檢視整個水晶體的配置狀況。他並未發現一系列與各個水晶體相對應的倒立影像，只看到一個正立影像，因此，所有的水晶體必然都聚焦於視網膜上的同一個位置。

有些甲殼綱動物的眼睛沒有水晶體柱，人們直到一九七五年才發現另一種聚焦機制。蘭德與德國生物學家佛格分別檢視淡水螯蝦和深海種子蝦的眼睛，各自發現一種內

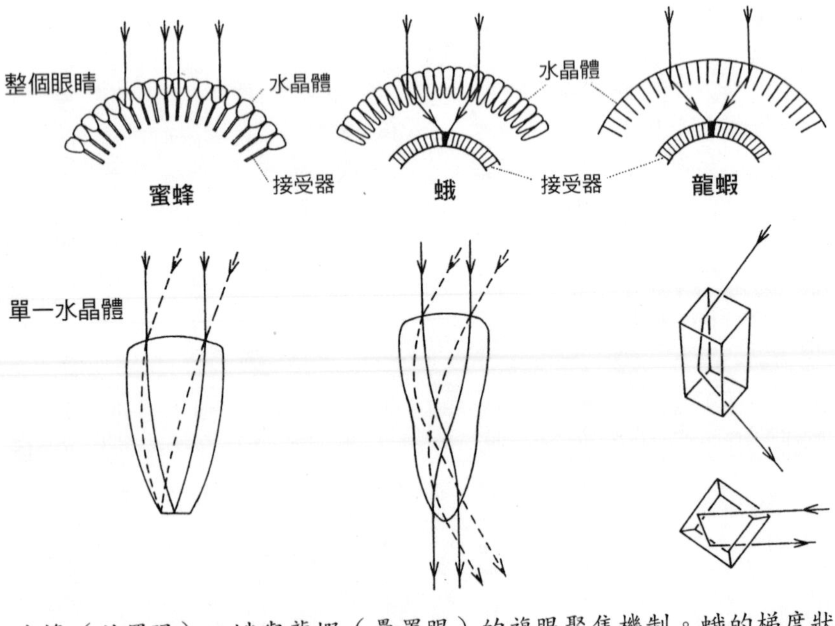

蜜蜂（並置眼）、蛾與龍蝦（疊置眼）的複眼聚焦機制。蛾的梯度狀水晶體和龍蝦的鏡面水晶體（側面觀與上面觀）可以聚焦。（根據蘭德於一九八一年發表的論文修改。）

襯鏡面的疊置眼。這種疊置眼裡的鏡面，與魚皮上的鏡面類似，形成具正方形剖面的鏡箱。艾森納雖然已盡力闡述這些鏡箱的形狀，但卻忽略了鏡箱內側的銀色表面。現在我們知道，若能以反射面的角度來思考這些鏡箱，當光線被鏡面反射時，就會改變原有的行進方向，並會聚於同一個點，也就是視網膜的成像之處。換句話說，鏡箱所負責的是聚焦的工作。

一九八八年，當代另一位研究眼睛的專家——瑞典隆德大學的尼爾森，在很多蟹類身上，發現了第三種類型的疊置眼。這種疊置眼所牽涉的光學機制很複雜，巧妙而周密地組合了一般透鏡、柱狀透鏡、拋物面鏡和光導。它們的成像機制也同樣精巧，由三組不同的系統負責操作。單從硬體設備，就能預測它們所提供的影像資訊，不禁令人聯想到已成化石的眼睛，畢竟還是可以提供豐富的資訊。

複眼沒有可控制光量的虹膜，不過卻有另一套解決方法，它們會利用黑色素擋掉一些光線。這與貓和鱷魚利用色素的方式類似，不過複眼裡的色素分布在不同的區域。當複眼暴露在光量很強的環境下時，黑色素就會在水晶體和視網膜之間移動，吸收部分的光線；當環境中的光量變得很極端時，有時小眼的光學屬性會被稠密的吸光色素環或管分隔開來，如此眼睛就能有效率地發揮如同並置眼般的功能。

總之，科學家對現代眼睛的構造或光學屬性了解甚深，可以教導我們更多關於眼睛的主人如何視物的知識。滅絕動物的遺骸中保有眼睛的構造。現在我們已經擁有充分的資訊，有能力瀏覽圖書館中談論眼睛化石群的書籍。

祖先型的眼睛

後寒武紀的景色

牙形刺是根據希臘文命名的一種化石，原文意指「圓錐狀齒」。牠們之所以擁有這個名稱，是因為有一段時間，人們只能從像顎般的構造和骨骼碎片，來認識這種已經滅絕的動物。牙形刺是在寒武紀時演化形成，於二億二千萬年前滅絕。科學家廣泛利用牙形刺來比較並評估岩石層序的年齡，不過直到一九八〇年代初期，我們對牙形刺這種動物到底長相如何，還完全沒有概念。後來人們在蘇格蘭愛丁堡附近的「格蘭頓蝦層」，發現了完整的牙形刺化石，這些生物大約生活在三億四千萬年前。這些化石讓我們得知這種動物外形像鰻魚，尾部有些具支持性的鰭條……頭部有著大大的相機眼。

相較於牠們的體長，這種小型牙形刺的眼睛，比牠們的近親大型牙形刺更大，符合一七六二年的「眼睛相對生長法則」，即小型動物的眼睛所占身體體積比例，通常大於大型動物。現生脊椎動物的相關研究指出，眼睛的大小會影響視覺的敏銳度。而牙形刺的確擁有大眼睛這項事實，帶給人們關於早期脊椎動物演化的重要資訊。

人們並未完全接受牙形刺是「無頷動物」（即包含現生七鰓鰻和盲鰻等原始無頷類群）的幼蟲這種理論。無頷動物是第一種真脊椎動物的代表性動物，屬於脊索動物門，約在四億八千五百萬年前，即寒武紀結束後不久演化形成。不過有些小眼大身體的牙形刺，是反駁「牠們是無頷動物的幼蟲」這種說法的證據，因此科學家通常認為牙形刺是一種接近，但並不會演化成真脊椎動物的脊索動物。眼睛打破了這些見解之間的平衡。

在現生無頜動物中，只有盲鰻擁有比牙形刺小的「眼睛」。不過在深海的SEAS陷阱裡捕捉到的原始魚類（盲鰻），牠們的「眼睛」其實是光受器，無法形成視覺影像。或許是為了適應黑暗的環境和挖穴的習性，導致這些魚類的眼睛功能退化。雖然七鰓鰻的眼睛發展良好，而且通常比牙形刺的眼睛大，不過有一群七鰓鰻，就是體型最小的河溪七鰓鰻，能提供我們關於牙形刺視覺的線索。

小型河溪七鰓鰻的眼睛，直徑約一．五公釐，大小與克利達諾斯牙形刺的眼睛相同。有證據顯示，尺寸大小與相機眼相似的眼睛，其細胞與神經的複雜程度，即訊息處理系統，也會與相機眼類似。在另一種保存狀態良好的牙形刺，即普羅米桑牙形刺身上所發現的眼睛肌肉，支持「大小類似的眼睛，也具有大致相等的肌肉」這種想法。

比較小型河溪七鰓鰻後，科學家所得出的結論是：牙形刺不但具有圖案視覺（與本書後文的內容有關），而且過著主動掠食的生活。然而，「體型較小的牙形刺眼睛較大」（以所占體積比例來看）這種說法，並不帶有暗示「視覺在牠們的行為上所扮演的角色較重要」的意味。相反地，牠們的視覺器官已經逼近「眼睛」的最小尺寸極限，尺寸再小一點的眼睛，就無法形成視覺影像。現存體型最小的陸生脊椎動物「索里螈」，是一種小型蠑螈，牠的相機眼直徑只有一公釐，科學家認為這是可以產生清晰視覺的眼睛尺寸下限。

可以大眼魚龍為例，來說明大眼睛的實用限制。牠們是外貌長得像海豚的爬行動物，體長約三到四公尺。雖然恐龍曾演化成為陸地上的龐然大物，不過大眼魚龍是在海中的相機眼史上留下紀錄。這種動物的眼睛確實像顆足球那麼大，可以看見五百多公尺深的物體。人們認為這種爬行動物之所以潛入深海，是為了逃避掠食者或捕捉住在深海裡的獵物。很遺憾，大眼魚龍因「潛水夫病」而飽受折磨。潛水夫病是一種深海潛水夫很熟悉的病症，當他們從深海升上海面的速度太快時就會罹病。急速上升會導致氮氣因減壓而在血液中溶解，形成可能會阻塞血管並殺死組織的氣泡。潛水夫病會在患者的骨關節裡，留下清晰的凹陷，在大眼魚龍的化石裡，可以明顯看見這類凹陷。大眼魚龍那些眼睛較小的祖先，較不容易發生潛水夫病或受潛水夫病影響，不過這種潛入深海的大眼動物，演化路徑已經被迫中斷，於是大眼魚龍絕跡世界。

此外，在古代的脊椎動物中，早期化石魚的頭部，通常有黑色的色斑。這些色斑代表什麼呢？某種特殊的無頜動物標本，可以告訴我們答案。根據其他無頜動物身上色斑的精確位置，我們知道這些化石魚的眼球，被完整保存在扁圓形的硬化構造裡，這構造有一道朝向側面的裂隙。澳洲博物館的原始魚專家瑞奇曾認為，這些色斑其實是眼球周圍的柔軟構造（據推測是軟骨）所殘留的遺跡。已知最早的相機眼，是來自四億三千萬年前的克氏夾摩魚標本。比較過牠們的近親物種身上的相機眼後，瑞奇相信，雖然並未在這件化石標本裡找到眼睛，但克氏夾摩魚確實擁有某種類型的水晶體。

因此，我們已在四億三千萬年前的化石發現眼睛，而且與現今的眼睛相較之後，也能推測這些眼睛的視覺。不過我們能將時鐘再往回撥，觀察一下歷史甚至更古老的眼睛嗎？

回到伯吉斯頁岩

從柯林斯探險隊的營地，登上加拿大山腰那片容易滑腳的山坡地之後，就抵達伯吉斯頁岩採石場。我爬上一個之前和現在的化石探險隊都曾挖掘過的岩層平台。岩架背面是採石場暴露在外的一面，我能根據顏色，清楚地區分各層沉積物。岩架上有張木桌，用來支托剛發掘出來的化石。

站在伯吉斯採石場的觀察區，也就是翡翠湖下方的邊緣，往上看只能見到一個模糊難辨的藍色物體。我和很多遊客一起利用場地提供的望遠鏡，心裡納悶那是什麼東西。這個在我一抵達採石場時就發現的東西，原來不過是張舊的塑膠布，但卻肩負重要的任務——保護那些陳列在桌上、剛發掘不久的化石珍寶，免於遭受惡劣天候的侵襲。這些化石正等待專家進行品質管制，決定未來要放在全球博物館的哪個陳列櫃。那裡確實有些寶貝。我曾在大型畫冊上看過牠們的照片，也曾在一些著名演講的投影機螢幕上見過牠們的身影，如今牠們就活生生地出現在我眼前。我是第一批觀賞這些標本的人之一，牠們才剛從岩石中被挖掘出來。不過牠們的保存狀態十分良好，而且輪廓分明，我可以一一辨識牠們。

我拿起桌上最大片的頁岩。這片頁岩薄而扁平，大小有如屋頂的石板瓦，光滑的表面有著伯吉斯群聚中最令人忘而生畏的成員——奇蝦，所遺留下來的細部構造。奇蝦的身體很大，長寬約半公尺。首先浮現的是牠的頭部，接著顯然是緊緊抓握的前肢，科學家曾憑牠們本身的條件，一度認為奇蝦是像蝦子般的動物。感謝另一個洩漏祕密的線索，由於牠那對同樣醒目的眼睛，我已辨識出牠的身體前端。

奇蝦的眼睛，就像是突出於頭部兩側的二顆鈕扣。它們那光滑的圓形輪闊非常明顯，就算用肉眼也能看得一清二楚。因為位於頭部兩側，所以只能讓人聯想到它們是眼睛，此外別無其他。第一章我們曾經提過，從寒武紀大爆發以來，地球上並未再演化出新的動物門，我們現今所看見的動物門，在寒武紀時就已存在（除了少數可能的例外）。還有條法則：現生動物的生活和功能，與牠們的寒武紀祖先相同。自從讓局勢煥然改觀的寒武紀大爆發以來，歷史上不曾再出現神祕時期。如今我們很清楚，奇蝦頭部略微突出的鈕扣樣構造只有一種可能，那就是眼睛。

回到史密森研究院的實驗室，我檢視伯吉斯頁岩群聚裡另一種保存良好的類似生物，即瓦普塔蝦。瓦普塔蝦是一種長得像蝦子的動物，屬於節肢動物門的一員，可能是一種甲殼綱動物。牠的身體大小與現生一般蝦類差不多，而且似乎擁有與蝦類相同的眼睛特徵。如同蝦類與蟹類，瓦普塔蝦的眼睛也長在肉柄上，這表示牠們的眼睛不需與頭部同步移動。在寒武紀的環境裡，牠們可能是對狹小範圍內的細節觀察入微的專家。牠們或許曾經目睹奇蝦在自己眼前游過。不過當奇蝦移動時，瓦普塔蝦的眼睛也會隨之移動，並且追隨那些龐大鄰居的行蹤。牠們的眼睛與昆蟲的複眼不同。因為嵌在頭部，所以昆蟲的複眼

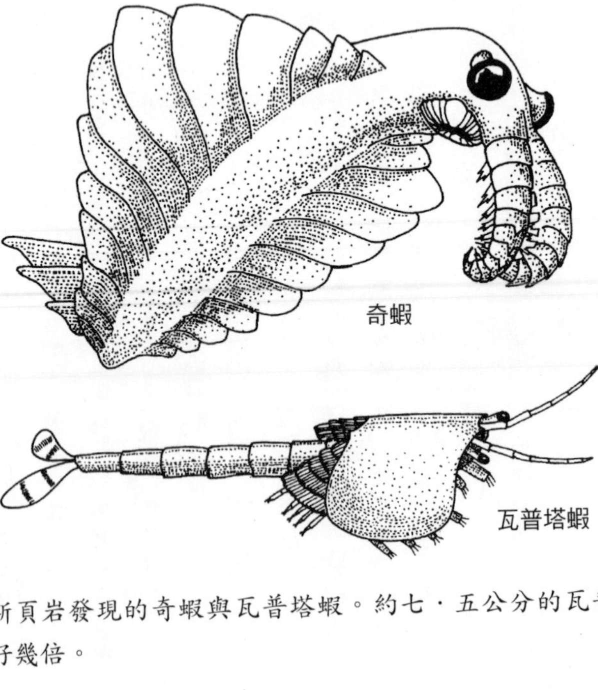

在伯吉斯頁岩發現的奇蝦與瓦普塔蝦。約七・五公分的瓦普塔蝦比奇蝦小上好幾倍。

並無肉柄，無法脫離頭部獨自移動；但長在肉柄上的眼睛，可以在頭部不動的情況下，改變牠們的視野。

在討論瓦普塔蝦時，我曾提到「複眼」這個名詞。雖然在檢視奇蝦的眼睛時，我曾在顯微鏡下發現少許其他的細部構造，但在顯微鏡下觀察保存良好的瓦普塔蝦標本，所述說的卻是另一個故事。在顯微鏡下，瓦普塔蝦的眼睛內部構造變得一清二楚，與現生甲殼綱動物相符。有一種現存甲殼綱動物，即「糠蝦」，擁有長在肉柄上的疊置複眼，游經牠們身旁的海中動物，可在牠們的眼中形成影像。生活在寒武紀海洋裡的瓦普塔蝦，也能看見類似的景象。瓦普塔蝦也有疊置複眼。

縱觀史密森研究院的伯吉斯頁岩蒐藏品中的節肢動物，奇蝦與瓦普塔蝦顯然並不特別。牠們並非視覺的唯一受惠者：情況幾乎相反。

史密森研究院用一個大型的金屬籠，將伯吉斯標本圈起來，如同銀行保護金庫般，格外保障這些標本的安全。如今歐文是沃克特蒐藏品的蒐藏研究保管者。沃克特蒐藏品包含各式各樣的多細胞動物，歐文體貼地允許我使用他的顯微鏡、開啟伯吉斯金庫的鑰匙，還有一個大木匣。

檢視這些無價的化石極為費時。牠們被存放在很多個櫥櫃裡，有數百個裝滿標本的抽屜。我查看每個抽屜，嘗試選出保存狀況最好的代表性標本，想要裝滿我手上的木匣。很難用肉眼完成這項工作，我可能曾漏掉一些可提供豐富資訊的標本。

我將選定的化石放進木匣，再將一份博物館的正式表格，放入抽屜裡原本擺放這件化石的地方。每件化石的背面都漆有一個編目號，我必須在表格上寫下這個編目號、我的姓名、標本的名稱及原本的放置位置。這裡的保安和保護等級，與伯吉斯採石場本身的保安及保護等級相互呼應。只有一條路

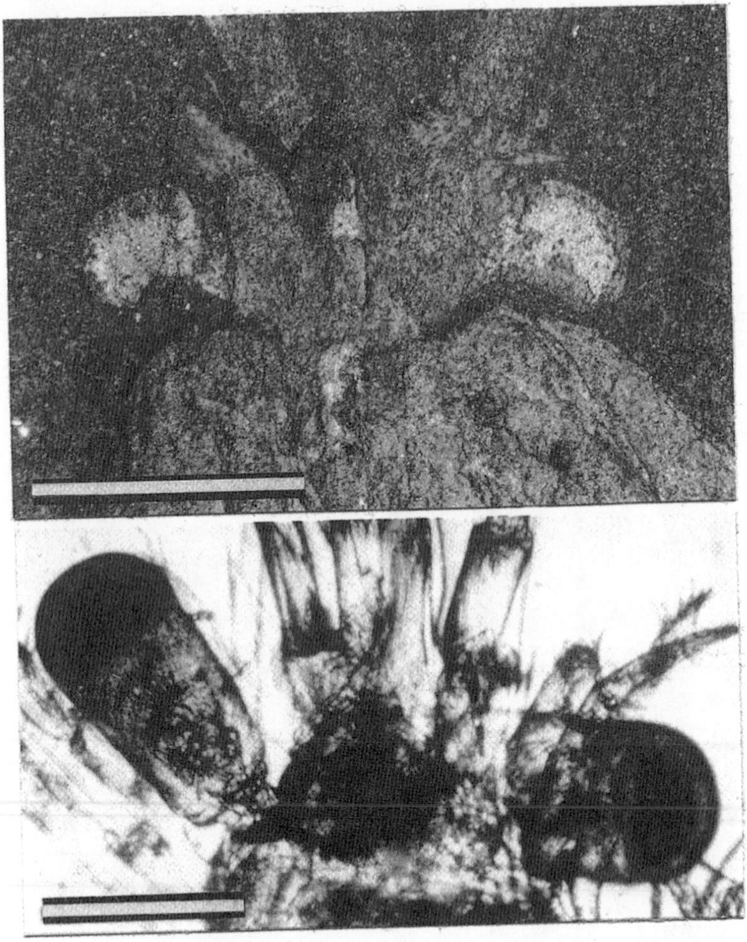

現生甲殼綱動物「糠蝦」，和伯吉斯頁岩瓦普塔蝦的頭部顯微照片。牠們的眼睛內部構造很類似。圖中的比例尺分別為二公釐（上圖）和〇．五公釐（下圖）。

徑通往這個小採石場，山腰上並沒有其他後門。在採石場的鄰近地區，有柯林斯的營隊負責守衛通往採石場的路，他們的營地就駐紮在通往伯吉斯頁岩這條路的另一側。這條路有兩個出口，每個出口距離採石場至少三小時的徒步路程，由加拿大公園處的管理員負責巡邏，可確保安全無虞。這個化石世界有很多同業，旁邊有很多私人的化石蒐藏品和商店。雖然有些完整的恐龍骨骼，例如霸王龍，不過沒有一家商店或私人蒐藏品含有來自伯吉斯頁岩的標本。

我檢視了伯吉斯節肢動物的標本：加拿大環節蟲、歐達亞蟲、波斯皮卡瑞斯蟲、聖誕老人蟲、撒若卓色克斯蟲、西特奈西亞蟲與優候亞蟲。所有前述動物都有眼睛，相較於身體長度，牠們眼睛所占的比例大小不一。同樣的，體型較小的標本，顯然有相較之下尺寸較大的眼睛。所有這些「眼睛」，都是貨真價實的眼睛；比較過現生物種的視覺器官之後，我認為牠們曾在寒武紀時期執行成像的任務。由於保存狀態不完整，而且牠們嵌在岩石裡的位置方向也不恰當，我們無法精確地解析很多其他的伯吉斯節肢動物——不論牠們是否擁有眼睛。或許我選擇的標本不適當，舉例來說，我就沒能發現也許是最普遍的伯吉斯節肢動物，即馬瑞拉蟲的眼睛。最近柯林斯和他的西班牙同行葛西亞貝林多才找到馬瑞拉蟲的眼睛，牠們的眼睛很像現生木蝨的眼睛。不過我很確定一件事：眼睛是伯吉斯節肢動物普遍擁有的器官。

有些屬於其他動物門的伯吉斯動物也有眼睛，不過不是很多，事實上只有奈克特凱瑞斯蟲和擁有五隻眼睛、模樣怪誕的歐帕畢尼亞蟲。不過當時歐帕畢尼亞蟲可能屬於節肢動物類群，雖然相較於節肢動物，奈克特凱瑞斯蟲顯然與脊索動物有更親近的親緣關係。我們還需要採集更多這些罕見物種的標本，才能確定牠們的分類。不過非節肢動物類群的伯吉斯動物，若非只有少數有眼睛，就是完全沒有眼睛。

伯吉斯頁岩生物群生活在寒武紀時期，更精確地說，牠們是生活在五億八百萬年前的世界。本章我們最想要解答的問題是：「第一隻眼睛何時現身地球？」如今我們知道，早在五億一千五百萬年前，眼睛已在地球就定位，不過寒武紀大爆發是發生在五億四千一百萬年前和五億三千八百萬年前之間。因而此時我們將離開伯吉斯頁岩動物群，在其他來自寒武紀時期的更古老化石（我希望），繼續我們的找尋眼睛之旅。

其他寒武紀時期的眼睛

在討論外形古怪的寒武紀化石時，寒武腫肢蟲和牠的親戚，是長相怪異的節肢動物，也是現生甲殼綱動物的祖先。人們因保存於瑞典「奧斯騰」石灰岩裡的寒武紀化石，而認識了這些動物。牠們的保存狀態的確相當特別——以完全立體的方式保存下來。德國古生物學家渥羅塞克對這些化石做了傑

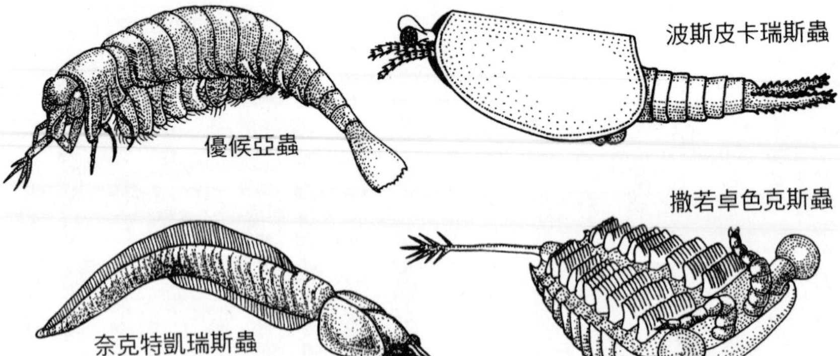

有眼睛的伯吉斯動物：優候亞蟲、波斯皮卡瑞斯蟲、奈克特凱瑞斯蟲與撒若卓色克斯蟲。

出的說明，身為這些化石的蒐藏研究保管者，他很親切地寄了一件寒武腫肢蟲標本給我，讓我有機會在電子顯微鏡下觀察這件標本。我對這種動物的興趣，起因於一個特殊的理由：牠的「一隻眼睛」。在此我使用單數名詞，因為儘管相較於牠的體型，寒武腫肢蟲的視覺器官實在非常龐大……但也只是一隻眼睛而已。

寒武腫肢蟲是一種小型節肢動物，身長只有幾公釐。牠的身體因兩側有隻槳形大腳，而有明顯的區隔，所以牠或許會游泳。寒武腫肢蟲的頭部非常獨特，與身體的其他部位相連，在頭部與身體接合處附近，先是有張顯而易見的嘴，接著緊縮形成假「頸子」，並在身體和嘴的前端長出龐大的球狀突出物。這個突出物基本上是個複眼。或許是由二個長在肉柄上的眼睛演化形成，不過牠確實有些視力，能看見前方的物體。在研究過牠的角膜後，我得出一項結論：很遺憾，這隻眼睛所留下的只有這些資訊。

雖然來自寒武紀，但寒武腫肢蟲和其他有眼睛的奧斯騰節肢動物，並不比伯吉斯生物群來得古老。不過正如我們在第一章所學習到的知識，中國有個地方已修復保存狀態非常良好的一系列寒武紀化石，這些「澄江」化石比伯吉斯頁岩的化石要早上一千萬年。

澄江化石也包含很多有眼睛的物種，其中有些物種雙眼長在可移動的肉柄上；有些物種眼睛雖未長在肉柄上，但卻以好幾種可能的位置和身體嵌合。動物的眼睛可能從底部伸出，在頭甲前緣下方朝前延伸，例如：撫仙湖蟲、林蚽爾蟲、等刺蟲。不過網面蟲的眼睛雖然也是從身體底側長出，但並未朝前伸出。同樣也有眼睛位於頭頂的澄江動物，例如：海怪蟲。

如同伯吉斯化石，澄江生物群的眼睛即使並非全部，也大多屬於節肢動物類群所有。科學家已利

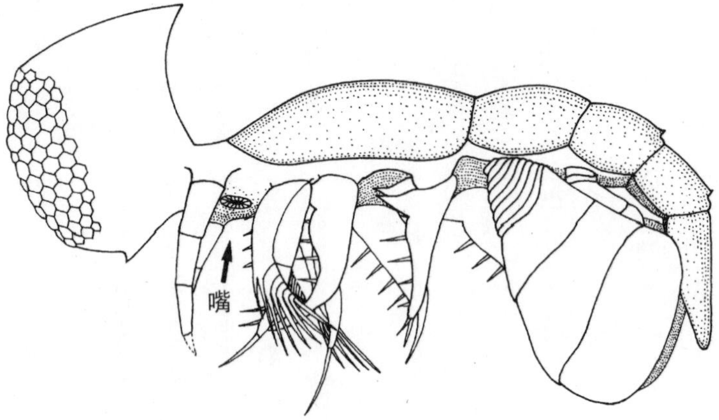

微小的寒武紀節肢動物——寒武腫肢蟲，你可以看見牠的一隻複眼。

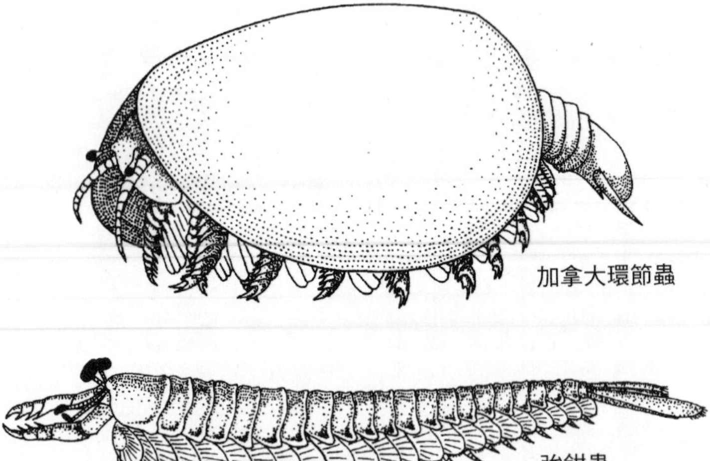

來自中國澄江的寒武紀節肢動物：加拿大環節蟲與葉尾強鉗蟲。

用這兩大化石群，來追溯隨著時間的變化，動物的眼睛在身體上的位置。科學家認為，寒武紀時期，節肢動物類群的複眼從身體下方轉移到身體上方，並成功地融入覆蓋頭部的頭甲或殼。我不確定這種解釋有多正確，不過相同的事件，可能獨立發生在另一群至今依然為人津津樂道的節肢動物——三葉蟲身上。我將暫時回頭討論三葉蟲。

有趣的是，直到目前為止，我曾提過的寒武紀動物幾乎都是節肢動物，牠們屬於有著堅硬外骨骼的動物門，包括蟹類和昆蟲在內。但在本書前半章討論現今動物的眼睛這個課題時，牽扯了很多其他動物門的動物。有環節動物門裡會游泳的剛毛蟲浮沙蠶（1）；刺細胞動物門裡的箱形水母（2）；有爪動物門裡的絨毛蟲（3）；軟體動物門裡的墨魚和蝸牛（4）；當然還有包括人類在內的脊索動物門（5）。這些動物都擁有具成像功能的「單」眼。但軟體動物門（4）裡的赤貝、環節動物門（1）裡的扇蟲，以及節肢動物類群（6），則擁有具成像功能的「複」眼。不過這些非節肢動物類群的寒武紀祖先，是否擁有眼睛呢？

根據電腦所預測的演化樹來判斷，有眼睛的群體直到寒武紀之前，並未在所屬動物門裡繼續演化，所以這個問題的答案顯然是「否」。屬於軟體動物門分支之一的墨魚就是這種情況。事實上，最原始的軟體動物可追溯到寒武紀，而牠並沒有眼睛。基於類似的理由，現今擁有眼睛的剛毛蟲，可能也被排除在寒武紀眼睛俱樂部之外。因此，經過第一回合的淘汰之後，還有誰仍留在古代的視覺圈裡呢？現在的競爭者是節肢動物門（1）和脊索動物門（2），現生的有眼物種大多是牠們的成員，此外還有絨毛蟲（3）和箱形水母（4）。

箱形水母和絨毛蟲可能不在寒武紀眼睛的主人之列，因為當時牠們或許無法如今日般看見東西。

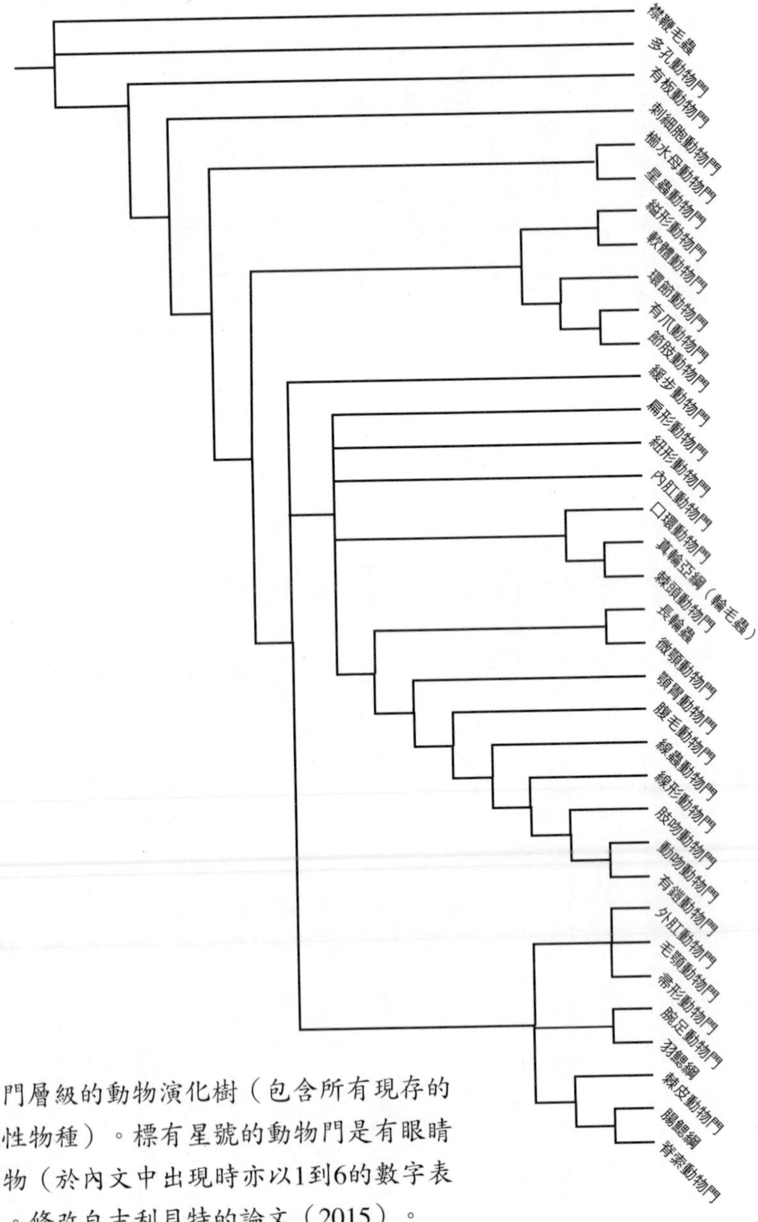

動物門層級的動物演化樹（包含所有現存的代表性物種）。標有星號的動物門是有眼睛的動物（於內文中出現時亦以1到6的數字表示）。修改自吉利貝特的論文（2015）。

箱形水母和絨毛蟲，可能無法看見如電影畫面般流過腦部的影像。箱形水母沒有大腦可以解讀一系列影像的資訊編碼，而且牠的單眼仍然是個很神祕的謎團。絨毛蟲的眼睛雖然無法形成適當的影像，但卻能讓自己適應移動，牠們會注意到急速趨近的物體，但卻無法辨識這些物體。這些器官可能根本就繞過腦部而行。真正的眼睛是在大腦裡組合影像，然後再由大腦決定如何反應，並掌控整個身體。至於箱形水母、絨毛蟲與有複眼的剛毛蟲，牠們的「視覺器官」可能只是一對偵測器，由器官解讀視覺信號，並決定要採取反應或者按兵不動。當有急速移動的動物逼近身旁時，已經偽裝好的絨毛蟲可能選擇凝住不動。這個歷程不需要大腦介入，偵測器的線路直接與執行這項單一反應的肌肉連結，這類型的偵測與視覺無關。科學家並未在箱形水母和絨毛蟲的化石裡，發現牠們在寒武紀時已有眼睛的證據，於是進一步證實這項看法。到此只剩下節肢動物門和脊索動物門雙強爭霸。

有時現今的有眼物種，並無生活在寒武紀的親戚。為了判斷在寒武紀時，這些祖先或事實上任何滅絕物種是否已經具有眼睛，我們必須回頭檢視寒武紀的化石，以及「眼睛極小化法則」。

已知有些脊索動物來自寒武紀，其中最著名的是伯吉斯頁岩的皮卡亞蟲，以及最早發現的澄江海口蟲。皮卡亞蟲的化石上，有一道清楚的身體輪廓，以及內部結構的細微構造，包括肌肉和一條脊索（一種脊骨）。不過這種動物前端的特徵太小，必須藉助顯微鏡才能看得清楚，因此，由於體積太小，所以它們不可能是眼睛。所有寒武紀脊索動物都面臨相同的情況：牠們看不見。

現在大部分的盲眼脊索動物，都居住在光線極暗或沒有光線的環境裡。只要想想那一群鼴鼠。在有光環境下生活的墨西哥穴居魚類有眼睛，但生活在無光環境下的墨西哥穴居魚類就沒有眼睛。不過我們至少知道有二種生活在陽光底下的寒武紀脊索動物，事實上很多牠們的鄰居都有眼睛。因此，為何現生群體大多有眼睛的物種，在寒武紀時卻沒有眼睛呢？這可不是我們預期的現象。只有節肢動物類群，符合「出現在寒武紀的生命一直延續到今日」的概念：牠們現在看得見，當時也看得見。大部分現生的脊索動物都能視物。

到目前為止，我曾認為，動物是在某個時代的某個時間點演化形成眼睛，而所有現存的眼睛，都源自於祖先型的器官。這種看法暗指所有的有眼動物，在演化樹上發生演化分異之前，必然已經演化形成眼睛。擁有祖傳眼睛的動物，必然曾是節肢動物、脊索動物、剛毛蟲和軟體動物，這些如今擁有眼睛的動物的祖先。因此，眼睛必然在這些動物門出現演化分異的寒武紀大爆發之前數億年，就已經演化形成（儘管牠們仍具有外形類似的柔軟身體）。無論如何，情勢並非如此發展。

現今有些生活在陽光下的脊索動物沒有眼睛，牠們是最原始的脊索動物，即生活在寒武紀時代的脊索動物。我指的是盲鰻，和甚至更原始的動物。若從最「原始」的脊索動物並不具有眼睛，但較晚期演化形成的物種卻有眼睛的觀點切入，表示第一個脊索動物的眼睛，是在演化樹的脊索動物分支內的某個時間點演化形成。現在我們只能確定，寒武紀時期的脊索動物沒有眼睛：眼睛有多重起源。演化形成眼睛的時機不只一個，節肢動物類群演化形成眼睛，脊索動物類群也演化形成眼睛，這

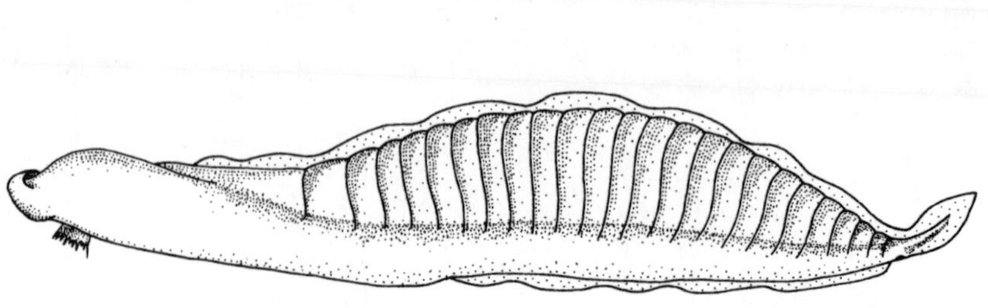

發掘自澄江的梭狀海口蟲——已知最早的脊索動物。

兩種動物類群不但獨立演化形成眼睛，而且在演化史上出現眼睛的時間點似乎也並不相同。當脊索動物第一次在演化樹上發生演化分異時，牠們沒有眼睛。所有其他動物門也是如此。目前較有可能的情況，似乎是地球上有個動物門的動物，比任何其他動物更早出現眼睛——實情彷彿真是如此。擁有第一個眼睛的是節肢動物門的動物。

我尚未檢視一群節肢動物，牠們是伯吉斯頁岩極具代表性的化石，那就是三葉蟲。

本章稍早我雖曾在有意無意間，將三葉蟲加入具有複眼的節肢動物類群之中，不過並無意暗示三葉蟲那異乎尋常的特質。複眼在三葉蟲身上常見，而三葉蟲又是寒武紀常見的動物，因此本章理當花些篇幅討論三葉蟲的眼睛。

我們知道三葉蟲曾經繁盛一時，在海中占盡優勢。牠們的全盛時期雖然終止於二億五千二百萬年前，但在寒武紀大爆發之初的五億二千二百萬年前，就已開始邁向顛峰。目前已發現四千種三葉蟲，牠們在三葉蟲極盛時期的初期尤其成功，當時這些三葉蟲極為興盛。

我們不需要仰賴伯吉斯頁岩化石和澄江化石，來了解寒武紀的三葉蟲。全世界都曾發現來自寒武紀各個時期的三葉蟲化石，牠們的保存狀態並不倚重特別有利的條件。寒武紀三葉蟲的多樣性，顯示牠們顯然是寒武紀時期最重要也是最普遍的節肢動物。事實上，科學家認為，三葉蟲是所有節肢動物的起源——牠們也許外覆最原始的外殼或「外骨骼」。有些種類的三葉蟲，演化形成甲殼動物及後來的昆蟲；另一種三葉蟲則演化形成海蜘蛛及後來的蜘蛛。

三葉蟲化石的保存狀態特別良好，應該歸功於牠們外殼的組成成分，即適合化石化的化學物質。而保存下來的三葉蟲視覺構造，讓我們得以了解牠們的視覺：大部分的三葉蟲都擁有複眼。

三葉蟲的複眼不同於現生生物的真正複眼，牠們的水晶體是由方解石這種礦物所組成。方解石在地球上分布廣泛，白堊是顆粒狀的方解石，經過散射後會呈現白色。光的散射會產生結構色，至於所產生的是白色或藍色的結構色，則必須視散射粒子的大小而定。白堊所含的成分或顆粒相當大，因此白光中所有波長的光，都會均勻向所有方向反射。牛頓的實驗證明，當所有波長的光混合在一起時，就會形成白光。但若方解石的形成速度緩慢，就會產生完美的晶體，純淨而且完全不含顆粒。這類型的方解石是透明的晶體，也是三葉蟲水晶體的成分。如今只在海星的親戚——陽燧足身上，發現方解石水晶體。嚴格說來，這些水晶體並不屬於眼睛的一部分，而是合成光受器的構成要素，類似於某些剛毛蟲的光受器。雖然都是倚賴方解石水晶體，但三葉蟲有兩種不同類型的複眼：全色眼和裂色眼。

裂色眼很大，但與它們所含的小眼數量無關，事實上裂色眼裡的小眼，數量驚人的稀少。裂色眼的尺寸之所以如此宏偉，是因為它所含的每個小眼都很巨大：直徑整整長達一公釐，現今的複眼甚至沒有這樣的規模。每個小眼都有界線彼此區隔，牠們的水晶體若不是細長的稜鏡，就是鎖在一起、上下相疊的二個部分。

擁有雙層水晶體很有趣。除了試圖了解電學，而在大雷雨中放起風箏的事蹟外，十八世紀的美國外交官與科學家富蘭克林，也因發明雙焦距眼鏡聞名於世。配戴雙焦距眼鏡的人，可以選擇要清晰地觀看近物或遠方物體。三葉蟲那具有雙層水晶體的裂色眼，也具備相同的功能，因此牠們既能看見近距離的微小獵物，也能看見從安全距離逐漸逼近的敵人。馬克士威在他的早餐鯡魚眼中首度發現的梯度狀物質，也出現在某些裂色眼裡。若是直接比較，這些三葉蟲的眼睛功能，就如同內含梯度狀物質的疊置眼，如同糠蝦這種甲殼綱動物身上的疊置眼。更令人欣喜若狂的是，科學家最近在一隻撚翅蟲

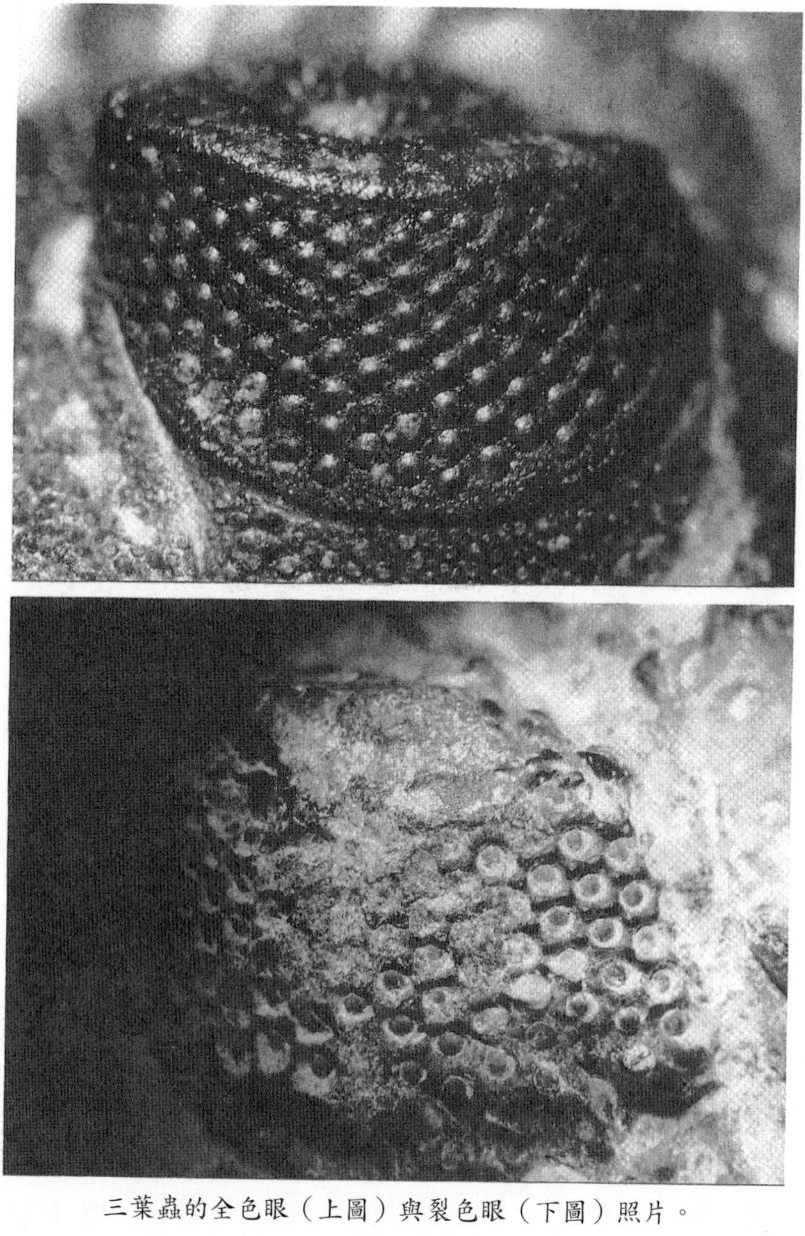

三葉蟲的全色眼（上圖）與裂色眼（下圖）照片。

身上，發現了一種新型的眼睛，或許可以解開裂色眼小眼的龐大謎團。

撚翅蟲是一種很微小的昆蟲，寄生在黃蜂體內。雄撚翅蟲的眼睛只有五十個水晶體，相較之下與牠們體型類似的果蠅，卻擁有七百個水晶體。不過，雄撚翅蟲的每個水晶體都很龐大。撚翅蟲的每個水晶體都與自己專屬的視網膜連結，還有神經跨越各個視網膜，因此能在大腦裡組合成樣樣都在正確位置上的完整圖像。這種類型的成像機制介於複眼與單眼之間，或許能與三葉蟲的裂色眼產生共鳴。

因為似乎極有效率，我們暫時先撇開撚翅蟲不談，繼續談論三葉蟲。只有一群三葉蟲，即鏡眼三葉蟲擁有裂色眼。直到三億六千萬年前，世界上都還有鏡眼三葉蟲在活動，不過直到四億八千萬年前左右的寒武紀末期之前，牠們並沒有演化。裂色眼是從本章最感興趣的三葉蟲眼睛——全色眼，演化而來。全色眼的起源顯然更早。

全色眼所包含的小眼，數量通常較裂色眼多，不過每個小眼都相當小。它們的水晶體很簡單，是雙凸形的薄透鏡（「橢圓形」），如同放大鏡的透鏡。這些水晶體都一起塞在一個正方形或六角形的構造裡，相鄰的水晶體可以彼此接觸。不過全色眼到底如何發揮功能，至今依然成謎。我們所面臨的現實問題是，化石裡可能存有也可能漏失眼睛的這部分構造。我們不知道。感謝它們的化學屬性，方解石水晶體的保存狀態良好。不過位於這些水晶體後面，那些能促進聚焦的構造，是否因化學屬性不適合化石化，所以沒能保存下來？詳細觀察它們在眼睛裡的位置，你會發現三葉蟲的方解石水晶體，與現代複眼的厚角膜更為相似。在這種情況下，我們自然會預期這個構造的下方，應該有個能促進聚焦的構造或水晶體。不過在當時，方解石水晶體或許是三葉蟲全色眼**唯一的**聚焦機制，而且也許還相當適當。

因此，雖然已知三葉蟲眼睛的內部構造，但仍無法提供與現代複眼進行比較所需要的資訊。不過我們卻在外部找到一些線索。這些具有方形小眼的全色眼，可能與反射型的並置複眼類似，基於某個科學家還不知道的原因，並置複眼的小眼也是方形的，這些小眼內襯鏡面，由鏡面負責執行聚焦的工作。至於當時那些有六角形小眼的全色眼，作用或許如同現今的疊置複眼，兩者擁有十足相似的外觀。若這些推論是正確的，我們就能推測三葉蟲的生活環境或生活型態。

現今有一種蝦類的眼睛，會隨著幼蝦到成蝦的發展階段而變化。在幼蝦時期，牠的眼睛含有六角形小眼，可以適應明亮的淺水環境。這種並置眼形成清晰影像的效能極佳，不過收集可利用光線的能力較差。幸運的是，幼蝦的生活環境裡有大量的光線。不過隨著牠們日漸成長，開始移居到較深的水裡時，環境裡的光線就變得較為有限。因此，在蛻變為成蝦的這段期間，牠們也會卸褪幼蝦時使用的並置眼，而由具有方形鏡箱水晶體的疊置眼取代。這種新眼睛所具備的屬性，與幼蝦時的並置眼恰巧相反；雖然無法有效形成清晰的影像，但卻能善用大部分可利用的光線。所有前述證據都顯示，有六角形小眼的三葉蟲生活在淺水裡，而有方形小眼的三葉蟲則生活在深海或在夜間活動。

另一方面，方形和六角形的角膜，可能是水晶體堆積幾何學（水晶體擠壓在一起的方式）單獨造成的結果。因為有另一種可能性存在，除非未來發現保存完整的全色眼，否則人們永遠不知道這個器官真正的運作方式，因而也無從得知這些眼睛的主人看見什麼樣的世界。基於本書的主旨，我們只要確知三葉蟲的眼睛能形成視覺影像就已足夠，也就是說擁有這些眼睛的三葉蟲可以視物。現在我們應該轉向討論更重要的課題。

雖然全色眼的起源在目前顯然是個大問號，不過這是個永遠無法適當解決的問題。缺少了維繫本章的調查方針，我們就沒什麼正當理由在科學的重心裡，繼續追尋除此之外並不重要的目標，不過本章我們已刻意強調地球上最早出現的眼睛。透過淘汰的過程，我們已經抵達三葉蟲的全色複眼，從此開始，就已進入古生物學家的專業領域。我們必須仰賴化石的協助，才能得知**最早期**的全色眼，即**世界第一隻眼**的生存年代。化石並未讓我們失望。

已知最古老的三葉蟲來自寒武紀早期，也就是寒武紀萌芽之初。到目前為止，一切都還好。不過我們甚至知道更精確的資訊。最原始的三葉蟲在寒武紀開始之初演化形成，大約是五億四千三百萬年前，當時牠們就已擁有全色複眼。在此之前，地球上既沒有三葉蟲也沒有眼睛，因此非常值得瞧瞧這些原始的三葉蟲與牠們的眼睛。

愛丁堡大學的三葉蟲眼睛專家克拉克森，與他的同行，來自中國成都地質學研究所的張希光，曾描述過已知最古老且保存良好的三葉蟲眼睛。在研究來自中國中南部的素材時，他們發現兩種三葉蟲的複眼特別有趣：新柯波爾氏三葉蟲與石柱盤三葉蟲。

張希光和克拉克森用酸來溶解下寒武紀岩層的石灰岩塊，從基岩中取出三葉蟲，以便在電子顯微鏡下進行觀察。拜化石外層的磷酸鹽層所提供的保護之賜，這些三葉蟲的保存狀態特別良好，因此可以看見視學結構的細微構造。

新柯波爾氏三葉蟲的眼睛裡，每個小眼都有個厚厚的水晶體。由於牠們的水晶體沒有球面像差，因此當光線進入水晶體的各個部位，並聚焦在不同的平面時，就會出現問題。不過顯然沒有跡象顯示牠們擁有類似鯡魚，或現今某些複眼的梯度狀物質水晶體。這些三葉蟲如何避免球面像差的產生？答案就藏在精密複雜的設計裡，牠們的眼睛有一道精準的弧線，將水晶體一分為二。這種「水晶體內碗狀構造」的設計，在科學界並非新鮮事：惠更斯和笛卡兒在十七世紀時，就曾發明過類似的東西，三葉蟲只不過證實這種設計確實可行。

石柱盤三葉蟲的眼睛，保存狀態沒有那麼好，它們的設計顯然比較簡單，是雙凸形（「橢圓形」）水晶體。經過全面性的考量，這些眼睛符合全色眼的標準，因此可在寒武紀初期形成視覺影像，也能看見美妙的全景圖像——任何位於三葉蟲視野內的物體的影像。

事實上，人們已知在寒武紀之初有些種類的三葉蟲具有眼睛，雖然保存狀況並非十分良好。沃克特甚至在一九一〇年時，就疑心有這種趨勢存在。一九五七年，英國伯明罕大學的三葉蟲專家羅歐曾經表示：「寒武紀

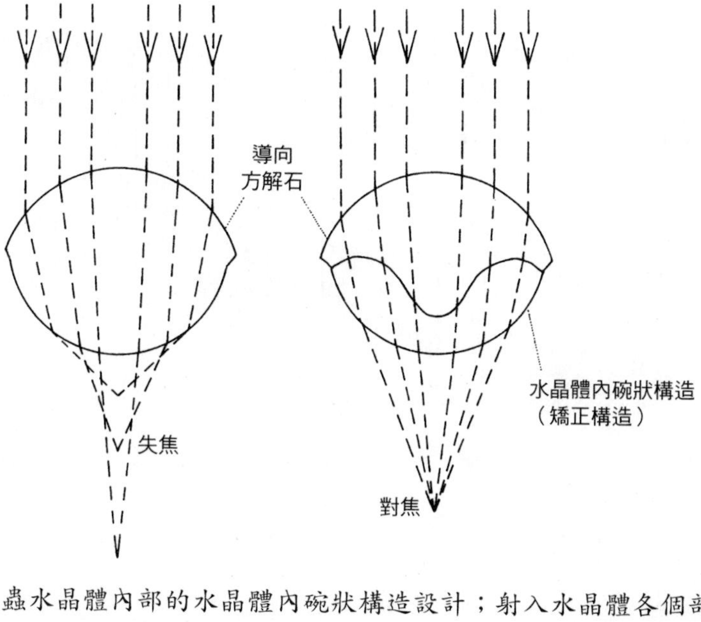

某些三葉蟲水晶體內部的水晶體內碗狀構造設計；射入水晶體各個部位的光線，都聚焦於相同的平面。以形狀相同但沒有水晶體內碗狀構造設計的水晶體來做比較。

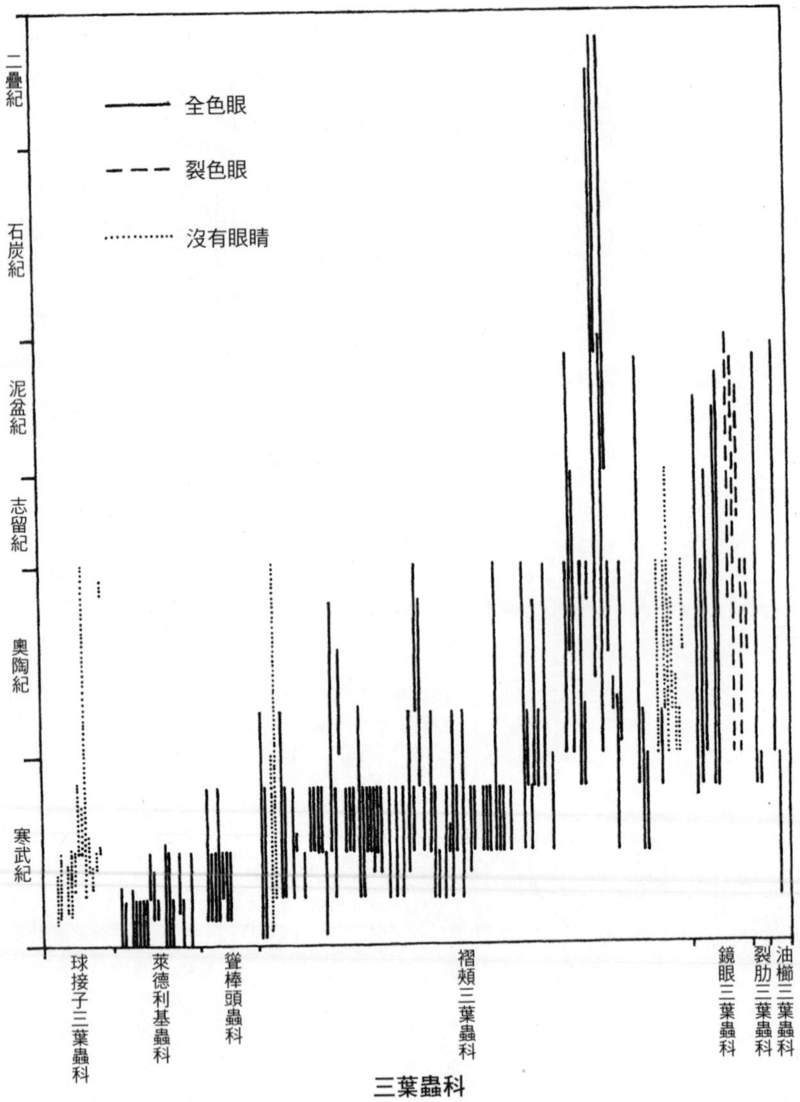

七個三葉蟲家族生存的時間範圍，圖示各種眼睛的發生時間（根據克拉克森於一九七三年發表的論文）。請注意寒武紀底端最早出現（五億二千二百萬年前）的三葉蟲，牠們已經擁有眼睛（全色眼）。

初期已存在的古老眼睛，必然是複眼。」克拉克森於一九七三年重申這項陳述。另一種三葉蟲眼睛是屬於摩洛哥的法羅特三葉蟲，大約生存在距今五億二千萬年前。法羅特三葉蟲有對大眼睛。這張表還沒列完……

我們再三重申，在三葉蟲的眼睛資料中，浮現了一個奇怪但普遍的事實。大約五億二千二百萬年前，地球上出現了很多種有眼睛的三葉蟲……但是在此之前，卻不曾見過任何一種三葉蟲的蹤跡。**沒有眼睛**的三葉蟲，在稍後（從地質時間的角度來看）也邁入歷史。因此五億二千二百萬年前，地球就已目擊第一隻三葉蟲……以及第一隻眼睛。五億二千二百萬可能是個神奇數字。

關於這個課題有個重要問題，那就是：「生物的祖先需要花多久的時間，才能演化形成眼睛？」化石證據顯示，五億二千二百萬年前有眼睛存在，但在那之前地球上並沒有眼睛。不，應該說，五億二千三百萬年前是個沒有眼睛的世界。不過，眼睛當真不可能在一夜之間演化形成？當然必須經過一連串的中間階段，或許眼睛是出現在演化樹上的某些中間物種身上？這些中間物種必然介於完全沒有眼睛的祖先，及擁有第一隻眼睛的祖先之間。若有些中間物種能夠視物，儘管使用的是發展尚未完備的方式，那麼也許在五億二千二百萬年前，動物就已經擁有視覺。或許眼睛出現在地球上的方式令人難以置信；或許經歷數百年只能看見模糊影像的生活後，動物才隨著有條不紊、逐漸提高的視覺清晰度，終能看見清晰的影像。尼爾森與他在隆德大學的同事佩傑爾，曾經解開一連串相機眼演化的中間階段。不單如此，他們還算出透過演化歷程完成整個演化所需要的時間。這正是我們需要的資料。

在本章開頭，我們就已討論過可偵測光量，但無法形成視覺影像的光受器。它們並不是眼睛。不過有些光受器的效率高於其他光受器，也許在演化過程中，較有效率的光受器，是源自效率較差的光受器。尼爾森和佩傑爾應用這個邏輯來進行預測。

以一片對光敏感的皮膚做為起點。這片皮膚向內凹，而且愈來愈向內彎折，形成對光源方向的敏感度逐漸增強的偵測器。由於在現生動物身上所發現的中間階段都能發揮功能，因此這是相當具有說服力的假設。重要的是，這條演化鏈裡的各個環節，都能獨立存在。人們曾使用與此相反的立論，來批評演化論，甚至連達

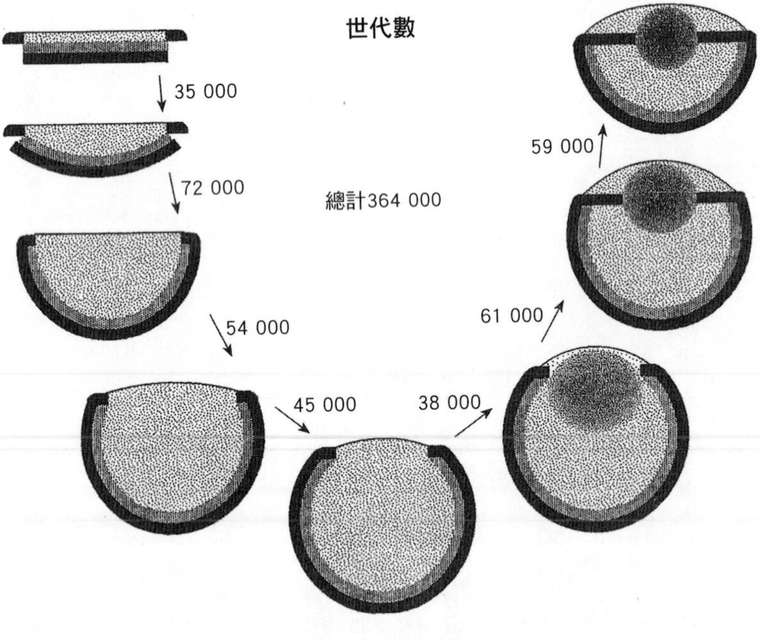

尼爾森與佩傑爾關於相機眼的演化預測，如同魚類的演化。一連串的演化始於一片扁平的感光細胞，這片細胞被夾在一層透明的保護層，和一層黑色素之間。第六階段出現漸變式折射率水晶體。經作者同意重製尼爾森與佩傑爾於一九九四年發表的一篇論文。

爾文自己的思路也因而模糊不清，如同本章卷首的題詞。為了進一步證明科學家有正當理由提出上述假設，我們要說明為何所有的動物，都未擁有理論上最初期的眼睛。今日**確實**存在中間階段，或者從概念的角度切入，是指低於標準的視覺器官。之所以稱作中間階段，是因為這視覺器官的主人，無法處理由演化更進階的相機眼所載入的資訊——達爾文沒有理由感到擔心。回到演化大道，我們已經抵達無法形成適當影像的「杯狀眼」，同時也到了一個交叉點。而在甚至更接近杯狀眼的入口處，我們有了鸚鵡螺的針孔眼。接著再度開始發展水晶體，並轉入另一條路徑：通往脊椎動物典型相機眼的小徑。

尼爾森和佩傑爾比較注重實際，他們假設在眼睛的演化趨勢上，每個演化步驟只會讓光受器的長度、寬度或蛋白質密度改變百分之一。但即使採取這個悲觀的概念，從一片感光細胞到形成魚的眼睛，只需依序經歷二千次微幅修改，就能完成整個過程。雖然似乎並不足夠，但正如蘭德與尼爾森的看法，若將二千次每次百分之一的順序修改，應用在一根手指的長度，那麼這根手指的長度已足可在大西洋上架起一座橋。

我們知道蛋白質不需從它的化學起源開始演化。扁蟲研究的結果發現，眼點（並非真正的眼睛）含有與觸覺／化學偵測器類似的蛋白質。眼點內有些會對光產生反應的蛋白質，與眼睛視網膜的蛋白質相似。因此，借用其他偵測器的蛋白質，或許可以站上通往眼睛演化大道的有利起點。

現在，我們真正感興趣的，是如何計算發生這些修改所需的時間。尼爾森和佩傑爾在推測最慢的演化速度時，仍舊一如往常地保守——他們推得兩世代之間會出現百分之〇．〇〇五的變動。實際上，演化的速度可能更快。舉例來說，現生甲殼動物的光受器色素證實，它們的演化速度**遠遠高於**預期。尼爾森與佩傑爾最初標定論文標題裡，確實出現「悲觀」這個字，使他們的研究結果似乎更加值得注意。他們發現魚的眼睛，可能是由四十萬世代以前的祖先，那發展不完全的萌芽階段逐步演化形成。假定每個世代可在一年內完成演化，根據他們的研究結果，不到五十萬年的時間，就能演化形成有效率且具成像功能的眼睛。在如此漫長的地質時間，五十萬年確實只是轉瞬之間。

這是一種相機眼，我們也已確定第一隻眼睛是複眼。不過在他們那本最完整的動物眼睛光學作品《動物之眼》中，蘭德和尼爾森開始描繪複眼的演化順序。他們主張節肢動物「的祖先外形可能像蠕蟲，而且已經具有最基本的複眼：或許是鬆散聚集的眼點」。澳洲生物學家理查．史密斯，曾獨自繪製形成一隻剛毛蟲複「眼」所需的變化。在理查．史密斯的演化順序裡，也出現了鬆散聚集的眼點，他預期在這條演化鏈上，要形成功能完善的眼睛所需經歷的階段數，與尼爾森和佩傑爾對相機眼的預測相當。

如同視網膜的蛋白質，其他涉入光知覺歷程的身體部位的演化，似乎與眼睛本身的推算結果相符合。倘若大腦視覺處理中心的發展落後於眼睛，則尼爾森和佩傑爾的時間預測就毫無意義。一九五九年，生物學家貝凱西證實，震動皮膚所引發的效應與聲音類似。他的這項發現顯示，在處理感覺訊息時，耳朵和皮膚具有某些共同特性，那就是神經。不過這對眼睛的演化有何重要性？嗯，或許只供一種感覺使用的神經，經過「升級」後能供二種感覺使用。若聽覺和觸覺可以共享特徵，那麼視覺和觸覺或許也具有相同的特性。由此推論，眼睛所使用的神經，未必是從最早期的構造演化而來，它們有個有利的開端——在大腦裡可能有個幫手。大腦的某些部位，顯然有能力將觸覺訊息轉換為視覺訊息。尼爾森認為赤貝和剛毛蟲的複「眼」，是由被光抑制的化學偵測器演化而來。因此**眼睛本身**的演化，顯然是視覺演化之路的限制因素，或隱身其後：它們只能採用系統的其餘部分。事實上，三葉蟲的眼睛周圍還有其他的感覺器官，而且原始的光受器可能曾經借用過這些器官的神經。

現在讓我們將曾經極度煩躁的神經鎮定下來，並給複眼一百萬年的時間演化——至少與我們的化石證據相符。我們的要求似乎已經得到滿足，一百萬年的時間已經足夠演化形成眼睛。現在我們可以繪製一幅五億二千三百萬年前的圖像了，在當時的世界裡，寒武紀三葉蟲的祖先顯然具有感光細胞。接著，我們再繪製另一幅五億二千二百萬年前的圖像，在寒武紀邊界的另一邊，這個世界裡的三葉蟲，正得意洋洋地炫耀牠們的眼睛。就在這兩幅圖像之間，感光細胞已演化進階形成眼睛。

在五億二千三百萬年前與五億二千二百萬年前之間，發生了一場革命性的劇變。在這一百萬年裡誕生了視覺。

如今我們有能力解讀羅歐那「寒武紀初期已存在的古老眼睛，必然是複眼。」的陳述。沒錯，在寒武紀早期，複眼和視覺已經發展得很成熟。不過，它並不是古老的眼睛，它是當代的眼睛，而且演變形成新的樣式。

歷史上總有個眼睛突然現身地球的重要時刻，但這一刻彷彿憑空出現。不過，現在我們已經可以確定那個重要時刻。你始終必須牢記於心的真正重點是，感光細胞和其他階段的早期光受器並非眼睛。正當眼睛等候現身地球的那段時期，只有感光細胞存在，世界上並沒有視覺這樣東西。

現在我們知道寒武紀初期就已經有眼睛的存在……但在那之前則否。這兩件事實同樣重要。將這兩件事實一併考慮，你會發現它們描述的是一種感覺的引進，不是隨便一種古老的感覺，而是在陽光照耀的環境下，對動物的行為和演化最具影響力的感覺或刺激。伯吉斯頁岩和其他著名的寒武紀動物，就生活在有陽光照耀的環境裡。它也是寒武紀大爆發的主人。

更進一步推斷，我們可根據眼睛的光學構造，重新建構生物的生活型態。單只憑眼睛的構造，就能知道關於動物如何生活的資訊。舉例來說，只要觀察眼睛在頭部的位置，就能揭露動物在食物鏈裡的地位。眼睛位於頭部兩側的動物（如同兔子的眼睛般面對兩旁），可以掃視廣泛的角度，及幾乎各個方向的點狀移動（此處所指的移動是掠食者的活動），這類型的眼睛主要屬於草食性動物所有。相較之下，雙眼位於頭部前方的動物（如同貓頭鷹的眼睛般面對正前方），雖然看見的環境範圍較小，但較能精確定位目標，並判斷目標與自己的間隔距離，這類型的眼睛通常屬於肉食性動物。不過這是另一章的主題了。

第八章　殺手的本能

有時些許的警告，可以讓生命不致停滯。

伯尼（達布雷夫人）《卡蜜拉》（一七九六年）

生命法則

世界各處的動物賴以生存的法則

內容

◎基本規則

一、人人為己：奮力求生！

一之一　避免被吃掉

一之二　吃掉別人

二、種族延續

二之一　繁殖

二之二　找到並保護棲境

二之三　適應環境的變化

◎生活型態

一、掠食者

二、獵物

◎戰術

一、惹人注目

二、隱藏／錯覺

三、與生俱來的優點／能力

你可將前一章視為「故事的結尾」。確實，前一章裡有很多證據非常適合歸入寒武紀檔案，不過要跳到結論還言之過早，因為還有些因素必須納入考慮。到目前為止的各章節裡，你總能看見某項主題的蹤影——不論是以直截了當或相當隱晦的方式出現，有時甚至一現身就立刻融入背景之中。在結束我們的寒武紀調查之旅以前，必須先向你介紹關於**掠食者**的證據。

動物求生存的第一條規則就是奮力求生。若沒能遵守第一條規則，其他規則，例如攝食和繁殖，就只能淪為空談。但我們必須從一開始就區分「個體」和「物種」的差別。「物種」是指一群同類的個體，彼此之間可在自然環境裡交配繁殖。奮力求生和攝食是會直接影響個體，然後間接影響物種的因素。繁殖與占領棲境，是物種長期生存的重要大事。當然，動物並非真的遵守這些規則，在現實生活裡，牠們的求生規則是演化的選擇壓力，這是一股影響基因的無形力量，讓能提高存活率的信息代代傳承。選擇壓力直接影響的是個體而非物種，因此還是必須透過個體來傳遞物種層級的存活因素。

本章的主題是物種求生的第一條基本規則（對個體來說是奮力求生）。說得更明確一點，我會將焦點集中在這條規則的最重要層面：避免被吃掉。本章是掠食者的舞台，而且與前幾章相同，這個舞台也分為空間和時間二方面。

在投入霸王龍等等的世界之前，我要對前一頁所概述的生命法則先做個簡短的揚棄聲明。雖然有些一般性的規則，但其中並未涵蓋所有的可能性，尤其是較不尋常的天災。有些事件超越演化層面之上，例如隕石撞擊、突如其來的冰河時期和疾病。疾病與個體群集的稠密度有關，因此是個在物種層級運作的因素。從另一個觀點來看，這只是演化維持生物多樣性的方法，以免某個物種掌控全世界。但通常是仰賴演化樹上遵循生命法則的**所有分支**，來維繫生物的多樣性。掠食者不會因為長出較大的牙齒而一夜成功，另一方面，牠們獵捕的物種必須發展「避免被吃掉」的警告，這有利於牠們的獵物產生基因突變，披上更堅固的盔甲。慈鯛科的魚類喜食蝸牛，在這些魚類演化形成更強勁的牙齒之處，蝸牛會演化形成更堅硬的外殼。演化能讓動物走入不同的路徑：有些路徑通往掠食的習性，有些路徑通往被捕食的命運，走向掠食者和獵物的道路在其間交錯來去。不過所有的道路都沒有盡頭，動物不斷沿著條條道路前進。無論如何，現存的所有動物，都正沿著已經確立的演化之路前進——蝸牛早已披上未經強化的堅甲。

到目前為止，本書的重心是光與視覺。當疊加在生命法則之上時，它們的力量就變得極為顯著。具體地說，光與視覺屬於「戰術」這一節的內容。想想夏威夷的獨角魚，還有牠們尾巴附近那根醒目的黃色棘刺。這根棘刺可保護獨角魚不致被掠食者和競爭者欺負，因此不但能逃脫被吃掉的命運，還能保護自己的棲境。不過獨角魚難得使用到這根棘刺，因為在現實環境裡，這個武器只是一種裝飾，光線才是信使。潛在的掠食者和競爭者在看見牠的軍械時，就會改變初衷。

因應視覺而生的適應性變化，除了顏色之外，也包括形狀和行為。在努力「惹人注目」與「製造錯覺」時，視覺顯然是生物的重要策略。事實上，與生俱來的優點或能力很少是動物的屬性；少有動物能夠不大量應用警告或錯覺的策略，來掌控生態系統。母獅是賽倫蓋提大草原上主要的掠食者，但不管是短程還是長程，牠都無法跑得比獵物更快，因此必須借助偽裝與盯梢的行為，在這場食物追逐賽裡取得有利的競爭地位。很多鳥類讓我們看見例外，而造成這些特例的原因，是另一條解開寒武紀之謎的線索。我們將在下一章討論鳥類。

動物會使用視覺以外的戰略，來達到惹人注目或製造錯覺的目的；正如前文所述，動物確實還擁有其他感覺。同樣，對光的適應性改變，通常是生命法則中使用的主要戰術，因為「始終存在」是區分光與所有其他刺激的因素。不論你喜歡或不喜歡，光確實存在，若再加上第七章所討論的內容，我們就可以套用前述句子，表明「不論你喜歡或不喜歡，視覺確實存在」的情況。超過百分之九十五的現生多細胞動物都擁有眼睛，因此動物若希望自己能逃過被吃掉的命運，就只能適應生活環境中的光。我們要開始利用光和視覺的相關知識，來討論掠食者的課題。

關於眼睛的另一件事

第七章的主題集中在眼睛的光學原理，眼睛是能在視網膜上形成影像的裝備。我們之所以如此安排章節順序的理由，是基於現生及滅絕動物之間的關聯性，即藉由化石紀錄追尋現代眼睛的視覺起源，並回溯到寒武紀時期地球上最早出現的眼睛。不過，從過去的成像類型，我們還可以學到其他知識，或透過已變成化石的眼睛來觀看世界，這一點與本章內容息息相關。如同第七章，我們必須先尋找現代的證據。

我們已知如今還有其他的成像方式，世界上確實有不同類型的眼睛存在。不過這並不是變異的終點。生物的眼睛在頭部的位置形形色色，讓牠們能以不同的角度觀看世界。

脊索動物門裡的脊椎動物類群只擁有相機眼。人類的眼睛位於頭部前方，雙眼相鄰，面對正前方。不僅如此，人類的眼睛也總是聚焦於相同的物體。因此若只需要一隻眼睛就能完成視物的工作，為什麼要費心長二隻眼睛？人類的眼睛是否演化過度？

如同兔子的眼睛，當眼睛位於頭部兩側時，所看見的寬廣視野幾乎涵蓋整個水平面。乍看之下這似乎是個理想的視覺型態，不過要取得這種全景觀點，每隻眼睛不但得各自看見不同的景象（每幅景象都是將近一百八十度的水平面），而且絕對不會看見相同的物體。無論如何，只用一眼視物的動物，由於視野是平面的，因此很難估計物體之間的距離。

當雙眼位於頭部前方時，動物可以估計移動物體的距離與方向，因此以這種方式配置的眼睛，可以知覺立體的物體。影像位置的差異，會創造關於深度的印象，我們可利用立體照相來說明這種情形。兩隻眼睛雖然看向同一個物體，但視物的角度並不相同。由於在兩片涵蓋大腦中相同「雙眼」細胞的視網膜上，視神經的分布區域略有不同，因此可以發揮立體照相的功能。從兩個不同角度所看見的某個物體，影像會被疊印和平均分配，並且產生深度知覺。因此兩眼面向前方的動物具有立體視覺，牠們可以知覺立體影像。

雖然只是個論證性的遊戲，不過兔子或者閉上一眼的人類，都無法發揮立體照相的功能。因此我們應該再度思考，在頭部前方配置一雙面對前方的眼睛，是否優於將眼睛配置在頭部兩側以便看見全景的方式。答案顯然依動物的視物目的而定。你喜歡以平面的方式觀看所有發生在身周的事情？或者你喜歡以立體的方式看見前方物體，而且還能了解距離的相關資訊？現在我們要再次回到生命法則，並想想人類是屬於掠食者還是獵物。

對於會被捕食的物種來說，奮力求生的第一要務就是先遠離別人的餐盤，接著才能談到攝食這件大事。因此對身為獵物的物種而言，最理想的狀態，是讓自己置身於開放空間，以便將突然被伏擊的可能性降到最低。降到最低，也就是說能看見三百六十度的地區——水平面的盲點對牠們來說極為危險。我們常常發現野兔會在原野的中央區域吃草，而不是在靠近灌木叢的邊緣攝食。我們總是看到牠們的眼睛定位在可觀看全景的地方：位於頭部兩側的眼睛，可有效發現掠食者的蹤影。

相形之下，掠食者的奮力求生通常意味的是獵食優先，

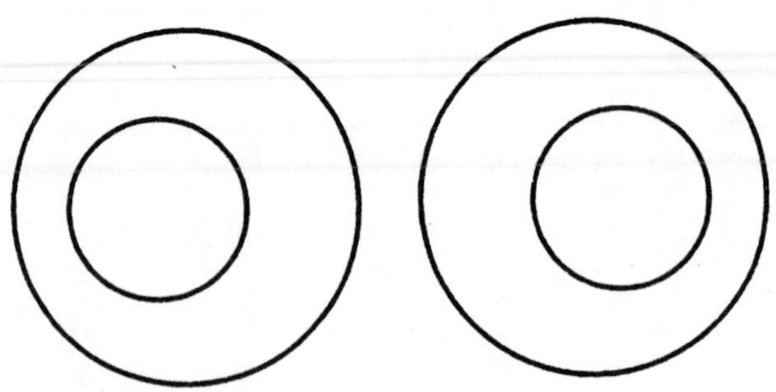

一八三八年的原始立體照相。讓圖片變得模糊不清，以便在中央產生融合的影像。內環顯然比外環更接近觀察者。

接下來再擔憂自己的掠食者和競爭者。想吃到精力充沛的獵物，必須要擁有追獵的技術。估算距離是狩獵的關鍵要素，當獵物身處安全範圍時，母獅無法展開衝鋒行動，因為牠沒辦法克服獵物搶先起步逃跑的優勢。同樣的，若野兔與狐狸之間的距離，足以讓野兔全速逃脫，狐狸也無法享受一頓美味。因此，當視覺是掠食者倚重的重要感覺時，牠們的眼睛就必須配置在頭部前方——能否精確估算彼此的距離，事關自己能否飽餐一頓還是得繼續挨餓。這只是我們在母獅和狐狸身上所看到的現象。

在其他有眼睛的動物門裡，通常也有這種趨勢，不過海洋中層裡的情況比較複雜。生活在海洋中層的動物，不只要擔心來自水平方向的敵人，還得注意從上方和下方來襲的掠食者。在海洋中層裡，危險會從**四面八方**逼近。重要的海生複眼主人，即甲殼動物類群，已經演化出解決這個問題的辦法：很多甲殼動物的眼睛都長在可移動的肉柄頂端，牠們可以移動精密的眼睛，廣泛地觀察周遭環境。因此，有肉柄的眼睛，通常無法提供我們它的主人是掠食者或是獵物的線索，儘管許多海生甲殼綱動物如同陸生甲殼綱動物般，同時扮演這兩種角色。如今牠們處於食物網中間的某處，在避免被捕食與需要獵食之間達成微妙的平衡。無論如何，其他類型的複眼對寒武紀時期的偵測工作更有幫助。

本章稍後，我將討論眼睛所提供的攝食資訊，與寒武紀的棲居動物之間的關係。如同手套之於指紋鑑定，眼睛的肉柄會掩蓋掉或許有用的資訊。不過位置固定的複眼，確實能提供我們一些線索，而且這類眼睛在化石紀錄裡也很普遍。

在空中，蜻蜓是專業獵人。牠們有三對位置靠近刀狀口器的附肢（能抓握的附肢），大翅膀可讓牠們快速移動。不過在獵食時，蜻蜓必須先發現無助的獵物，辨識對方的確是獵物，然後再繼續追蹤。這些動作需要利用視覺，牠們的大眼睛嵌在頭部，將獵物鎖定在視域之內，蜻蜓的「視域」並非所有的小眼，牠們的「視域」只占眼睛的一小部分。這可是古生物學家的思索素材。

蜻蜓的複眼含有數百個甚至數千個小眼，但並非個個相同。蜻蜓的眼睛裡只有一、二個部位的小眼較大，這些部位就是敏銳區，也就是「視域」。體積較大的小眼不但放大倍率較高、解析度較佳，而且視物的靈敏度也較高。其中一個敏銳區位於眼睛頂端，用來掃視整個天空，並以天空為背景，辨識可獵食的昆蟲。在發現獵物時，蜻蜓會飛進與獵物相同的水平面，並利用面朝前方的敏銳區來追蹤獵物——牠的獵物現在已被逼上火線。不過此處的重點，是眼睛內提供攝食資訊（在此例為掠食）的小眼的大小和位置。獵物的眼睛可能面臨截然不同的情況。

對於只需要利用視覺來避免自己被吃掉的動物來說，擁有一雙眼睛僅僅只是一種解決之道。牠們並未演化形成一對具備優異成像功能的眼睛，可以掃視整個環境；牠們或許會演化形成很多效率較差的眼睛，分布在大部分的身體部位。雖然成像品質不佳，但在偵測移動物體時，擁有很多隻眼睛是極為理想的辦法，若有物體通過，牠們就能偵測到正在移動的影子。當環境的光線改變（例如有條魚游過）時，就會觸動反應。自然界確實有些動物擁有許多個複眼，即赤貝（軟體動物類群）和扇蟲（剛毛蟲），牠們能利用多個複眼發現掠食者。

這種多眼系統的實際優勢，或許就藏在前段段首所提到的「演化形成」這個詞裡。演化包含改變，舉例來說，從某個構造轉變成另一個構造。讓我們回溯達爾文最初因眼睛而浮現心中的懷疑：我們那極為複雜而精密的眼睛，到底從何演化形成？如今我們得知皮膚和耳朵能共用神經，而動物的大腦也可在相同階段將觸覺轉換為視覺。尼爾森認為，赤貝與扇蟲複眼裡的光偵測器細胞，是由被光抑制的化學偵測器細胞演化而來。原本，這些化學偵測器細胞在身體的分布就很廣，因此牠們現今的眼睛也是如此。換句話說，在這種情況下，於身體各處演化形成眼睛是最簡便的方法。

赤貝和扇蟲是某些魚類的食物。牠們的攝食構造柔軟，可縮回堅硬外殼或棲息管，所以這些動物能因防盜鈴，即發現掠食者逼近時的提前警告系統而受惠。這是牠們眼睛的功能。當偵測到水中物體的移動方式等同於魚類的游動時，赤貝就會將牠的外殼緊緊關閉，而扇蟲則會縮回自己的棲息管。裝甲門已經關上。為了從建構材料或可利用的起點培養執行這項功能的能力，對牠們來說，擁有許多個複眼是最不費力的演化選擇。

顯然有跡象顯示，眼睛的構造和位置不只可透露動物的視物方式，也能更進一步告訴我們動物在食物網裡的位置——牠屬於掠食者或獵物。第七章我們曾利用保存成為化石的眼睛構造，來勾繪地質史過往的視覺。現在我將再度檢視適當的化石證據，並藉此追尋掠食習性的演化歷史。

寒武紀時期的節肢動物寒武腫肢蟲只有一個複眼。除了怪誕的歐帕畢尼亞蟲（失敗的五眼實驗）外，所有在寒武紀時期能產生優質影像且有潛力進行影像分析的其他眼睛，都成雙成對。從橫截面觀察，你會發現歐帕畢尼亞蟲那五隻眼睛，隻隻都具有複眼的一般構造。不過歐帕畢尼亞蟲有個柔韌有彈性的管狀口器，從頭部延伸而出，終止於可緊咬獵物不放的下顎。歐帕畢尼亞蟲的眼睛位於頭部前方、側面與頂端，由於牠們的口器可往前延伸、伸向側面或頭部上方，所以並不是那麼容易解釋歐帕畢尼亞蟲眼睛的位置分布。對歐帕畢尼亞蟲來說，哪個方向算是牠們的「正前方」？由於牠的口器可往「前」伸向很多方向，我們無法指出歐帕畢尼亞蟲的眼睛到底是用來觀看整個環境，或只是聚焦於某個方向。在探討伯吉斯頁岩的其他生物之前，我們必須先重新評估寒武腫肢蟲。

寒武腫肢蟲是甲殼動物的祖先。雖然身長只有數公釐，但卻是發掘於瑞典的化石生物群中，人們所知最詳細的生物，當然這要歸功於極為有利的保存條件。正如第七章所述，寒武腫肢蟲那球狀的前端是一隻眼睛：一個大複眼。檢視這隻眼睛的角膜後發現，它完全覆蓋寒武腫肢蟲那略微變平的前表面。由於朝側面彎曲，所以表面上的小眼相當明顯，不過側面通常是裸露的。重要的是，相較於中央部位的小眼，位於彎曲邊緣的小眼顯得很小，眼睛中央的視覺似乎最清晰。寒武腫肢蟲的眼睛可以掃視環境中一百二十度的扇形區域，即在牠前方一百二十度的扇形範圍。如同現生蜻蜓，牠們的眼睛中央部位的解析度更細緻。我們得到的結論是：這是一隻掠食者的眼睛。寒武腫肢蟲會對五億年前某些寒武紀時期的微小動物造成威脅。

很遺憾，伯吉斯頁岩動物的眼睛並未提供充分的光學資訊，以致我們無法單憑一隻眼睛，就推論牠們的攝食型式。我們沒辦法分析各個小眼的細部構造。此外，伯吉斯頁岩裡大部分非三葉蟲生物的眼睛都有肉柄，由於肉柄可以移動，所以很難預測眼睛的視物方向。不過有些發現卻能充分滿足生物學家的願望。

因為眼睛的肉柄很短，伯吉斯頁岩的節肢動物「聖誕老人蟲」的眼睛，受到極大的限制，它們只能目標前方，顯示聖誕老人蟲過著掠食的生活。不過另一種伯吉斯頁岩的節肢動物「優候亞蟲」的眼睛，位置固定且呈球狀，膨大的部位朝向前方，再度進一步證實，五億八百萬年前的世界，就已有掠食者存在。伯吉斯頁岩化石裡還有其他掠食者存在的跡象，是本章接下來的討論主題，不過我們還是要先談談寒武紀的三葉蟲，因為三葉蟲的化石，通常可以留下複眼中各個小眼的細部構造。

大部分三葉蟲的眼睛，位於中央的小眼，體積大於位於邊緣的小眼，尤其是第一隻現身地球的全色眼。早期三葉蟲的眼睛位於頭部兩側，不過由於是彎曲的，因此可掃視身周整個水平面。相較於大部分的現生動物，這些特徵顯得有些矛盾：眼睛位於頭部兩側，表示牠們是其他動物的獵物；但眼睛中央的小眼較大，卻又暗示牠們是掠食者的身分。不過現今的海洋裡，確實存在眼睛的方向屬性與三葉蟲類似的動物，那就是魚類。

魚類的眼睛位於頭部兩側，但並非所有方向的視覺都均等。不過魚類擁有的是相機眼而非複眼，因此當只有一個水晶體時，我們要如何推論這樣的資訊？答案就在視網膜，及眼中光偵測細胞的分布狀態。

若先將一條魚的眼球沿著「赤道面」切開，然後再沿著「經線面」切開下眼球，就可以讓下半眼球平躺，彷彿把地球儀攤平，如同觀看地圖集的平面扉頁一般。眼球的下半球是視網膜、光

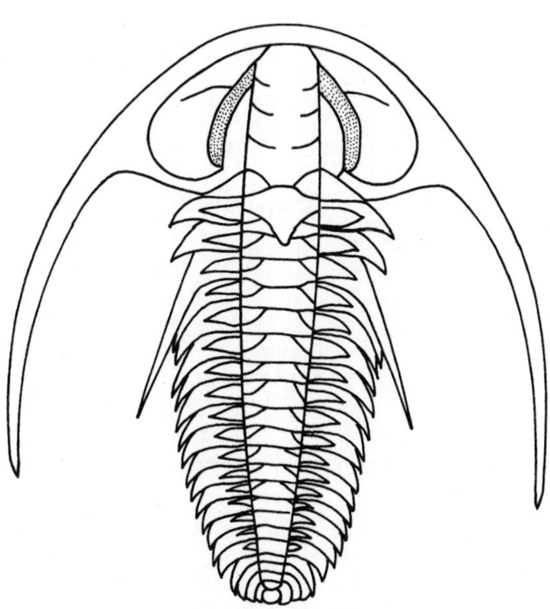

早期寒武紀三葉蟲（法羅特三葉蟲）的眼睛（色彩較暗處）位於頭部兩側，雖然牠的視域略朝前方。

偵測細胞的所在區域，也是眼睛形成影像的地方。位於眼睛一側的物體，會在視網膜邊緣成像，但位於眼睛中軸線的物體，則在視網膜中央成像。我們可以在顯微鏡下觀察視網膜，繪製光偵測細胞的位置，結果總是相同：視網膜中央附近的光偵測細胞密度最高。魚類視線最好的地方，就是沿著眼睛中軸線的位置，亦即頭部兩側延伸出去的地方。

魚類的眼球多多少少能在眼窩裡移動，不過三葉蟲的高視覺靈敏度區域，比魚類來得大，因此三葉蟲或許不那麼需要移動眼睛，就能在海中精確地追蹤獵物。思考生物在地質史的遠古時代，仍能發揮一如今日的存活功能，或許可將三葉蟲比擬為寒武紀時期的魚群。

這些歸納顯然非常粗略，開放水域的魚類可能是掠食者、腐食性動物或草食性動物，更別提大部分魚類也可能是別種動物口中美食的事實。因此很遺憾，這條調查線索正逐漸失效——儘管在接下來的章節裡，我們會再進一步討論相關議題。由於眼睛的位置和構造，與動物在食物網中的所在位置，之間並無明確的關聯性，因此我們必須找尋其他寒武紀時期的掠食跡象。事實證明，最顯而易見的地方，也就是最佳的找尋線索之處，亦即寒武紀動物本身完整的軀體化石。

刀劍、盾牌與傷痕

後寒武紀時期：潛力

到目前為止，我都在找尋掠食的次要跡象，不過主要的跡象，即像刀般的武器與咬痕本身，狀況又如何？我們並不是要追捕持槍歹徒，或探究牠們的犯罪心理，或許我們應該遍尋化石紀錄，搜索謀殺案的兇器和犧牲者？用來防護武器攻擊的盾牌呢？很值得找找這類證據。

「一件澳洲大蜥蜴的死屍」必然是博物館裡最有趣的標本之一，它是澳洲昆士蘭博物館中最引人注目的蒐藏品。這隻一公尺長的澳洲本地產大蜥蜴（或俗稱巨蜥），仍然維持死時的姿勢——張大著嘴，嘴裡是隻針鼴蝟。這隻（愚笨的）澳洲本地產大蜥蜴，企圖吞食一隻全身覆滿長刺，身長三十．五公分的有袋動物。針鼴蝟身上的刺，從四面八方刺穿澳洲本地產大蜥蜴的口腔，兩隻動物緊緊鎖在一起陷入困境，最後終於同歸於盡。

芝加哥的費氏自然史博物館也展出一件類似的化石標本。從長得像河鱸的掠食者口中，伸出一條尾巴（牠的獵物長相如同鯡魚）。事實證明，用這種無可逆轉的姿態死亡的兩條魚，根本不可能一口吃下對方。這兩隻動物雖然棲息於五千萬年前的湖泊，但人們是在一塊巨大的石灰岩塊裡，發現牠們的化石——這塊巨石是在懷俄明州，高於海平面二千五百公尺之處挖掘出來的。

很少在化石紀錄裡找到正處於進行式的古代攝食行為，但可發現很多掠食者和獵物一起被保存在化石裡的重要跡象。恐龍是個很明顯的例子。霸王龍的齒列只意味著一件事：牠是肉食者。不過牠是宰殺活生生的獵物，還是偷吃死屍：牠是掠食者還是腐食性動物？霸王龍的奔跑速度（依據牠的足跡計算推知）或許顯示牠有能力獵捕活生生的獵物，不過這個問題還是有些爭議。

在南達科塔，有位業餘的化石獵人發現奔犀（三千萬年前的豬形動物）的部分骨骼。雖然人們已發現很多這種滅絕動物的骨骼，不過這件骨骼有些不尋常。有些不太對勁的地方。

這件骨骼約有一顆高爾夫球大小。除了某些痕跡以外，其實是件相當平凡的骨骼化石，不過它上面有清楚、整齊的鋸齒狀刻痕，深達一公分。後來這位化石獵人又發現一件劍齒虎的下顎，劍齒虎是與奔犀生活在相同地區的貓科動物。這隻劍齒虎的齒列，與奔犀骨骼上的咬痕完全吻合。似乎可以確定是這隻劍齒虎，在三千萬年前吃掉了那隻奔犀。不過到底這隻古代劍齒虎是吃掉已經死亡的奔犀，還是牠獵食了這隻奔犀？我們永遠不知道答案。無論如何，更有力的證據是菊石身上的咬痕。

現今已經滅絕的菊石，是第二章與第六章的主角，牠們生活在堅硬的螺旋狀外殼裡，觸手可以伸入水中。菊石的獵食方式，可能與現生烏賊和墨魚相同：利用觸手上的吸盤捉住獵物，同時使用喙狀的口器和銼刀樣的內齒切割及磨碎食物。不過我們還知道一些關於菊石的攝食資訊，這一次牠們變身為獵物。

極盛時期的菊石，成功地遍游遠古時代的海洋。不過，偶爾也能看見牠們在海中嘗到敗績，墜落海底。這些菊石已經死亡或即將死去……只是這個推測不會產生矛盾嗎？當菊石死亡時，從逐漸腐爛的身體所釋出的氣體，會充滿牠們的外殼，於是有浮力的外殼就會浮上海面，再被沖上海灘，然後靜靜地安息在淺灘上的菊石墓場。然而有些下沉的菊石，卻是深海墓場的露頭磚，只不過為何會如此？

有時候，可以在深海尋回菊石的外殼；有時候，牠們**真的**沉入生存水域下的海底。不過這些化石不同於淺水墓場裡的化石。在違反常理的淺灘上所發現的菊石化石，外殼完整無缺；而在牠們原本生活的海域裡找到的菊石化石，外殼上留有咬痕。

這些咬痕大致呈圓形，尺寸如同各式銅板。通常以咬痕為中心，向外輻射幾絲裂痕。有些外殼的咬痕隨意散布，但有些咬痕則排列成圖，乍看之下讓人不禁想到這是帽貝留下的咬痕。

帽貝是一種有著帽狀外殼的軟體動物。牠們在岩石或其他堅硬的表面上攝食，飽餐一頓以後，通常會回到相同的棲息處，最後在那地方形成一個淺淺的圓形凹陷。有人臆測菊石的外殼夠硬，很適合作為古代帽貝的棲息處。在這種情況下，從咬痕中心輻射而出的裂痕，就是深海墓場的高壓所製造的傑作。不過另一個理論更為生動有趣，而且也確實解釋了咬痕所形成的規則圖案。

滄龍是龐大的海生爬行動物，與菊石棲息在相同的水域。像鱷魚般的齒列顯示牠們是掠食者，在遠古海洋的開放水域梭巡來去。不過從牠們的完整齒列還能推論其他資訊——牠們會獵捕菊石。

人們發現的滄龍下顎，可以解釋菊石外殼的咬痕圖案。將菊石的外殼放在某種大小的滄龍下顎之間時，滄龍的牙齒與菊石外殼上的咬痕竟然完全相符。滄龍顎內的牙齒，不論大小和排列位置，都與菊石外殼的咬痕嚴絲合縫。結案了。現在我們可以再次重現菊石悠然來去的古代海洋，不過這回有滄龍正在猛咬牠們。

不論隨意排列的咬痕是帽貝還是滄龍（可能咬了好幾次）所造成的，它們確實說明了這些菊石的深海墓場存在的理由。在被咬穿後，雖然菊石的活組織依然保有生命力，但外殼已經開始充滿海水。當海水滲入外殼其他充滿氣體的氣室時，菊石的浮力減弱，並且開始下沉。下沉後的菊石，只能無助地躺在海底，或者由於喪失如常行動的能力，因而很容易遭受滄龍進一步的致命攻擊。這些菊石的外殼仍然躺在犯罪現場下面，埋藏在深海的某處，沒能與那些自然死亡的菊石，一起靜靜地躺在淺水墓場。不過當可能的偽裝失效時，牠們的麻煩才剛開始——滄龍是有視覺的獵手。

第二章首度出場的那件二萬零三百八十年前的西伯利亞猛獁象標本，被人發現時孤孤單單地躺在凍土層裡，法國科學家曾經調查過這頭猛獁象的死因，希望能藉此解開猛獁象滅絕之謎。但或許單靠一件標本永遠不可能解決這個窘境。無論如何，人們在英國某個地方發現了**很多**猛獁象的骨骼，死亡的猛獁象數量之多，顯示牠們是有效獵捕策略的犧牲者。這，也就是掠食的痕跡。

人們在一位生活於五萬年前的古英國人（顯然與亞瑟王同時結束生命）的墓穴裡，發現其他動物的骨骼。英國葛拉斯頓貝里鎮附近的巫奇洞，是個大規模的洞穴系統，這些岩洞的入口在一處五十公尺高的懸崖腳下。這道懸崖底部也有個小小的凹陷可供生物棲身，免受嚴酷氣候侵襲。人們在這個凹陷裡發現了二套骨骼，分別屬於掠食者與草食性動物（或者說獵物）的骨骼。居住在巫奇洞的古代掠食者是鬣狗，牠們的獵物主要是猛獁象。鬣狗的牙齒與猛獁象骨骼上的咬痕完全吻合，是鬣狗曾經捕食猛獁象的證據。不過鬣狗到底如何殺死猛獁象這種體型如此龐大的動物，又如何誘使猛獁象踏入牠們的窩巢——懸崖下的凹陷？

在懸崖底部的凹陷外也發現猛獁象的骨骼，可能是猛獁象喪生之處，不過犯罪現場或許在上方五十公尺處。這並非地球上唯一出現這類景象的地方，科學家也已根據犯罪模式，推測猛獁象被獵殺的情況。

猛獁象不可能只是四處閒晃，不慎太靠近懸崖邊緣，因而跌入深谷。與其如此推論，倒不如說五萬年前的鬣狗是在開闊的曠野狩獵，只是有些原野的盡頭竟然是道斷崖。在鬣狗的追趕下，猛獁象群朝著斷崖狂奔，可能偶爾會有隻猛獁象在懸崖邊摔倒。懸崖底下的猛獁象骨骼，顯示牠們有時會掉落懸崖，但發現很多堆來自多隻猛獁象的骨骼，似乎並非巧合。因此窩巢在懸崖下方的鬣狗，就能占盡地利之便，盡情享用猛獁象的屍體。理論上這是一個很好的狩獵策略，根據化石紀錄與地質資訊也能推測這項事實。不過古代鬣狗啃食猛獁象的真憑實據，同樣是殘留在骨骼上的齒痕。

回到寒武紀

到目前為止，我們的討論涵蓋了寒武紀時期之後很久所發生的事件，不過寒武紀時期本身的情況如何？寒武紀化石裡也留有相同的牙齒和齒痕嗎？我們可以回到伯吉斯頁岩，最後一次找尋證據。

科學家在伯吉斯頁岩裡發現現生的掠食性動物。長得像水母的櫛水母，即束櫛水母，曾顫巍巍地游過寒武紀時期的淺海，沿路吞食任何適當的獵物。肢吻動物類群的安卡拉剛蟲、勞蝎拉蟲、奧托亞蟲與塞爾扣克蟲，都曾靜靜隱身寒武紀的海底，等候絲毫未起疑心的生物經過牠們的棲息管。對大部分的寒武紀動物來說，接近這些柱體的入口，就如同踩到一顆地雷。櫛水母的口只是一道縫隙，但肢吻動物的口器，是由可反轉的吻（或者口）和「唇」所構成，這類型口器的構造顯然更為複雜，在化石紀錄裡也留有它們的痕跡。肢吻動物的吻可以藏在頭部內側，然後再經由從內反轉向外的過程，延伸進入環境。牠們的吻一旦伸出之後，末端就會露出嘴唇，還有幾列可以誘捕獵物的棘刺和牙齒。當牠們完全鉤住獵物後，整個吻就會帶著伏擊得來的獵物，反轉縮回頭部。伯吉斯頁岩裡大部分的剛毛蟲也擁有可反轉的吻，雖然上面沒有長滿擺出進攻態勢的棘刺——這是因為大部分的伯吉斯剛毛蟲，是以沉積物中的有機粒子或屍體為食的腐食性動物。不過較複雜的攝食器官配置，在化石紀錄裡留下更多掠食的跡象，這類配置屬於主動的掠食者——那些積極捕捉獵物的動物。

人們已在伯吉斯的史帝芬岩層發現一件寒武紀時代的箭蟲化石。相較於大部分其他伯吉斯化石，這隻箭蟲被埋藏在深海區，不過牠是個活躍的泳者，因此或許也曾棲息在淺水區。有趣的是，正如現生箭蟲，這隻寒武紀時期的箭蟲也是掠食者。我們之所以知道牠是掠食者，是因為牠擁有獨特的箭蟲口刺，可以利用這項工具，捕捉海洋中層的獵物。箭蟲的獵物是小型浮游生物，但寒武紀海洋中其他主動掠食者的體型較大，牠們捕捉獵物的工具和口器也令人望而生畏。

伯吉斯採石場的眾多化石中，以在塑膠布保護下的奇蝦標本最令我難忘。只不過看了一眼牠那緊緊抓握的前肢，「掠食者」這個字眼就立刻彈入我的腦海。至少在五億二千五百萬年前到五億一千五百萬年前的這段時間，奇蝦的分布極為廣泛，牠是那個時代的頭號掠食者。身長達二公尺的奇蝦，無疑是當時體型最龐大的動物。

最近日本廣播公司NHK的紀錄片，製作了與原物一般大小的奇蝦模型。沿著奇蝦體側重疊生長的游動鰭，如波浪般起伏波動，這個模型行動靈活，有如現生墨魚。牠可以往前、往後游動，或只是在海洋中層裡盤旋徘徊。因此在伯吉斯發掘到的奇蝦，與稍後在中國澄江發掘到的另一種類似的奇蝦，可尾隨獵物身後迅速游曳。另一方面，澳洲所發掘到的物種就比較笨重，可能會為了追捕獵物而擾動泥沙。不過所有的奇蝦都受惠於相同類型的圓形嘴巴，牠們的嘴聚集了一些可如照相機的虹彩光圈般開合的硬板，口腔內的牙齒呈圓形排列，有道無法關閉的長方形縫隙——牠們的牙齒無法在中央密合。說得更確切一點，奇蝦會先將口張大，好讓獵物進入，然後再將硬板拉在一起，把獵物拖進口中。這個動作會弄破，甚至弄斷節肢動物的堅甲。很可惜，在重建復原一隻可怕的大型節肢動物之前，人們對奇蝦和牠的各個身體部位，就已經有了其他的解讀。縱觀整個古生物學研究史，科學家曾錯誤的鑑定奇蝦是隻水母、是隻海參、是隻剛毛蟲、是隻海綿、是隻蝦子。有時持續的發掘更完整的化石標本還是值得的。

擁有五隻眼的歐帕畢尼亞蟲是另一隻顯而易見的掠食者，因為牠擁有可以活動而且還能狠狠猛咬的口器。如同奇蝦一般，歐帕畢尼亞蟲只能在水中活動——事實上牠們可能有親緣關係。歐帕畢尼亞蟲用來猛咬獵物的口器，或許相當於奇蝦用來捕捉獵物的前肢——先從基部扭轉九十度，再拉長變成一條管子。單只根據身體和肢體的形狀，在伯吉斯頁岩所發掘到的代表性主動掠食者名單，顯然還很長。

大部分伯吉斯頁岩的大型節肢動物，確實是掠食者，牠們在海洋中層主動捕食獵物。有些生物，例如歐達亞蟲並不具有巨大的抓握附肢，牠們只是在淺灘捕食一些在水中漂浮或游動的小型生物。有些生物，例如聖誕老人蟲和西特奈西亞蟲，就配備濃密的棘刺和爪這些武器，對大部分的伯吉斯生物來說，牠們是可怕的掠食者。但是寒武紀時期最具代表性的節肢動物——三葉蟲的情況又如何？

有些寒武紀時期的三葉蟲擁有巨大的消化腔，可初步處理食物。當然，這些三

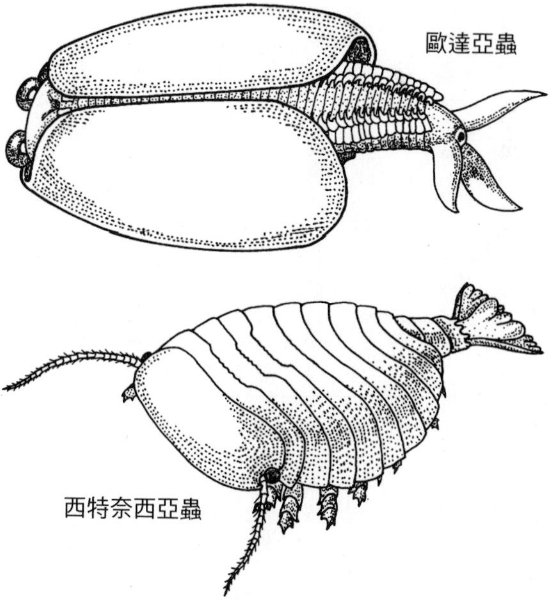

來自伯吉斯頁岩的歐達亞蟲和西特奈西亞蟲。

葉蟲是掠食者，牠們必須在特定的時間內，儲存龐大的食物。以殘渣為食的三葉蟲，體內並沒有如此巨大的消化腔，這些物種會搜索海底，找尋有機物質的粒子。確實有些三葉蟲採用這種攝食法；有些三葉蟲是以浮游生物為食；有些三葉蟲則屬於濾食性動物……有些甚至飼養細菌當作餐點。前述攝食方法的大部分證據，是來自化石本身的特殊形狀。舉例來說，倫敦自然史博物館的三葉蟲專家福提，曾因注意到一隻三葉蟲不但體側膨脹而且口器縮小，於是了解這隻三葉蟲是透過沿著身體兩側生長的鰓來汲取食物，這些食物衍生自住在三葉蟲鰓裡的菌落。現今生活在中洋脊和深海溫泉區裡的甲殼動物，就是利用寄居在鰓裡的類似細菌攝取養分。進一步的支持證據是，福提的三葉蟲也棲息在類似的環境。

若以甲殼動物作為三葉蟲現生物種的代表，大部分的三葉蟲似乎是掠食者和腐食性動物。也就是說，牠們以其他多細胞動物為食，不論這些動物是死是活。三葉蟲身上之所以長著濃密的棘刺、強健的肢體別無其他目的，為的只是攫取並撕裂整隻獵物。正如本章章末我們會更仔細地討論，大部分的**早期**三葉蟲是主動的掠食者，牠們的行動迅速，足以獵捕獵物。支持這項觀點的進一步證據，封存在娜羅蟲的化石裡。

娜羅蟲是三葉蟲的近親姐妹：牠們不但有很親近的親緣關係，而且外形相似。除了口器具有尖銳的牙齒外，娜羅蟲的身上也長了不少多刺而且可畏的附肢。牠們可能以蠕蟲和其他軟體生物為食。不過娜羅蟲與三葉蟲有個不同之處，牠們的身體相當柔軟，外骨骼的上表面只是經過有機質疊置強化，並未如同三葉蟲般鈣化。基於這個原因，為了支撐數量繁多的多刺附肢，娜羅蟲的上表皮無法如同三葉蟲般環環相連——因為它太過脆弱。娜羅蟲的上表皮是黏附肌肉之處，相當於房子的支撐牆。因此用來掠食的附肢，對娜羅蟲的身體來說，實在代價不菲。

娜羅蟲演化自外骨骼尚未經碳酸鈣強化的祖先型三葉蟲。由於牠們的外骨骼很脆弱，人們經常發現娜羅蟲身體歪曲地躺在墓場裡，而且牠們的眼睛也不見了。本章將進一步討論重要的娜羅蟲與三葉蟲演化史，不過首先我們應該檢視寒武紀時期其餘的掠食證據。到目前為止，我們已經談過眼睛、攝食器官和消化系統，現在我們應該找找留在獵物身上的齒痕。

在加拿大菲爾德鎮接待中心的服務站裡，展出一件有趣的伯吉斯頁岩三葉蟲化石。雖然這裡展出的大部分化石，在岩石裡的形狀都非常完整而且方位得宜，其中有些還是伯吉斯物種的最佳範本，不過最值得人注意的是一件擬油櫛蟲（一種三葉蟲）標本。這隻擬油櫛蟲大部分的身體已經不見，不過那些顯示組織遺失的規則、半環形痕跡，並非保存時所造成的結果。只有一個可能性——這是一種咬痕。有隻龐大的寒武紀掠食者咬了這隻三葉蟲——牠是寒武紀時期的獵物。

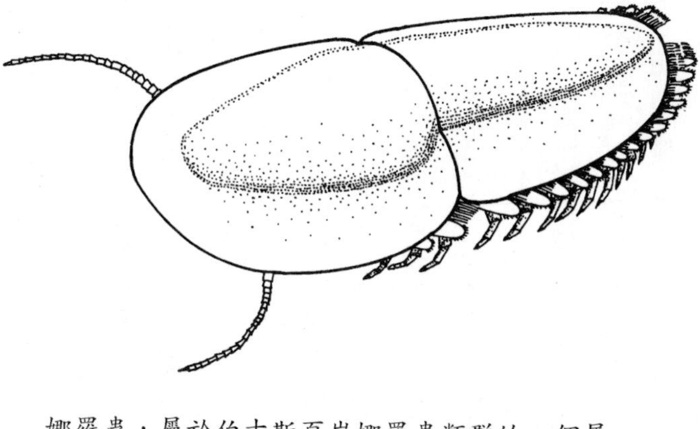

娜羅蟲，屬於伯吉斯頁岩娜羅蟲類群的一個屬。

還有很多其他的寒武紀三葉蟲身上也有傷痕，是牠們生前曾受掠食者攻擊的跡象。由於動物有癒合的能力，這些傷口經證實並非致命傷，但我們對它們有個有趣的想法。寒武紀時代的三葉蟲應付攻擊的裝備，不單只有保護身體的堅甲，牠們還有能力迅速緊閉新近暴露在外的體節——三葉蟲可以形成癒合組織。人類的皮膚很薄，很容易被割傷。基於這個原因，我們的血液具有凝結並封住破裂的血管，以預防血液流失及感染的能力。另一方面，節肢動物那經過專門設計的外骨骼很結實，可以經得起嚴酷生活的考驗……除非牠們被施以重擊。寒武紀三葉蟲的自癒能力，顯示牠們非常容易遭受攻擊，因此在牠們的演化史上，掠食者的威脅確實是個選擇壓力。現生動物的硬殼，除了保護自己防禦掠食者侵略之外，還具有其他功能，例如：支持組織。但是寒武紀時期的三葉蟲，不只演化形成堅甲，也演化形成在遭受掠食者攻擊時可發揮作用的自癒機制。牠們那堅硬的外殼，打從一開始就扮演防範掠食者的保護角色。

有這麼多寒武紀三葉蟲身上出現咬痕，不禁讓人聯想到「慣用手」的理論。在一大堆三葉蟲標本中，有七十七件標本曾遭到不明原因的傷害，也許是在蛻殼或交配時意外受傷，不過有八十一件標本的傷痕顯然來自掠食者的攻擊。俄亥俄州州立大學的研究者發現，掠食者所留下的傷痕，有百分之七十位於三葉蟲的右側，於是他們料想三葉蟲、牠們的掠食者或更可能是這兩者，都有偏愛使用身體某一側的傾向。三葉蟲可能習慣轉向某一側企圖躲避攻擊者，同樣的，掠食者也可能傾向從自己偏好的一側展開攻擊。這種不對稱的行為如今十分普遍，馬或許習慣將頭轉向左側，而有百分之九十的人類慣用右手。不過與本章內容關係最密切的是三葉蟲身上傷痕的形狀，不論是左側或右側的傷痕。很多傷痕都呈W形，顯然與奇蝦那能形成虹彩光圈的三角形口板的大小和形狀相符。

除了長得像三葉蟲的娜羅蟲外，所有的伯吉斯節肢動物都有堅甲護身。牠們身披著的頭甲，有時會再加上實心突起或棘刺加強保護。很多三葉蟲都長有巨大的棘刺，當三葉蟲將身體蜷曲起來時，這些棘刺的防衛角色就變得很明顯。全身蜷曲的三葉蟲，變身為一顆長滿了棘刺的硬球。此外，三葉蟲的棘刺造型有時相當精巧，具有鋸齒狀的突起和尖釘。

許多堅硬的外骨骼都長有長而尖銳的棘刺，不過有些身體較柔軟、更脆弱的動物也有這些裝備，例如伯吉斯的花邊「蟹」馬瑞拉蟲。事實上各個動物門都有動物會利用武裝的棘刺，來保護柔軟的身體。屬於絨毛蟲的怪誕蟲，會利用朝上伸出的長棘刺，保護自己柔軟的身體。剛毛蟲更是這種現象的典型實例，舉例來說，加拿大蠕蟲的身體表面，覆有朝上及朝側面伸出的棘刺。科學家認為，現生剛毛蟲和牠們生活在淡水裡的親戚，為了防衛的目的分別演化形成棘刺。這種趨同演化的現象，顯示這是一種很好的保護策略。無論如何，在微瓦霞蟲身上，我們能看見伯吉斯剛毛蟲自保機制的縮影。微瓦霞蟲是一種卵圓形的動物，全身

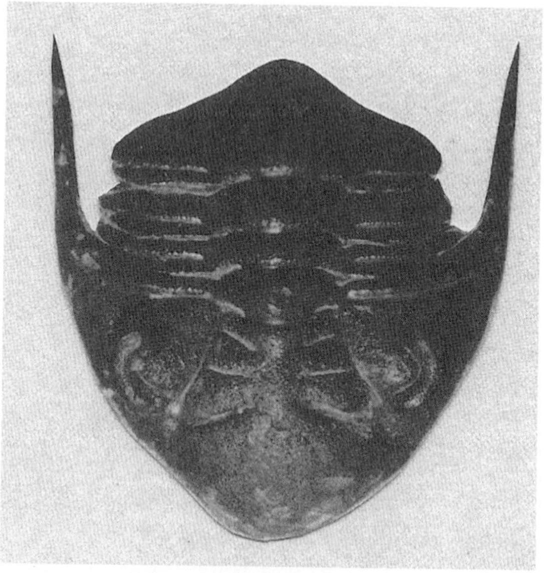

一隻三葉蟲將身體蜷曲起來的照片，你可以看見牠的身體伸出「頭」刺。當三葉蟲將身體放平時（正如我們平常見到的三葉蟲），這些棘刺會與牠的身體齊平。

不僅覆滿彼此重疊的堅甲，還有向外伸出的長劍，和他一比，甚至連怪誕蟲都容易對付多了。浩其瑞亞蟲可能是微瓦霞蟲的祖先，因此與牠們外形相似，浩其瑞亞蟲那鎖子甲般的甲冑，具有與微瓦霞蟲類似的保護功能。

伯吉斯頁岩的海綿動物秋亞海綿、軟骨海綿、皮拉尼亞海綿與瓦奇亞海綿，所擁有的格狀針骨不單具備支撐的功能，也能伸入環境扮演致命尖刀的角色。伯吉斯頁岩裡屬於肢吻動物門的蠕蟲，除了口部區域有攝食用的棘刺外，身體的其他部位也長有棘刺，這些棘刺會展現最嚇人的態勢。如同大部分的燈貝，伯吉斯的軟舌螺──哈波福瑞提斯螺，整個身體都穿上異常堅硬的堅甲，是家完全關閉的商店。伯吉斯的棘皮動物，是現生海星的親戚，同樣也緊緊保護自己柔軟的身體部位，不讓路過的掠食者有機可乘。最後我們要來看看小帽貝，牠們的外殼如同貽貝那般堅硬，但顯然還不足以逃過掠食者的毒手，於是進一步在外殼邊緣演化形成長長的棘刺。

一種更早期的燈貝──米克懷茲亞貝，或許已經邁入更先進的保護階段。米克懷茲亞貝可能會使用化學防禦法，牠們能透過外殼上的孔噴射毒素。證據出自其他與米克懷茲亞貝一起發現的有殼化石：這些化石身上都有被掠食者鑿孔的痕跡，但米克懷茲亞貝身上卻始終沒有被鑿穿的孔洞。據此推論，這項證據只說明一件事：寒武紀時期的動物就已有防禦掠食者的保護機制。

到目前為止，我們所描述的硬質構造，都是在某個時間點演化形成。這個演化事件就是寒武紀大爆發：在五億四千三百萬年前到五億三千八百萬年前的這段時期，所有動物門的動物突然同時演化形成硬質構造。如同前文所述，硬質構造具有提供保護抵禦掠食者以外的功能，不過對所有動物門的動物來說，恰恰好同時演化形成使身體更堅韌，或能作為屏障抵抗滲透壓的硬質構造這件事，顯然極為巧合。各個動物門的多細胞動物，先前就曾以圓形的柔軟身體，在地球上生存了一億年左右。而正如第一章所述，可能造成生物需要硬質構造的物理環境條件，並非導致寒武紀大爆發的原因。現在描繪掠食者的原始外貌變得非常重要，尤其是極為主動的掠食者。只要一收集到來自寒武紀的所有線索，就應立即進行研究。

所有伯吉斯頁岩的節肢動物，都擁有可保護自己免受攻擊的棘刺，或類似的防衛裝備，這項事實意味著牠們不只是掠食者，同時也是獵物。除了頂尖的掠食者奇蝦（牠們沒有用來保護自己的棘刺）以外，我們無法依

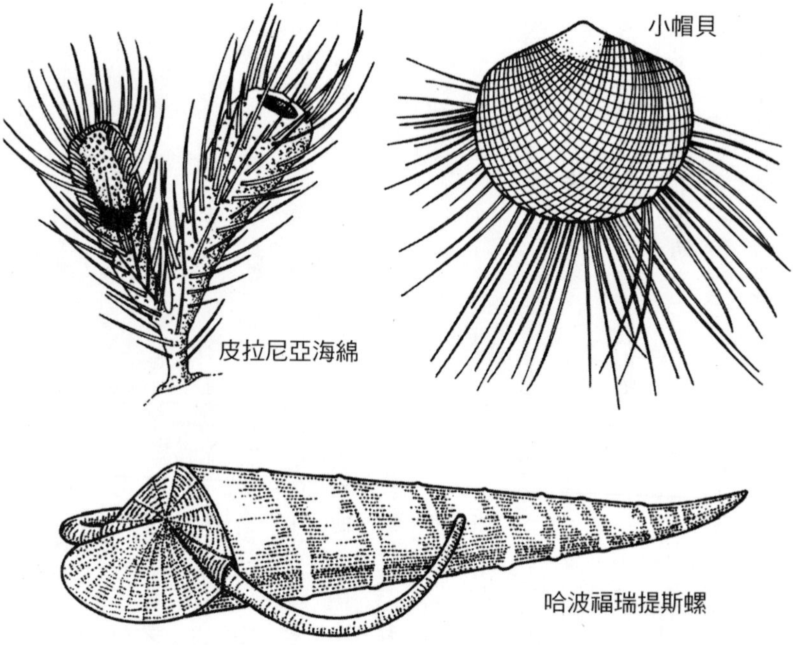

來自伯吉斯頁岩的皮拉尼亞海綿、小帽貝與哈波福瑞提斯螺。

據眼睛的資訊，來推論大部分的有眼伯吉斯動物是屬於掠食者或獵物。這實在不足為奇。事實上含糊不明確的眼睛資料，支持「在開放水域裡，大部分伯吉斯動物都設法留意獵物和掠食者」的想法。因為奇蝦是寒武紀動物普遍的威脅，有鑑於第一條規則是奮力求生，表示當時的動物必須警戒身旁的大眼巨物。寒武紀時期的眼睛，必然已適應掃視整個環境的需要，任何進一步的演化修飾，多少是導因於奇蝦的嚴酷存在和其他動作靈活的掠食者。我們確實在伯吉斯動物的眼睛化石裡，發現了一些證據：為了適應環境，牠們擁有三百六十度的視覺，有些還能針對方向作微調。

至於到底是誰吃誰？我們可以假定體型較大且能游善泳的動物，會捕食體型較小也會游泳的動物和軟體型的底棲動物。不過除了遮掩不了的奇蝦咬痕外，還有其他正在進行中的掠食活動，讓我們能更精確地解答這個問題。科學家已在三十隻奧托亞蟲的腸子裡，發現伯吉斯軟舌螺哈波福瑞提斯螺的蹤影。奧托亞蟲是屬於肢吻動物類群的蠕蟲，牠們的身影也出現在大型節肢動物西特奈西亞蟲的腸子裡。人們也曾在西特奈西亞蟲的腸子裡找到種子蝦和三葉蟲——西特奈西亞蟲可能是以硬殼動物為食。科學家更仔細地觀察一隻奧托亞蟲的腸子，結果發現了另一隻奧托亞蟲的部分身體，表示這種肢吻動物類群的蠕蟲會同類相食。

我曾從伯吉斯採石場的展示桌上拿起一件化石，從這個觀點來看也很有趣。那是長得像蝦子的甲殼綱動物加拿大環節蟲……以及微小的三葉蟲——褶紋球接子蟲。這隻三葉蟲就躺在加拿大環節蟲的圓形頭甲裡，可能是牠的晚餐。在其他伯吉斯節肢動物的頭甲裡，也曾發現其他小型的三葉蟲，牠們可能是寄生動物。既然通常是單獨發現褶紋球接子蟲，而且牠們可能生活在海洋中層，那麼褶紋球接子蟲或許身兼寄生動物和獵物兩種角色。

非常值得從另一個角度仔細觀察這個情境。加拿大環節蟲有眼睛，但褶紋球接子蟲沒有。加拿大環節蟲和褶紋球接子蟲的演化，是以生命法則的不同層面為賭注：加拿大環節蟲把寶押在「吃」，而褶紋球接子蟲則把賭注押在繁殖。褶紋球接子蟲在寒武紀時期極為常見，但加拿大環節蟲和所有其他大型寒武紀掠食者的數量，則遠遠不及褶紋球接子蟲。從物種的角度來看，褶紋球接子蟲顯然對自己會被掠食的局勢已經有所準備，牠們的生存仰賴個體的數量。換句話說，褶紋球接子蟲必然已經演化出成功的繁殖策略，因此生活在海中的個體數量，較被掠食者捕食的個體數量還多——這也是磷蝦在面對鬚鯨時所採取的策略。不過對加拿大環節蟲和與牠們同夥的掠食者來說，這種食物無底洞的情節未必適合牠們的處境。此外還有「搜尋並殲滅」這個簡單的問題。

開放水域是三度空間。在開放水域裡無意中遇見一隻動物的可能性，比在海底小，海底是個二度空間的環境。大海浩瀚，褶紋球接子蟲會四處活動。想要捕捉到褶紋球接子蟲，必須有能力找到牠們並尾隨其身後曳游。感謝寒武紀大爆發，強壯、骨骼化的附肢，再加上體內的肌肉，可讓動物擁有牠們需要的移動能力。如同現今在空中飛翔的蜻蜓，加拿大環節蟲的眼睛，讓牠們有辦法找到褶紋球接子蟲。我們正在架構一幅描述寒武紀時期的生命運作之圖，當時生物所使用的規則與現生動物類似。在第三章我們曾經提及眼睛和堅甲並無直接相關，因為有眼睛的物種未必總是身披堅甲，反之亦然。無論如何，行為……和演化之間或許有某種關聯性。

第一章曾我介紹一個關於寒武紀大爆發起因的古老概念假說，最近馬克．麥克蒙和戴安娜．麥克蒙曾重新修訂這個概念：在寒武紀初期就已發展形成一個食物網，每個物種都有自己專屬的掠食者和食物。不過完整的食物網會突然憑空出現嗎？或者是有個因素觸動了某個連鎖反應，於是形成一個成熟的食物網？就在寒武紀大爆發後不久，世界上的動物就具有各色各樣的形狀和大小，顯示當時就已存在成熟的食物網。但這個食物網是在短期內發展成熟？還是當寒武紀的生物有需要時，才突然應運而生？或者是從前寒武時期就已開始逐步發展？這些問題表示我們的寒武紀拼圖已經幾近完成。

馬克．麥克蒙和戴安娜．麥克蒙使一個世紀前的舊觀念再度復活：「動物為了防禦掠食者而發展形成外殼」，我們也已確定了這項事實。本章的掠食者，是以「對現今及過去生命的運作方式極為重要的因素」這個身分登上舞台。但食物網中其餘的攝食模式是何時出現？這個問題或許與我們追尋食物網及生命法則，是否在寒武紀**之前**就已確立的過程毫無關聯。似乎很適合以前一章的結束方式作為本章的結尾：尋找地球掠食者的**起源**。

火線的源頭

回溯演化歷程，越過寒武紀大爆發，進入人們「所知不多」的前寒武時期，我們的第一個停靠站是埃迪卡拉時代。最初在澳洲南部發現的化石，是一系列埃迪卡拉生物群的最佳代表，這些生物大約生活在五億六千五百萬年前，雖然其中有些生物一直存活到寒武紀大爆發，但在寒武紀大爆發之際卻無聲無息地消失了。不過牠們確實曾經存在，並展現各種生活型態。我們從生物本身的形狀及牠們留下的生痕化石，即足印和類似痕跡，得知這些訊息。

人們一度以為寒武紀時期是個平和的年代，但如今已經得知真相並非如此。事實上現在我們知道，甚至在更早之前，世界上就已有掠食者存在。在前寒武時期有水母在海洋中層搏動，海面上漂浮著僧帽水母的親戚。任何生物只要偶然遇見這些動物那會螫人的觸手，就立刻成為牠們的獵物。守在海底的是像海葵般的生物，牠們那會螫人的觸手一如預期地向上揮舞，而當時的海底，也有前寒武時期的獵物在其中生活。埃迪卡拉的掠食者在某些情況下也會彼此獵食。不過也有些蠕蟲樣的扁平動物，身體會呈波浪狀起伏，推動自己在海中前進——有時牠們會誤闖虎穴。牠們偶爾會把自己推進布滿螫人觸手的網，然後滿懷希望可能被擲回海中。

雖然「滿懷希望」這個詞，對這些原始生物帶有些許諷刺的意味，不過用在此處卻很適當，因為相形之下，前寒武時期的掠食行為是一種隨機的過程，當時並沒有奇蝦和牠們那先進的探測系統與「搜尋並殲滅」的能力。在前寒武時期的海域裡四處巡游的只有水母的螫網，不過由於水母偏好的活動型態，獵物根本無法感受到危險即將來到。

嚴格說起來，最後一句陳述並不那麼正確。雖然因為體型太小以致無法形成化石紀錄，但埃迪卡拉的生物確實擁有某種感覺器官。牠們可以利用皮膚上的小細毛的活動，感受水中的震動，傳遞的信號會使螫人細胞加強進攻。事實上，某些可能與埃迪卡拉生物有親緣關係的現生物種，天生就擁有這類型的細毛。不過前寒武時期的生物，只有在與對方相距甚近時，才能發揮探測的功能。由於掠食者的前進速度通常很緩慢，所以獵物選擇採用先進感覺系統的可能性極低。相較於貓捉老鼠的寒武紀時期，這不過是一場小貓捉小鼠的遊戲。

在海底，掠食者的威脅並不特別嚴重……不過依然存在。距今約五億五千萬年前，就在世界即將邁入寒武紀之時，有種長得像蠕蟲，名為克勞蒂納蟲的動物生活在沉積物裡。人們是從中國山西省所發掘到的五百二十四件化石裡，知道牠們的存在。中國山西省所發現的化石並非動物本身，而是牠的體管——這是第一種已知擁有硬質構造的動物，顯然在邁入寒武紀之前，牠們就已搶先偷跑。科學家已證實，克勞蒂納蟲生存年代的環境條件，並未完全限制硬質構造的形成。

克勞蒂納蟲的十四根體管都有鑿孔，這些孔是海底掠食者成功吃掉管內的軟體型動物時，所遺留下來的痕跡。發現這些化石的科學家是奧普塞拉大學的班特森和中國地質科學院的趙岳，他們認為掠食者是隻軟體動物，可能是現生蝸牛的親戚。不過在前寒武時期，如同大部分的其他動物門，軟體動物的外形酷似「蠕蟲」，更確切地說，牠們擁有全然柔軟的身體，甚至沒有一絲有朝一日牠們的子孫會背著龐大外殼四處活動的暗示。

克勞蒂納蟲的體管裡所出現的孔洞，是第一個明確證據，證實地球上有掠食行為。而以「不動的掠食者」為其最佳描述的生物，在前寒武時期似乎相當普遍。儘管如此，因為前寒武時期的生物都沒有穿戴堅甲，表示這類型的掠食行為所帶來的選擇壓力，對迎戰掠食者的獵物來說，顯然不夠強烈，它並未刺激動物演化形成具保護性的硬質構造。

有種有趣的軟體型動物在前寒武時期的海底漫游。一九八四年，石油公司在摩洛哥南方和西伯利亞東方進行探勘，他們垂直鑽入地面並且移除岩芯（細長的岩柱），露出六億年前堆疊而成的多層沉積物——這些區域都在水面下。不出所料，這些在即將進入寒武紀之時所形成的岩石裡，有些疊層石的跡象。不過還有更驚人的發現，在疊層石上方有些奇特的岩層，當時科學家稱它們為「凝塊疊層石」，並推論是軟體型節肢動物輕輕擦過時所留下的痕跡，包括「原始型三葉蟲」。事實上，三葉蟲的第一個行跡、任何類型的第一種硬質構造，都是在最底層的凝塊疊層石上方約幾十公尺處發現的。除了軟體型節肢動物的生痕化石外，在為節肢動物的祖先拼湊一幅完整的圖像時，這也是一條重要線索。不過最迷人的是「原始型三葉蟲」這個名詞。在寒武紀大爆發之前，生存在世界上的三葉蟲真的沒有披戴堅甲嗎？這個問題在一九九一年時獲得解答。實在令人難以置信，科學家在到原本的埃迪卡拉，即澳洲南部的埃迪卡拉丘進行一次新的探險時，竟然找到一隻軟體型三葉蟲。

他們先是發現一隻預料應有四公分長，且有十二對細長腿的動物掠過後所留下的生痕化石，接著才看到真正的突破性發現。科學家找到好幾件生物的軀體標本——正是那些痕跡的原創者。相較於寒武紀時代的三葉蟲，這些生物的身體很柔軟。從上面觀看，牠們的身體呈圓形，但清楚地呈現邊緣明確的半圓形頭部、有十三個大體節和八個小體節的胸部，以及微小的卵圓形尾部。有些標本已被扭曲，顯示牠們的皮膚構造和寒武紀時期的娜羅蟲類似，具有某種程度的彈性，不過整個身體構造與寒武紀的三葉蟲完全一樣：除了以有彈性的皮膚取代堅硬的外骨骼。同樣有趣

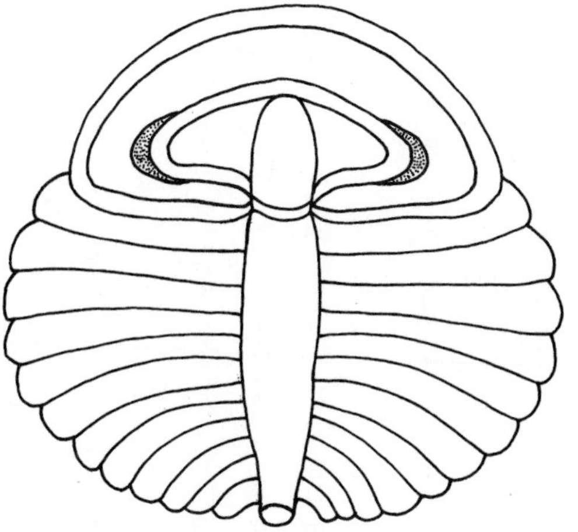

來自前寒武時期的軟體型「三葉蟲」（約五億五千五百萬年前）。頭部畫上陰影之處可能是複眼的前身。

的是，這些原始型三葉蟲是彎曲的，牠們的頭部在寒武紀三葉蟲的眼睛部位，有淺淺的隆起。不過前寒武時期的原始型三葉蟲並沒有眼睛，也沒有能抓握的附肢和多刺的口器。

前寒武時期的原始型三葉蟲是牧食性動物，以藻類為食，或許還有躺在海底的動物死屍。寒武紀時期出現的那些貪婪的掠食者，一開始似乎相當平和。若要說有什麼不同，原始型三葉蟲可能曾經彼此捕食——牠們的餐桌在寒武紀邊緣確實轉了個方向。一般來說，前寒武時期屬於掠食習性的實驗階段，主要的居民是愛好和平的素食者，不過卻很樂意接受碰巧發現的肉類食物，因為牠們正在發展吃肉的興趣。

我們所強調的這種朝向掠食型態的轉變，是一種逐漸發展的現象嗎？似乎並非如此。肉食性動物在五億四千三百萬年前，就已成為世界舞台的主角。忽然，掠食不只是食物網中的主要選擇；它還包含一種新的型式。我們若將前寒武時期的掠食者視為被動的掠食者，那麼掃蕩寒武紀初期海域的第二波掠食者，無疑屬於主動出擊的掠食者。

本章末尾將仿造前一章的結尾，在前一章的末尾，我們知道第一種有眼睛的動物是一隻三葉蟲——第一隻三葉蟲。這第一隻真正的三葉蟲也是一個掠食者。法羅特三葉蟲、新柯波爾氏三葉蟲與石柱盤三葉蟲都是有眼睛的三葉蟲，也是寒武紀初期的偶像，牠們的生存年代大約是寒武紀大爆發剛開始時。牠們的附肢形狀，顯示這些三葉蟲是掠食者；而牠們身上多刺的背甲，證明牠們同時也是獵物。牠們可能會互相攻擊（原始的攻擊型態），因為牠們的身體只有基本的防禦裝備。相較於前寒武時期的原始型三葉蟲，牠們的皮膚已經變得沒那麼柔軟，不過仍然尚未完全硬化，因為三葉蟲的外骨骼是在數百萬年後才出現。無論如何，這些三葉蟲都是極活躍的動物，牠們游泳的速度很快，可以在海洋中層裡敏捷地移動……而且牠們是掠食者，擁有多刺又強健的附肢。對各處的前寒武時期式的軟體生物來說，牠們的出現都是個壞消息。平靜的生活即將掀起風浪。

因此，寒武紀的開端也是**主動掠食**的開始，這是個我們應該略加討論的簡單概念。不過有個細節必須深入思索：我們必須分清「寒武紀大爆發」事件與「寒武紀大爆發的原因」之間的區別。我們用來標示主動掠食之始的掠食行跡，是三葉蟲那多刺的工具與泳肢，或者說硬質構造，不過讓生物演化形成硬質構造的是寒武紀大爆發。我將以一個問題來結束本章：「是否有些原始型三葉蟲演化形成掠食性三葉蟲，並啟動某種連鎖反應？」當然，這個連鎖反應，指的是所有動物門的動物形成硬質構造和其他外部特徵，即寒武紀大爆發事件。這場大霹靂是否只攸關某些身穿堅甲的動物現身地球，或者還有其他事件點燃促使各地生物同時演化形成硬質構造的火花？現在已經到了根據現有事實作出結論的最後時刻。

第九章　謎底揭曉

沒有人能夠只根據三種感覺或三樣要素的感知，引申第四種或第五種。

布雷克《沒有自然信仰》（一七八八年）

太陽散發出一道道連續的電磁波，範圍從波長小於一顆原子的宇宙射線和伽瑪射線，到波長超過一千公尺的無線電波。可見光的波長位於這道光譜之內，在太陽發射能量的高峰，它們所占波長的範圍窄小。當光波擊中某個物體時，光的行進路線就會偏離，並將關於該物體的消息傳入環境。若偏斜的光線巧遇我們的眼睛，就會被聚焦在視網膜上，於是我們就能解讀這個消息。最後一道映入眼簾的光線源自何方，是幫助我們能夠「看見」的重要訊息。我們可以輕易判斷光線來自何方；由於擁有一雙眼睛，因此我們也能判斷使光線偏斜的物體與我們相距多遠。不過眼睛的第三項特技，是將波長略微不同的光線，轉換成各種顏色。到目前為止，沒有眼睛的動物，牠們的生活環境裡也不具有色彩。

有點難以理解。不過你只要想想：不論身處何處，我們眼中所見的各樣奇妙色彩，其實並不存在。環境裡並**沒有**顏色，只有碰巧讓各類型電磁輻射線的行進路線產生偏斜的物體。玫瑰花不會流露紅色，葉片也不會展現綠色。或許面對紫外光的時刻，是我們認清這項事實的唯一機會。

鳥類和昆蟲的世界裡甚至有更多私密事件發生，牠們眼中的色彩更加繽紛。牠們的調色盤裡也含有紫外光——這些動物利用私人波長彼此溝通，對我們視若無睹。不過鳥類和昆蟲無法理解有些動物無法探測到紫外光，因此，我們應該記住，並非所有的動物都能看見影像，也不是所有的動物都了解顏色對人類的意義。我不是說「光」和「顏色」並非**所有**動物的重要生活層面，所有生活在有光環境中的動物，牠們的字典裡通通都有「顏色」這個詞。雖然並非所有動物都能意識到這項事實，不過對**每個物種**來說，光都是很重要的選擇壓力……或者至少在現代是如此。

支配植物的規則與動物迥異，然而有許多植物的顏色，是為了適應動物的視覺而生。葉片通常必須是綠色的，因為葉子所含的葉綠素，會使人類解讀為綠色的光波（植物並不使用這些波長的光進行光合作用）產生偏斜——這是偶然發生的顏色。不過許多植物會開出色彩繽紛的花朵，吸引幫它們授粉的昆蟲；也會結出五顏六色的果實，吸引能為它們散布種子的哺乳動物和鳥類。事實上，有眼睛的動物，甚至是某些植物在演化時的主要選擇壓力。舉例來說，經過演化的蜂蘭，不論顏色和形狀都與各種泥蜂的雌蜂極為相似。蜂蘭的模擬效果奇佳，足以哄騙雄泥蜂使牠試圖與蜂蘭花交配，交配的結果當然是成功地為蜂蘭傳送花粉。

在他那本於一九三三年出版的《光的世界》一書中，布瑞格爵士引進「光帶給我們天地萬物的消息」這個概念。光並不是地球上唯一的信差或刺激，地球上還有其他傳遞全球消息的信使，尤其是聲音和化學物質，因此我們需要從宏觀的角度來探討光。將自然界的刺激和提供政治新聞的各式媒體做個類比，或許有用處（網際網路除外）。

我們可以從電視、收音機和報紙得知每天的政治新聞，這三種不同型式的新聞製作人，採用截然不同的方式運作。從歷史的角度切入，報紙是最先出現的媒體。記者在有報導價值的現場採訪，然後將採訪結果帶回家裡寫成書面報導。隨著電報機和電話的問世，他們的工作也變得比較輕鬆。事實上在這些革新之後，他們的工作已經有了些許改變——記者為了適應不斷變化的環境而「演化」。

收音機的引進，讓我們看見記者使用的技巧有了進一步的改變，儘管得以新的方式使用舊的技術，不過先前的技術依然有用——記者可以直接播送電話信息。只是播報員現在必須在麥克風前朗讀所有的印刷資料，而且新聞製作人的工作也再度發生改變或「演化」。技術上的些許改良，可轉化為新聞服務的偶然發展。隨著科技的進步，新聞製作人必須因應新環境做出適當的反應。若他們無法適應新環境，就會被競爭對手擊垮。他們被迫以不會引人覬覦的小眾為目標，或努力推開別人，擠進遙遠且有限的生存空間。在新聞傳播界裡，曾活生生地上演「微觀演化」的戲碼。

然後出現了重大變化——人們發明了電視。新聞製作人的工作必須再次演化……不過這次是戲劇性的變革。他們不但需要添購新設備，還必須招聘有能力操作新設備的新人。老派的記者被淘汰，代之而起的是面對鏡頭毫不害羞，同時外形也符合新需求的記者。此外還需要新的建築物和運輸工具。基本上整個新聞工作環境都已改變：每個職務都需要各類型的工作人員參與。在新聞傳播這部分曾經出現「宏觀演化」事件，顛覆這個行業原先的傳統。相形之下已逐漸改變的其他類型媒體，現在似乎顯得無關緊要。

電視的引進幾乎是一夜之間發生的事件。隨後產生一些重大的改變，例如從黑白電視變成彩色電視、人造衛星的引進……等等，不過在播報新聞的時間裡，人們的目光似乎都集中在電視上，**這的確是件大事**（同樣，網際網路除外）。

若地球上人人都擁有一部電視，那麼將電視引進新聞傳播界，無疑會產生更龐大的影響，與人人在一夜之間演化形成眼睛所造成的影響不相上下。這是個有趣的想法，也是可適用於本書的概念，尤其當我們思及之前的評論：光對地球上所有的動物都是一種刺激……**至少在今日是如此**。

光的力量及與現今所有動物的行為和演化之間的關聯性在於眼睛。眼睛使光成為各種生物的刺激，即便是沒有眼睛的個體也受光的影響。從大部分動物的眼睛大小，就能得知眼睛對如今生活在有光環境的動物的重要性。蜻蜓有個大頭，牠的眼睛占頭部的四分之三；有些有眼種子蝦，單是眼睛就獨占身體體積的三分之一。有眼睛的動物，有相當大比例的大腦是屬於視覺專用區。

在追溯第一隻眼睛時，我們發現它屬於第一隻三葉蟲，或者「最後一隻」原始型三葉蟲所有——出現在寒武紀大爆發萌芽之始。有個關聯性讓我們聯想到眼睛可能是演化史上的「電視機」，是我們無法忽略不顧的重大事件。

也應該考慮掠食行為嗎？

前一章我們在方程式裡引進了一個新的變數——攝食，也在逐漸成形的完整理論研究中，丟進一個真正的干擾因素，讓更多光芒照耀在寒武紀之初演化形成的第一隻三葉蟲。這是第一隻有眼睛的動物，不過牠也同時兼具掠食者和獵物的身分。我們已知掠食行為是在前寒武時期逐漸演化形成，而第一隻三葉蟲則是第一隻極為主動的掠食者。這是不同的。這表示有另一個因素，即主動掠食也與寒武紀大爆發的啟動有關。

因此，現在我們站在哪裡？本書是否找到兩個寒武紀大爆發的可能原因？首先，我們應該進一步檢視這些可能性，並且嘗試整合所有的證據。

想想第八章所使用的軍事用語「搜尋並殲滅」。這個詞裡「搜尋」在「殲滅」之前，與主動掠食過程裡的行動順序一模一樣。在殲滅獵物之前，掠食者必須先搜尋、確認並捕捉獵物。若沒有眼睛或另一種類似的感覺探測器，主動掠食者就英雄無用武之地。在寒武紀初期，動物開始瘋狂地追捕並吃掉彼此。採取這種行為的先決條件是具備適當的搜尋能力——若不知道獵物在哪裡，速度、靈敏度和能抓握的鉤等等特性都屬多餘。事實上，寒武紀初期的掠食者會先將瞄準器設定在獵物身上，如同使用來福槍的望遠鏡式瞄準器瞄準犧牲者般，「設定瞄準器」是個適當的用詞，因為寒武紀早期的殺手確實利用瞄準器，也就是牠們的眼睛，鎖定獵物。第七章和第八章的內容似乎開始重疊。現在我們可以解釋為何很多寒武紀初期的三葉蟲，身上都伸出長刺。

武器是裝飾品

我們曾經強調，「光」之所以極為重要，是因為它對現今的動物行為而言是個刺激。事實上我們熟悉的所有陸生動物（馴養的動物除外），對光都具有極奇妙的適應性反應，除了體色以外，還有牠們的行為，有時還包括體形。體色是動物在適應光時的合理反應，生活在有光環境裡的動物，表現於外的體色，通常是為了適應光而衍生的演化反應。舉例來說，人們認為蜘蛛為了製造顏色，必須耗費極多的化學物質，因此，促使蜘蛛繼續製造顏色的主要原因，是牠們想要使用瞄準獵捕的手段掠食。雖說體形大多是由化學歷程、活動、生殖、攝食機制和其他行為所支配，不過光可能也涉足其中的某些活動，具有重大的影響力。在這種情況下，生物的行為變得很重要。虎魚不只必須讓自己的顏色跟石頭一模一樣，牠們的形狀和行為表現也必須與石頭類似——牠們可以長時間靜止不動。螳螂也擁有與所棲息的植物相彷的顏色和形狀——不論是綠葉或粉紅色的花瓣。此外還有竹節蟲和樹葉蟲，牠們與螳螂有親緣關係，只不過竹節蟲和樹葉蟲是獵物而非獵人。竹節蟲擁有能適應光的體色及形狀特徵，但不同於虎魚和螳螂，牠們必須四處移動找尋食物。為了完美的適應視覺，竹節蟲在行走時還會輕輕顫動，模仿在風中搖曳的葉片或花瓣。

我們再度被引進眼睛這條思路，雖然它們並非長在我們正在討論的動物身上。前述的體色、體形和行為特徵，與生物對陽光的適應並無直接相關，那是牠們為了因應有眼動物的出現，所產生的適應性改變，尤其是掠食者／敵人或獵物的眼睛。眼睛和掠食者之間，或視覺外觀和奮力求生之間，可能有某種關係存在。根據生命法則，奮力求生意味著吃掉獵物及／或避免被掠食。

現在我們可以理解，為何現生動物經常利用偽裝的手法。許多昆蟲身體是綠色的，如此一來，當牠們棲息在樹葉上時，就能成功偽裝。雖然綠色通常是很難調製的顏色，但身處掠食者（即瓢蟲）環伺的環境下，豌豆蚜是綠色的。瓢蟲主要靠視覺來捕捉獵物，因此對牠們的獵物來說，偽裝是個有效的策略。不過當瓢蟲的數量稀少時，豌豆蚜就不再製造極耗能量的綠色色素，轉而製造比較不那麼費力的紅色色素。同樣的，孔雀魚會因為有眼睛的掠食者，而改變自己的外貌。這種棲息於千里達島和南美洲的魚類極具個別差異，已成為演化研究常用的典型動物。孔雀魚的體色和抵禦掠食者的行為，可因掠食者壓力的變化，而在幾年內或歷經十個世代就發生轉變。當然，交配是另一項會產生性擇的重要行為和演化因素。「性擇」與「掠食者驅動演化」或「自然選汰」共同作用。當被掠食的威脅減輕時，孔雀魚群體就會透過性擇，演化形成鮮明的交配色澤。不過所有這類演化都是由視覺驅動，不論是其他孔雀魚的視覺或掠食者的視覺。

交配造成著名的偽裝規則特例，尤其是通常以視覺為主要感覺的鳥類。想想孔雀，牛頓對顏色的分析，只適用於尾羽氣勢恢宏的壯麗雄孔雀，對暗褐色的短尾雌孔雀並不適用。不過雌雄孔雀共享相同的攝食策略。無論如何，此處的關鍵要素是相當適度的掠食威脅，這是大部分鳥類有能力負擔的奢侈品。相對於大部分被迫於必須偽裝的陸生與水生動物，具備飛行能力的脊椎動物，通常能「暫停一下」這類受制於偽裝的演化。許多鳥類可以自由展現適於另一項重要行為歷程，即求偶的顏色。根據這項原理，我們可以預料鳥類已演化形成最精密、且以視覺為導向的求偶炫耀行為。牠們避開這個因為有眼掠食者的存在，而變得相當殘酷的世界。

回到地面或水中，生物所面臨的生命法則更加嚴厲。地面或水中環境裡沒有神祕的藏身之處，也沒有額外的空間，能讓體色無法適應環境的動物得以立刻消失不見。不過光線在此為牠們鋪下一條可以提高適應性輻射演化的路。本書所討論的情況，也包括東非的礁湖慈鯛和加勒比海的變色蜥。適應性輻射演化包含占據各種空置的棲境，舉例來說，陰暗和光線明亮處，及各種顏色的生活背景。因此相較於洞穴環境，有光環境能讓動物的生命更多樣化。

綜合上述所有考慮，我們擁有了一個由「光」塑造大部分生態系統的世界。想想海洋環境。生物可以選擇生活在光線強度不同的區域，牠們可以生活在海底，挖個地道鑽進去，或是住在岩石和珊瑚礁的縫隙裡。同樣的，海綿動物也能提供適當的藏身處，而海葵或僧帽水母的觸手，或許是另一個安全的選擇（若藏身其中的動物，能對牠們所釋出的毒素具有免疫力的話）。此外，雖然勇猛的生物不需藉助外在環境提供的保護，不過生活在開放區域的牠們可得站上火線，因此必須演化形成足以降低掠食風險的求生策略。生物可以偽裝或讓自己變身為透明人；也可以選擇引人注目的策略：塗上具有警告意味的色彩，或披上足以自衛的盔甲；或者擁有高明快速的泳技，有能力探明任何掠食者的存在，並逃離牠們的魔掌。生物也可以向掠食者低頭認輸，並選擇通常能夠成功的繁殖策略，不過所付出的代價是個體倖存的機會降低，然而採用這個辦法至少能夠延續物種的生命（雖然若是**所有的**獵物都採用此種方法，這個策略就會失效，因為這個棲境的「空間」有限）。但是，不論採取何種方式，發展迎擊有眼掠食者的優秀策略極為重要。

雖然嚴格說來這並不是演化生物學家使用的表達方式，但卻能總結影響演化的選擇壓力的概念。這些事件之所以發生，都是因為掠食者擁有眼睛。若是沒有眼睛，光就不會是動物的主要刺激。

此時我覺得自己好像是一位大學講師，剛剛結束一門基礎課程的教學工作——雖然疲倦但卻放心。我並未藏私，已經完全揭露邁入新學習階段所需的事實及數據。我確實感到相當放心，因為這是事情之所以變得有趣而令人興奮的原由。我們現在已有能力捕捉最偉大的演化事件。如今我們可以回到五億四千一百萬年前，回到寒武紀初始的時刻。

「光開關」理論

若將地質年代分為二部分：前視覺時代與後視覺時代，則區隔這兩個時代的界線，就位於五億二千二百萬年前。若將視覺視為地球上最有力的刺激，則現今世界的運作方式，與寒武紀大爆發以後的一千萬年前、一億年前和五億二千一百萬年前無異。同樣的，五億二千三百萬年前那個沒有視覺的世界，正如六億年前的世界。在這二段生命史之間，光的開關打開了。雖然在前視覺時代，光的開關始終關閉；但在後視覺時代，光開關依然保持開啟的狀態。

我們知道視覺對現今動物的外形設定了很多限制，但在寒武紀之前的世界，由於生物沒有眼睛，因此光並未扮演這樣的角色。當時光在動物的行為系統裡，並不是一個重要的刺激。只有擁有**眼睛**的動物，才能利用視覺（我指的是產生視覺影像的能力）。很多簡單的動物會利用光線來判斷陽光的方向。在加拿大伯吉斯採石場的雪中發現的藻類就是證據，牠們有紅色的眼點但卻沒有視覺。不過這與視覺無關。事實上有些植物甚至擁有簡單的光線偵測器，可以控制營養生長和花芽發育的轉換。不過這種形式的光線偵測並不是視覺。視覺是利用光線知覺並分類物體的能力，或者說視物的能力。

前寒武時期，只有多細胞動物門中身軀柔軟的動物存在。接下來二頁是一幅生活在前寒武時期環境裡的生物快照，是使用當時最先進的光感知器拍攝下來的照片。

由於當時的動物沒有眼睛，在前寒武時期的環境裡，光或者視覺景象並不是主要的刺激。據推測，前寒武時期的動物擁有化學、聲音及／或觸覺接受器，牠們可能也擁有簡單的光感知器，例如加拿大雪中的藻類，不過無法形成影像。在前寒武時期，光是非常不重要的選擇壓力。它對多細胞動物的演化並未產生直接影響（它對以行光合作用的藻類為食的動物，可能有間接影響，行光合作用的藻類只能生長在有陽光的地區）。

競爭和掠食並非前寒武時期的主要選擇壓力，不過它們確實占有一席之地。前寒武時期的埃迪卡拉動物是逐步發展形成大腦，牠們發展能取得環境線索或信息並處理資訊的方式，也演化形成咀嚼的能力，同時還漸漸發展出堅硬不彎曲的原始附肢。前寒武時期的生痕化石或足印顯示，生物可用腿將軀體撐離地面。不過，如同現今黑暗洞穴裡的環境，前寒武時期的演化通常速度緩慢，若未出現單一的極端事件，將會持續以逐步的方式進行演化。從生物軀體的角度來看，這似乎類似於其他任何一次的演化創新事件，這樣的事件在生命史上發生過許多次。不過這次的事件不同以往：它以前所未見的規模，永遠地改變了世界。在前寒武時期末期，雖然大部分的動物門正逐漸演化，但軟體型三葉蟲卻發生了重大的轉化。有片感光細胞正變得愈來愈精密，它被畫分為幾個不同的單元，供應各個單元的神經數量變得愈來愈多，而它們負責供應的腦細胞數量也同樣增多，這些神經和腦細胞若非增殖而來，就是借自其他感覺的配線與處理系統，然後各個單元的外層開始增長並取得聚焦屬性。於是有一天，所有的單元都攀上頂點——複眼已經形成。

出現影像了！某種感覺的新詮釋已進入動物世界……不過這不是普通的感覺。最有強而有力的感覺，隨著一隻原始型三葉蟲（在牠轉變為三葉蟲期間）的誕生而衝出束縛：牠是第一隻擁有眼睛的動物。地球史上首度有隻動物睜開牠的眼睛。當牠這麼做的時候，首次實際點燃海底與水中的萬事萬物。每隻爬過海綿的蠕蟲，每隻漂浮在海中的水母，都能立即在牠的眼中形成影像。地球上的光開關被打開了，這終結了前寒武時期的特徵——逐步演化。

簡而言之，隨著眼睛的引進，動物的視覺突然變得非常重要。只不過有一對眼睛，也就是世界上的第一對眼睛引進視覺，使視覺成為牠們身旁世界的刺激，包括所有棲居其中的動物。現在我們若在第二九八、二九九頁的圖所描畫的前寒武時期景象加上視覺，就可看見棲居當地的動物，如同第三〇二至三〇三頁的圖畫所示。

這是所有前寒武時期動物在光的刺激下所見到的影像。

所有感官中最強而有力的感覺已經降臨地球。冷不防地，也是第一次，有隻動物可以探測自身所處環境的萬事萬物。而且能用精確的視覺探測環境。

前述兩幅照片的差別，或者說前寒武時期和寒武紀時期光知覺的差異，與我們閉上眼睛後再睜開眼睛的感覺差不多。舉例來說，閉上眼睛時我們可以判斷陽光的射入方向，但無法找到並辨識某位朋友。因此，有些前寒武時期的動物可以利用光線得知通往海洋中層上方的路徑，但卻無法發現朋友或敵人。不過對牠們有利的是，潛在的掠食者也沒辦法找到牠們。所以並沒有強烈的選擇壓力，迫使前寒武時期的動物必須適應光，即使光即將變成世界上最有影響力的刺激。事實上，隨著寒武紀之初演化形成第一隻眼睛後，光幾乎是在一夜之間（從地質年代的角度來看）成為最強而有力的刺激。

在睜開眼睛時，我們突然見到一個截然不同的世界。我們可以看見與自己有些距離的食物：若食物能散發味道，我們就能聞到香味；若食物能發出聲響，我們就能聽見聲音；而且若與食物相距極近，我們還能摸到它。因此，在前寒武時期，生物並未釋出能讓牠們逃避掠食者的化學物質或聲響，除非牠們與掠食者在無意中相遇。但寒武紀時期的生物已能看見亮光。光的開關已經打開，是世界上第一次也是唯一一次打開光的開關，從那時起，光開關就不曾再關閉。我們睜開眼睛時不但可以看見動物的大小、形狀和顏色，也能看見牠們的行為：我們可以判斷牠們的移動速度有多快，也知道自己是否有能力捉到牠們。所有這些動物屬性在寒武紀初期突然變得很重要——當第一隻有眼睛的主動掠食者現身地球之際。在這個時刻，所有的動物都必須適應光，或者說視覺。在前寒武時期即將結束之時，原始型三葉蟲已因選擇壓力的影響，而演化形成眼睛。不過當時其他動物並未因此受到影響，也沒有為了應付這隻眼睛而逐漸適應視覺。動物總是在陽光照耀的環境下投擲影像，於是製造適應性影像的競賽就此展開。牠們迅速地發展所有現生生物對光的適應性改變：蠕蟲樣的外形必須披上堅甲、塗上警告色、改變形狀和體色以便偽裝，或具備游泳的能力，如此才能以計謀勝過追捕牠們的敵人。或者，牠們也可以選擇退出視覺環境，並演化形成能讓自己藏身於岩石縫或其他底質的軀體。不過歷經最初的騷動之後，更進一步的適應性變化就變得較為平緩——演化安定下來，回復慣有的步調。

第一隻有眼睛的動物，確實看見一整套新的棲境在牠面前展開。牠注意到在光與影交織下的海底區域，這些區域先前曾經不分彼此地混在一起。不過重要的是，牠能輕易辨識與牠共享環境的其他動物。牠可以判斷這些動物與自己的相隔距離，牠們正往哪裡移動，以及牠們的移動速度有多快。不過，此時仍然沒有什麼立即的影響，除了一點：這隻有眼動物的競爭能力優於同類群其他個體，牠可以更容易找到食物和伴侶。這項優勢促使物種將編碼眼睛的新基因保留下來，代代傳承。很快地，所有原始型三葉蟲的個體就都擁有眼睛，形成新的物種。不過早在史上第一隻眼睛張開之時，地球上所有多細胞生物的選擇壓力就已發生改變，生物很快就察覺這個事件所引發的後果。下一個選擇壓力是主動掠食和應對策略。

第一批有眼睛的原始型三葉蟲必然感到十分挫折。牠們喜歡吃肉而且以在海底偶然碰見的碎屑為食，或許還能探測到腐爛「食物」所飄送出來的化學物質。不過牠們現在真的有能力看得更遠。在牠們眼中，身旁各個動物門的那些軀體柔軟的鄰居，是大量的蛋白質，或可能的食物。不過原始型三葉蟲既沒有機動性，也沒有顎可以捕捉並殺死所有的獵物。牠們必須學會游泳，才能捕捉飄浮海中的動物，牠們需要具備尖利的口器或附肢，才能執行謀殺行動。換句話說，牠們需要擁有硬質構造。想想原始型三葉蟲統治世界的可能性，硬質構造的選擇壓力相當沉重。繼之而來的硬質構造和主動掠食，

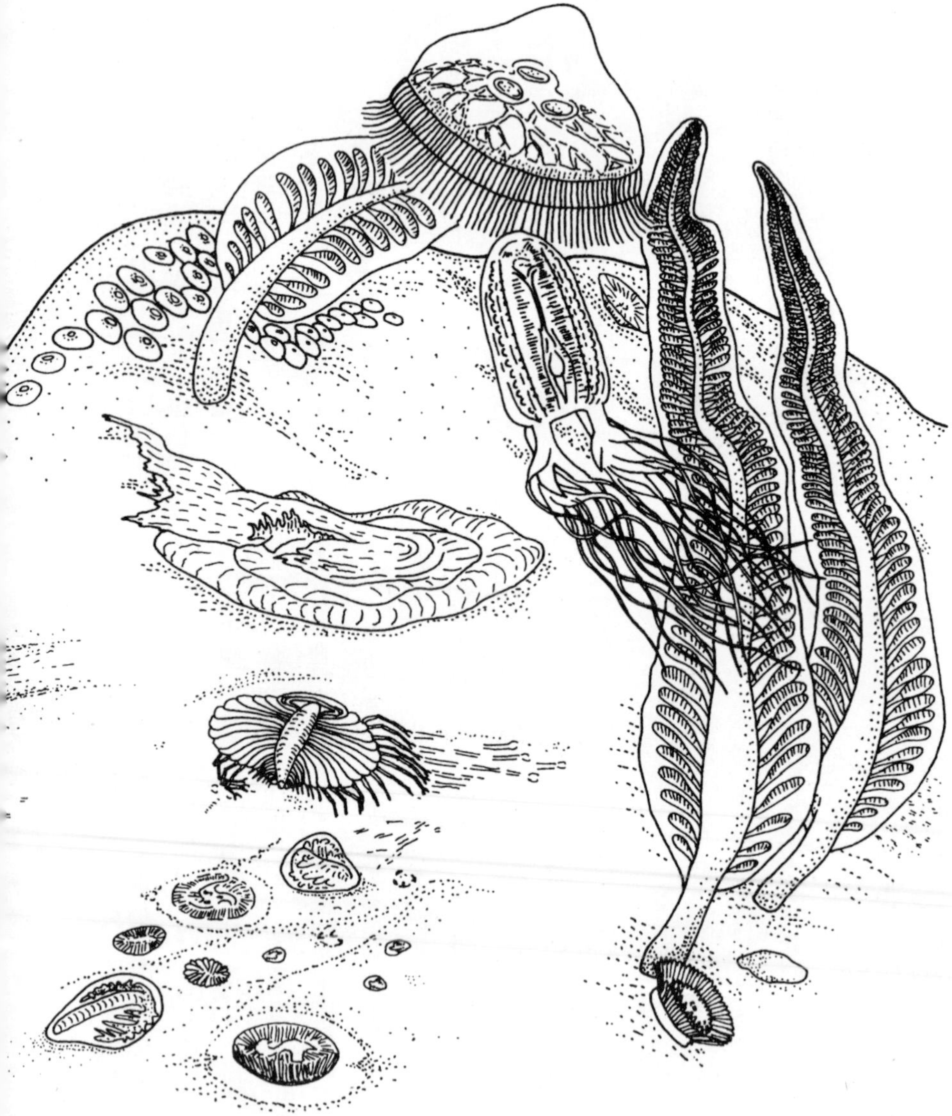

生活在前寒武時期末期的軟體型多細胞動物。這是當時最精密的光受器——眼睛，所見到的前寒武時期末期或寒武紀早期的世界，距今約五億五千五百萬年。

發展極為迅速。原始型三葉蟲很快就變身成為三葉蟲。

寒武紀初期的海裡，到處可見具有眼睛及掠食附肢的三葉蟲，主動掠食的生活型態已經形成。現在海洋世界裡出現前所未有的威脅，這些三葉蟲為後來的掠食者鋪平道路，從白堊紀的肉食性動物霸王龍，到如今棲息於賽倫蓋提大草原的獅子。另一個促使牠們成為活躍主動的掠食者的重要因素，是三葉蟲向上進入開放水域的能力——游泳。現存眼睛最銳利的剛毛蟲，即浮沙蠶，也是所有剛毛蟲中游技最佳的一員——能快速移動的生物最能善用眼睛。前寒武時期開放水域裡的掠食者，是那些主要利用觸覺來感覺世界的水母。動物無法對觸覺產生適應性改變，因此這種形式的掠食對獵物的演化並不具有選擇壓力。

三葉蟲的出現確實撼動了世界。箭蟲是寒武紀早期的掠食者，但牠們的數量不多，而且體型極小。事實上，牠們只獵食小型浮游生物，因此在寒武紀之謎裡並未扮演任何角色。此外，除了某些例外，在寒武紀大爆發時期，生物並未演化形成對抗無視覺掠食者，例如鰓曳蟲的防禦措施。寒武紀大爆發確實與防禦以視覺為導向的掠食行為有關。

因此，當第一隻眼睛出現時，基於它對其他動物所產生的選擇壓力，原始型三葉蟲的確具有統治世界的潛力。選擇壓力是一股無形的力量，不曾有生物意識到它們的存在。即使認為自己知道哪種方式更好，也沒有生物能「驅策」演化。所以如同原始型三葉蟲的主動掠食生活型態會產生選擇壓力般，其他多細胞動物所發展的因應策略也會引發選擇壓力。這些選擇壓力也很沉重。演化是一種平衡狀態，不會持續往某個方向傾斜。除了滅絕之外，演化始終維持平衡。

第一隻眼睛有效地為各種生物創造了新的棲境，即使只有原始型三葉蟲能真正看見這些棲境。如今，魚類不知道自己體呈銀色是為了躲避掠食者。牠們演化形成銀色鱗片，占據一個空置的棲境，若能不被掠食者看見，大型動物就能在海洋中層自在生活。選擇壓力的目標是這些閒置的棲境，因此在寒武紀初期，所有新的潛在棲境，即那些有光和陰影的區域，都是可以開發的處女地。規則雖然簡單，但卻很新穎。

三葉蟲能任意妄為的時期很快就結束了。牠們開始背負新的選擇壓力，即避免成為別人口中的獵物。當三葉蟲在水中噴射推進、在海底短跑衝刺或急速掠過時，可能會遇到其他的三葉蟲，這些三葉蟲可能成為牠們口中的美食，於是變成同類相殘，或者說得更精確一點，三葉蟲吃三葉蟲的局面。三葉蟲演化的重點，從獵食轉變為避免成為獵物。人們曾在空空如也的蠕蟲體管裡，發現一些小型寒武紀三葉蟲的化石，大型的三葉蟲獵手或許沒有看見牠們。不過另一種演化反應是三葉蟲那堅硬的外骨骼，不但讓牠們具備游泳的能力，也讓牠們擁有武器。現在，地球史上首次出現裝飾用的武器。讓我們回到三葉蟲那正日漸枯竭的軟體食物，尤其是導致這種現象發生的原因。事情不只是三葉蟲過度消耗食物這麼簡單。

暴露在海底的軟體型生物開始變得稀少，因為牠們正在演化。在此之前，牠們只會遇見不移動的掠食者。這是效率極差的歷程，其中有十分之一的個體也許不得善終，或許是掠食性的鰓曳蟲下場悲慘，也可能是海葵的觸鬚遭逢不幸，不過物種的存活勝算是十分之一。其餘百分之九十的個體很安全，可以順利讓物種繼續延續到下一個季節。原本只要避開有鰓曳蟲或海葵看守的路徑，生物就能安全度日，如今三葉蟲卻會主動尋找牠們。在寒武紀的交界處，形勢已經改變。

要適應這個新的光世界，最顯而易見的需求似乎是擁有堅硬的硬質構造。這確實是演化的重點。

硬質構造演化形成堅甲，如同原始型三葉蟲已演化形成強健的顎。大部分地棲動物的堅甲，能直接防範由上而下的攻擊，進一步提供主動掠食者是游泳健將的證據，如第八章所述，三葉蟲可能是寒武紀時代海中的魚類。至於節肢動物門的動物複製眼睛的目的，不只為了增強主人掠食性的能力，也為了防止自己被吃掉。

仔細觀察化石紀錄，就會發現節肢動物門顯然是寒武紀時期最多樣化的類群，或者說演化形成最多種形式的硬質構造。牠們是寒武紀時期的主動掠食者，而在動物轉變成主動掠食者時，眼睛扮演極重要的角色。其他三十三個也有硬質構造的動物門，則組成規模較小的軍隊。除了軟體動物和燈貝以外，其他動物門裡只有相當少數的代表物種——那些可以看見所屬動物門走過寒武紀過渡期的物種。牠們因能適應有眼睛的主動掠食者而得以倖存，包括游泳的技能、躲入岩石縫的技巧、有效率地挖洞藏身，或披上堅甲保護自己。很多這些適應性反應都需要借助硬質構造。偽裝或許是另一種主要的適應性行為，不過我們並未發現支持或反對這個觀點的證據，寒武紀大爆發可能是牽涉到硬質構造、形狀和體色的事件。無論如何，在寒武紀時，其他三十三個動物門的確沒有演化形成眼睛（隱索里冠伐蟲或許是個例外，牠是一種寒武紀時期的剛毛蟲，與會游泳的現生有眼浮沙蠶相似）。這也許能解釋牠們為何不如寒武紀時期的有眼節肢動物來得多樣化。有五個其他動物門確實演化形成眼睛，但只有脊索動物門和軟體動物門較為普遍，而且牠們是在寒武紀之後才演化形成眼睛：在寒武紀時期裡，這五個動物門的動物依然沒有眼睛。舉例來說，根據化石紀錄和演化分析，軟體動物門裡的烏賊和墨魚所屬的有眼動物類群，直到寒武紀時期之後一段時間才演化形成眼睛。

因此，似乎處處發生的硬質構造演化，以及最後的多細胞動物身體形式的演化，都是由主動掠食者所驅動。這個過程就是寒武紀大爆發，不過它是由眼睛的演化所觸發。我們正在找尋觸發寒武紀大爆發的原因，而不是仔細解釋這個事件本身。馬克．麥克蒙與戴安娜．麥克蒙所更新的概念，即在寒武紀時期所發展的食物網，確實描述了寒武紀大爆發這個事件，只不過他們的重點是事件本身，而非導致事件發生的觸發因素。寒武紀大爆發見證生物撰寫生命法則（與如今相同）的過程。有效引進第一隻眼睛，破壞了先前的法則，並在動物界引起一陣騷動，創造了一個沒有法則的局面，促使演化高速前進，或許從谷底攀升到山頂；如今需要建立新的法則。所有的動物都必須在自己被吃掉之前，或在被獵物以智取勝之前，演化形成適應視覺的策略。因此寒武紀初期變成一場適應視覺的競賽。生物爭相搶奪新的空置棲境，而這場發生在撰寫現今生命法則期間的騷動，就是寒武紀大爆發。我們終於解開謎底。**驅動寒武紀大爆發的因素，是突然演化形成的視覺**。

我們所知的生命

伯吉斯頁岩的古海域，最深可達七十公尺，如今是個陽光照耀的環境，顏色和裝飾品依然能於當地發揮功能。怪誕蟲是一種伯吉斯絨毛蟲，而微瓦霞蟲則是一種伯吉斯剛毛蟲，這兩種蟲身上都有嚇人的巨大棘刺。這些動物居住在海底，牠們的棘刺往上伸入海中，防禦的目標是游過牠們上方的掠食者——怪誕蟲與微瓦霞蟲身懷武器與裝飾品（人們普遍認為剛毛蟲是為了應付掠食者才演化形成棘刺……此處指的是有眼睛的掠食者）。絨毛蟲阿薛亞蟲並未演化形成棘刺，反倒與海綿結成同盟。如同現存的類似動物，阿薛亞蟲可能演化形成與海綿完全相同的體色，或甚至竊取海綿的色素。如今要捕捉棲居在海綿身上的陽燧足或甲殼綱動物並非易事，因為牠們的偽裝天衣無縫。現存生物對有視覺掠食者的適應性改變，可能是在寒武紀時期迅速演化形成。從寒武紀初期直到如今，世界已經適應有視覺的掠食者。由於歷經五億二千多萬年的時間，相同的基本概念依然正確且毫無改變，證實這個刺激確實極為有力。有力而且穩定。

伯吉斯頁岩的微瓦霞蟲、加拿大蠕蟲與馬瑞拉蟲身上的虹彩暈光，可能具有威懾掠食者的作用。如同怪誕蟲與阿薛亞蟲，在掠食者眼中，這些動物也是一大塊移動緩慢的蛋白質，不過牠們用來自衛的棘刺會顯露虹彩暈光，隨著掠食者的逼近而變換顏色。不斷變換的顏色或閃閃爍爍的光芒，會比穩定的光線更引人注目，因此能強化棘刺的形狀所創造的視覺警訊。如同前文所述，棘刺的形狀和顏色是針對掠食者的視覺所產生的適應性改變，它們其實是裝飾品。

南美洲的側頸龜只需要利用眼睛，就能迅速估算環境中潛在獵物的營養價值。不過牠們只攻擊那些脆弱的動物，無論這些動物的營養含量如何。因此側頸龜會忽略營養價值雖高，但卻難以捕捉的動物，牠們喜歡掠食行動緩慢容易獵捕的動物。微瓦霞蟲能反射伯吉斯頁岩環境裡各種波長的光，其中至少有些是牠的掠食者用以視物的光波，因此掠食者能看見牠身上散發的虹彩暈光——微瓦霞蟲會向牠的掠食者發出自己很難對付的信號。基本上，寒武紀時代光的展現和視覺的重要性，與現今深度相仿的環境不相上下。

我曾提及寒武紀是個過渡期，不過這場騷動似乎也確實只局限在寒武紀初期的五百萬年內的時間，即寒武紀大爆發。寒武紀大爆發之後，萬物都已適應視覺，混沌的局勢開始趨向穩定。節肢動物類群的等刺蟲與瓦普塔蝦，是舉世聞名的伯吉斯頁岩化石，牠們的生存年代距今約五億八百萬年。不過在五億一千八百萬年前的中國澄江縣也有牠們的蹤影，因此這些物種存在的時間相當長，至少有一千萬年之久。奇蝦是生存時間甚至更長的寒武紀動物，但是這份動物表還沒結束，在寒武紀大爆發之後，物種生命的延續狀態顯然極為良好。視覺砰地一聲突然進入地球，或者說地球啪地一聲打開了光的開關，接著局勢安定下來。視覺的引進，觸動了一場新棲境（因視覺的引進而開啟）爭奪戰。一旦這些棲境都被占滿，世界就會恢復微觀演化的狀態。想想恐龍。恐龍占據了頂端的掠食棲境，並讓哺乳動物屈居食物金字塔的下層。只有等恐龍消失不見，哺乳動物才有機會稱霸世界：當棲境被填滿時，系統將保持穩定，一種抗拒變化的穩定狀態。

為什麼是視覺而不是其他感覺？

光只是現今環境裡的整套刺激之一。或許在思考寒武紀大爆發時，也應將其他刺激納入考量，如同本書對光的探討般深思其他刺激。光開關真的是感覺開關，所有的感覺都在寒武紀大爆發萌芽之際引進地球？還是現今動物的其他重要感覺，是在寒武紀大爆發前後逐漸演化形成——它們遵循的是微觀演化而非宏觀演化的路徑？

首先，除了視覺之外還有哪些感覺？所謂感覺是指偵測並意識外在世界的能力。感覺牽涉到一項刺激與一個偵測器，目前除了眼睛和視覺以外，通常還有兩種偵測器：化學偵測器與機械偵測器。此外還有磁性偵測器，可以追蹤地球磁場的方向。人們了解最深的是昆蟲與脊索動物的磁感覺，例如信鴿，信鴿可利用「磁地圖」來判斷自己的地理位置。有些魚類，尤其是鯊魚，會利用磁感覺捕捉獵物，不過動物通常是利用磁感覺來定向。由於直到寒武紀之後，磁感覺對掠食者與獵物間的關係仍無影響，因此在考慮寒武紀大爆發的可能原因時，可將它排除在外。

微觀演化實例

化學偵測器可以偵測化學物質，並產生味覺或嗅覺。化學偵測器含有當與特定化學物質接觸時，會產生電脈衝的神經纖維。最原始的化學偵測器，神經纖維的末端位於動物表皮，因此化學物質只需碰觸到動物的表皮，就能刺激牠的神經纖維。在不同的狀況下，這種機制會變得更加複雜。提高暴露在外的神經纖維密度，動物對化學物質的偵測能力就會更敏銳；若將這些神經與各種對其他化學物質敏感的神經混合，動物就能感受一系列的化學物質。將神經纖維移離動物表皮，讓它們伸入環境之中，也會增高動物偵測化學物質的敏銳度，這是因為包圍動物的黏性邊界層，對化學物質的屏障能力較差。同樣地，與體表相隔一段距離之處，所感受到動物本身散發的「噪音」或背景化學物質較少。生物可利用外覆毛髮的方式，保護進入環境的神經。偵測器的類型各式各樣，從包覆在一根單孔毛髮裡的單條神經纖維，到包覆在一根多孔毛髮裡的幾束神經纖維都有。動物身上這類毛髮的密度愈高，毛髮系統的複雜性與敏感度也會隨之增高。無論如何，當敏感度增高時，就會浮現相同的型態。是一種防止化學偵測器出現爆發性演化的型態。

每個複雜且敏感度高的化學物質偵測器，都有條界限清楚且循序漸進的演化路徑。以一叢毛髮的形式出現的偵測器，或許演化自幾根毛髮，而這幾根毛髮可能是從一根毛髮演化而來；單一毛髮或許演化自動物表皮的一個隆起，這個隆起，可能衍生自一條穿透祖先那扁平表皮的神經。無論如何，重要的是這條路徑相當平順。換句話說，嗅覺和味覺隨著地質年代的演化是線性的，涉及一系列數量繁多但逐漸轉變的階段。這趟演化之路也走得很平穩。

或許「線性」和「平順」這種說法有點言過其實。舉例來說，毛髮涉及硬質構造，而且如我們所知，在地質時標的尺度而言，硬質構造可說是一夜之間突然出現的特徵。因此在歷史上的這個時間點，嗅覺和味覺偵測的敏感度，可能已經躍上一個棲境。但是這種跳躍不是非常重要，因為神經纖維所提供的資訊並未突然提高好幾倍。雖然這種特殊的跳躍，可能是化學偵測器的偉大進展，但它是發生在寒武紀大爆發期間，因此不會是寒武紀大爆發的觸發因素。不過嗅覺和味覺的演化路上，還是有些許顛簸。

機械偵測器因能探測環境中的物理活動而得名，含有當生物本身移動時會產生電脈衝的神經纖維。若生物接觸到物體，或在水裡或空氣中移動時，就會發生這種情形。機械接受器負責偵測觸覺、聽覺／震動覺，對重力、溫度及壓力具有敏感性。如同化學偵測器，機械接受器也具有各種形狀和大小，而且也呈現相同的演化型態。理論上，機械接受器的演化是以小幅進展的方式進行。

化學接受器與機械接受器在整個地質時代的演化過程，無法與光偵測的演化相比。其他的感覺接受器在演化時，並未發生足以與水晶體的演化相比擬，或者類近的事件。在寒武紀大爆發期間，生物的化學偵測器與機械偵測器確實變得更有效率，不過尚不足以改變整個動物行為系統。並無某個接受器的效率突然改變「百倍」的例證，如同從一片感光細胞，搖身一變成為具有成像能力的眼睛般。光偵測器與其他刺激的接受器之間有個基本差異，那就是其他刺激的接受器，仍然處於複雜性和效率都屬於中間階段的時期。理論上除了視覺以外，其他刺激接受器的演化都是呈線性進展，不過水晶體未臻成熟的光受器，並不比沒有水晶體的光受器占有多少優勢。理論上，處於中間階段的水晶體，它們的光覺只是略微增高；但當形成可完全聚焦的完美水晶體時，光受器的視覺功能就突然大幅躍升。效率激增的現象如此引人注目，以致達爾文將眼睛視為演化論的肉中刺。不過這種現象也顯示，若有某種接受器能觸發寒武紀大爆發，那麼這種接受器必然是眼睛。眼睛那始於早期光受器的演化，正如第七章所述，從「看不見」一躍而能「看見」，雖是解剖學的一小步，卻是動物行為的一大步。

前寒武時期演化史的圈線圖配置及資訊處理假說

從演化史的角度切入，我們可在

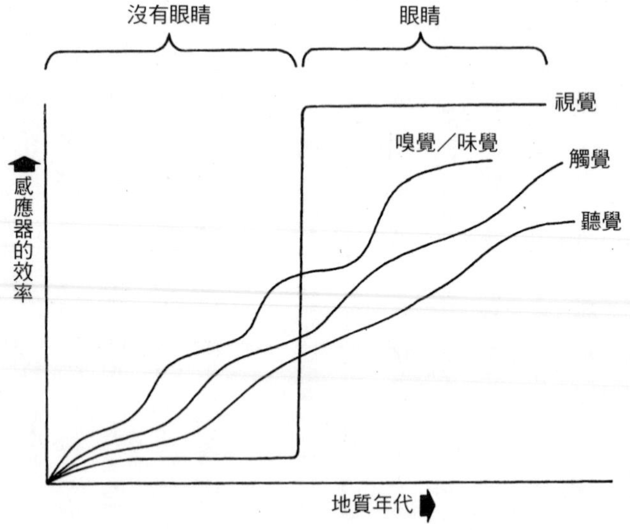

圖中所示為整個地質年代中，各種刺激接受器那極為相近的演化。視覺是唯一可將地質年代畫分為二個不同階段的感覺。

神經系統和大腦處理資訊（偵測器取得的資訊）的能力找到證據。如今我們知道，眼睛確實是在寒武紀初期突然出現，並且立即成為生物的普遍特徵。有相當多的寒武紀節肢動物擁有眼睛，因此眼睛在當時的作用必然與今日相同。要讓眼睛發揮功能，生物必須擁有相當大的大腦和神經纜線，其中有部分是借自其他感覺。對於「眼睛為何能從形式簡單的前身，也就是光受器，突然一躍成為能產生視覺的器官」這個問題，這是最合理的解釋。這種借用的現象告訴我們什麼資訊？它表示在寒武紀之前，至少有些感覺已經演化到某種適當的精密程度，因此已架構好一個神經網絡，包括大腦空間在內；也表示它們無法觸發寒武紀大爆發，並促使我們注意視覺之外的其他感覺，這是演化史上另一件有趣的瑣事，一個當我們比較各個動物門時就會浮現的細節。

演化史的證據

到目前為止，我們雖曾對整個地質年代的「感覺」演化深感興趣，不過應該暫且拋開時間這個因素，再次檢視多細胞動物的演化樹。這棵演化樹不但能呈現基因突變的順序及內部身體設計的建立，也揭露感覺系統在整個動物門演化史而非時間上的演變。我們發現，第一個在演化樹上出現分支的動物門，通常是以具有簡單神經系統的現生物種為代表。

海綿是利用普遍的細胞應激性，來產生機械性的感受，尤其是觸覺。演化上屬於較進階的動物門——扁蟲，則是利用刺激游離的神經末梢，來產生機械性的感受。更為進階的衍生動物門擁有更敏感的機械接受器，能夠探測遠方物體的低頻震動所產生的壓力波。最進階的衍生動物門甚至能夠利用特殊的感聲器，來探測聲波或高頻震動。

其他感覺的演化過程也呈現類似的漸進式發展型態。海綿並未特化形成化學接受器，但味覺與嗅覺是牠們的體表所具有的一般特性。海綿會將體腔開口收縮，限制水與刺激物流過身體，以因應化學刺激物的刺激，不過直接對刺激物產生反應的是開口周圍的收縮細胞，並未涉及特化的接受器。下一個岔離演化樹的動物門包含海葵和水母。這些動物的口和觸手有簡單的化學接受器，可以區辨食物類型：海葵和水母有自己偏好的食物。軟體動物、棘皮動物（海星動物門）、節肢動物和其他更進階的衍生動物門，牠們的化學感覺甚至發展的更好，可以利用化學感覺定位食物的來源。

大部分動物門的生物，辨別溫度差異的能力都不高，不過在屬於進階衍生動物門之一的脊索動物門裡，大部分動物的熱敏感性都很敏銳。雖然眾所周知，脊索動物門的魚類是對壓力變化最敏感的海生動物，但也已知其他動物門中大部分會游泳的動物，對壓力的波動會產生反應。其中包括某些較原始的衍生動物門，即水母和櫛水母，以及剛毛蟲與節肢動物。大部分動物門的生物也都會對重力產生反應。不但櫛水母和某些水母擁有這種感覺，剛毛蟲、棘皮動物（包括海參）、燈貝和節肢動物也有。

相較於在空氣中，聲波在水中的傳播速度不但較快，而且也沒那麼低沉，不過聽覺本身是脊索動物的適應性改變。其他動物門的生物可以利用較簡單的器官來偵測聲波，或至少水中的某些震動。有些剛毛蟲對水面下的聲響，所產生的本能反應是退避三舍；有些螃蟹的確會發出聲音。我們不知道這些動物偵測聲音的方法（雖然極為有限），不過牠們並不具備大而特化的聽覺器官。以螃蟹為例，或許重力偵測器也參與其中。早期的昆蟲聽不見聲音，因此聒噪的蟬、蟋蟀和蚱蜢除了能發出聲響外，還必須演化形成聲音偵測器。這種雙重演化是冗長的過程，接受器和傳聲器都需要微調。重要的是，這種感覺很少對其他動物門的鄰居造成直接影響，然而視覺不單只影響有掠食者存在的動物門，它對**所有的**動物門都具有影響力，於是眼睛順勢成為點燃寒武紀大爆發的原因。

因此在動物門的層次，感覺效能和演化樹的分支點顯然有關。最原始的衍生動物門，即海綿，只具備簡單的機械和化學接受器。下一個岔離演化樹的動物門，即刺細胞動物（包括水母）和櫛水母，同樣具有簡單的觸覺接受器，不過敏感度略高於化學接受器，但也有還算過得去的壓力和重力接受器。下一個較進階的衍生動物門之一，即扁蟲，擁有進一步改良的機械接受器。不過更進階的衍生動物門，大部分的感覺接受器都已普遍改善。這是可預期的。這是一股感覺知覺會隨著軀體的複雜度增高而提高的趨勢，其中涉及大腦和神經系統這些對感覺知覺極為重要的器官。這種現象再次暗示我們，除視覺之外的感覺都是逐步演化形成，在寒武紀之前就已展開它們的歷史之旅。眼睛似乎是感覺演化史上與眾不同的特例。

無可避免的現身

最後還有個我們已經提過好幾次的爭論，因為「光」刺激的性質，所以偵測光的感覺與其他感覺不同。大部分的環境都有陽光存在，任何動物都會在環境中留下自己的視覺特徵或影像。這些影像已經準備好要讓其他生物偵測，因此為了適應視覺，動物必須演化形成可以適應其視覺外觀的反應，不論是形狀還是顏色，是偽裝或隱藏在自然屏障之後。

除了視覺之外，大部分常見的感覺均始於動物所創造的刺激，因此若生物未創造刺激，就不會有其他生物偵測到這個刺激。所以生物的化學接受器和某種程度的機械接受器，通常已經過微調，能偵測潛在刺激的範圍很狹窄，故而動物只會演化出能逃避特定範圍刺激的策略。不過對視覺的適應並非如此簡單，因為眼睛所偵測的環境刺激範圍或光譜通常很廣泛。在撰寫本章時，我曾目睹這項原則的作用：我看見有隻跳蛛竟打算捕食體型大牠二倍的「食肉蠅」，整個過程令人嘖嘖稱奇。這隻跳蛛停在一面牆上，以牆壁的顏色為背景，把自己偽裝得很好。食肉繩跳蛛僅僅只有十公分的距離，卻沒有感知到牠的存在。食肉蠅雖然具有絕佳的化學接受器，但並非專為跳蛛的嗅覺而設。由於在牆壁的掩護下，這隻跳蛛的色彩並不明顯，因此食肉蠅無法感覺到牠的存在。無論如何，跳蛛由於想要逼近食肉蠅，不得不移動身體。移動身體的動作使牠的視覺外觀出現變化，食肉蠅因而偵測到牠的存在，於是匆匆飛離險地。這隻食肉蠅很幸運，陽光總是那麼閃爍耀眼，跳蛛只能無奈地在牠的視覺光譜裡留下印記，別無其他辦法。即使演化也無法完美解決這個問題。

基本上**所有的**動物都必須適應光，但其他刺激的情況就未必如此。舉例來說，為了適應徹底改良的化學知覺，動物必須儘量減少自己所散發的化學物質。不過這種變化與堅硬的外部構造關係淺薄。事實上，這種自然變化大多發生在動物體內，在牠自己的化學歷程裡，因此化學接受機制的大變革不會引發寒武紀大爆發——外在構造的演化。

眼睛帶來新契機

從另一個觀點來看，生物對視覺的適應確實對其他感覺造成影響。當大門向以視覺為導向的掠食者緊閉時，就會向主要利用其他感覺的掠食者敞開。對有眼睛的掠食者來說，具有保護性的堅硬外殼通常不過是裝飾品，目的是向攻擊者傳遞「對牠們發動攻擊不但浪費精力，甚至可能會受傷害」的訊號。但盲眼掠食者對這項訊號不以為意。有殼動物已經演化出反擊海中最大威脅的最佳策略，對抗那些積極主動的有眼掠食者。如此一來牠們也創造了新的棲境——一個專為較不主動的掠食者而設的棲境。加入海星一族的生物雖然眼盲，但仍能獵捕移動較慢甚至防禦良好的動物。海星先仰賴嗅覺和觸覺鎖定獵物的位置，然後扼住獵物直到牠們打開外殼，露出柔軟可食用的軀體。但這只是一種可能性，因為動物無法適應所有類型的掠食者，牠們通常選擇適應最龐大的威脅。此外，威脅還可以從後門偷偷溜進系統。不過這道後門曾經一度是前門。

接近終極定案的思考

我們應該記住，在前寒武時期不曾真的有場比賽等著開跑，一場爭奪眼睛的競賽。那並不是演化的作用方式，只是代表目的論的觀點。確實，某天，環境裡發生了某些事件，改變了規則，然後選擇壓力的方向或大小也出現變化。演化藉由適應性輻射發揮作用，而適應性輻射通常導因於環境中某些性質發生改變。在《演化論》這本專書裡，史密斯做了進一步的解釋：「當演化方向出現逆轉或改變……或許更常『反映』開發環境的方法發生變化。」無論你採信哪一種觀點，眼睛的出現都是環境中最重大的變化，即使對那些盲眼動物而言也是如此。但是，雖然在現今三十八個動物門中只有六個動物門有眼睛，但在所有動物門的所有動物裡，有超過百分之九十五的物種具有眼睛。眼睛確實針對某處棲境提供了最重要的拓展方法。

一九九二年，在審閱《眼睛的演化》這本專書時，蘭德以「因為地球已形成超過五十億年，陽光曾是對控制生物演化最具影響力的選擇勢力」作為開場白。對生命來說，這是普遍的真理，尤其是那些行光合作用的生物，但對**動物**而言，除了毫無效率的簡單光覺，這個陳述只適用於過去五億二千二百萬年的世界。雖然「五十億年」這個數據並不適用於動物，但除此之外蘭德的陳述支持我在第三章到第五章所做的推論。不過對本書來說，更重要的是了解為何「五十億年」這個數據不適用於動物。若將地球史畫分為「有眼睛之前」與「有眼睛之後」的二個時代，那麼仔細思考視覺的力量，它的誕生必然曾是生命史上的不朽事件，畢竟視覺是對現生動物最具影響力的選擇勢力。暫時把寒武紀大爆發拋在腦後。促使第一對眼睛張開視物的視覺演化，必然曾導致生命的運作發生值得注意的變化，尤其是動物的外形。這一天正就是動物生命開始爆發的那一日，似乎不僅僅只是巧合。

在《物種起源》這本書的結尾，達爾文寫道：

> 凝視雜亂的河岸是件趣事，上面長有各種植物，有鳥兒在灌木叢裡歡唱，有各式各樣的昆蟲四處飛掠，還有蟲兒爬過潮濕的地面，映現這些巧奪天工的生物設計，牠們彼此如此不同，卻又以如此複雜的方式相依相存，在在都是作用在我們身周的法則的傑作。

漫步在唐屋那寬廣的花園，我留意到類似的多樣性，但我應該見過更豐富的多樣性。根據一本談論當地動物群的書籍，從唐屋的花園小徑可見的鄉間，應該有更多具多樣性的生物活躍其中。以書頁的白色為背景，我可以輕易看見野兔、幾種常見的鳥類，甚至更普遍的甲蟲、青蛙、蛇……很多當地的動物，如同扉頁上斑駁的污點。但若以牠們生活的大自然為背景，你根本就看不到牠們的身影。牠們已經適應環境中的光線，擁有極不容易被看見的外形。即使能夠聽見鳥兒的啁啾鳴叫，你還是看不見牠們的曼妙身影。在你眼中所見主要是植物——植物通常已經放棄「改變顏色避免動物注意到它們存在」的主意。

若達爾文可以回到過去，穿上潛水裝備，在前寒武時期晚期的海裡悠游，他就能看見來自所有動物門的生物四處活動。他會注意到蠕蟲和其他身軀柔軟的動物，包括祖先型的哺乳動物，在他的眼前爬行或漂浮。簡單地說，在前寒武時期，動物並未適應視覺，而且即使偶然凸顯一下自己也不致發生危險。然而，這種情況不會發生在今時今日。

第十章 故事結束了嗎？

三葉蟲的眼睛告訴我們，在牠生活的古代海灘陽光耀眼；大自然的萬事萬物都有存在的目的，當自然界創造如此複雜的器官來接收光線之時，可映入眼中的光線必然早已存在。

阿卡錫《地質學速寫》，一八七〇年

因此，三葉蟲最早期眼睛的視覺演化，觸發了寒武紀大爆發。這是寒武紀之謎的謎底。二〇〇〇年，我在曾激發很多問題的倫敦皇家學院講座，發表了關於寒武紀之謎終極解決之道的假說。我能回答所有的提問……除了一個問題之外。光開關理論也接著引發另外一個問題。當一扇門關閉時，似乎總有另一扇門會開啟。

在我即將結束這場皇家學院講座時，有人提出一個問題：「是什麼原因觸發眼睛的演化？」我相信這個問題確實需要答覆，我們不應假定「只要動物具備適當的遺傳和建構物質，就會立即開始演化形成眼睛」（目的論的觀點）。最近這個問題吸引了不少地質學家和氣象學家的關注，他們已經開始找尋答案。邏輯法則暗示我們，解答必然隱藏在即將邁入寒武紀之時，導致地球表面光量增高的事件裡。這類事件會突然提高促使眼睛演化的選擇壓力。但改變地球生命史進程的重大事件是什麼呢？

第一隻眼睛必然是因應環境中的**陽光**增強而演化形成，這是個無關演化的因素，除非擁有能視物的眼睛，否則動物不會演化形成含意深刻的生物冷光（動物本身發出的光）。事實上地質學家已經發現，在前寒武時期即將結束之時，地表的陽光光量確實較高。因與地球磁場有直接關係，岩石所保存的碳十四和鈹十元素的量，會隨著光度增高而增加。由於當時地球的溫度也升高，因此我們已經有了答案，或者有了部分的解答——當支配眼睛的選擇壓力促使演化的齒輪加速轉動時，生物就演化形成眼睛。但我們還得找到導致陽光光量增加的因素。來自太陽的光線，越過太陽系的太空（行星間的介質），穿過地球的大氣層，並且掠過海洋（記住，寒武紀時期只有海洋生物）。因此，當地表的陽光光量增加時，必然發生以下兩個事件之一：若非太陽射出的光量增加，就是太陽和地球海底間的介質變得更加透明。

行星建構理論已經確定，現今的太陽要比四十六億年前的太陽亮上百分之二十五到百分之三十。但我們尚不清楚這種光線輸出增加的型態，雖然科學家假定太陽會逐漸增加它的輸出光量。由於這是極漫長的一段時間，因此在寒武紀大爆發之前的短短數百萬年之間，陽光的光量不論是以逐漸增加或甚至階梯式的型態增加，增幅其實都極小。不過陽光的光量還是有可能在前寒武時期結束時，增加到某個關鍵水準，即光線點燃地球大氣層裡的新反應，導致透明度增加的關鍵點。這是第二個導致地球上的陽光光量增高的可能性。

地球大氣層裡所含的物質，確實會影響它的透明度——不同的元素會吸收不同程度的陽光，而縱觀整個地質歷史，大氣層的內含物確實曾發生改變。有些氣象學家認為，在前寒武時期時有一層濃霧（來源形形色色，包括火山活動）覆蓋地表，如同一把巨傘，阻隔相當多的陽光。這層濃霧在前寒武時期即將結束之際散去，於是大量的陽光灑下地表。至於這層濃霧是如何消散，就完全是另一個問題了。有個想法同樣與陽光有關，但認為是來自太陽的輻射線大幅增加。入射的陽光增多，再加上一層濃霧，就能形成透明的水蒸氣。因此，從地質時間的角度切入，幾乎是在一夜之間，地球就有了清澈的天空和視線。對於陽光的光量在前寒武時期末突然增加的現象，這似乎是最有條理的解釋。不過還有其他的可能性。

到目前為止，我已經考慮過地球大氣層內的透明度變化。不過是否還有其他外太空因素涉入其中？在太陽與地球之間是否曾經發生會降低陽光吸收率的事件？或許曾經有過這類事件，而且源頭可能藏在銀河的深處。

地球位於躺在銀河裡的太陽系。銀河裡的星星聚集成星團，形成有個球狀中心的「盤」。只是這個銀河盤並不均勻，它的中心外側有四條朝邊緣伸出的盤旋（對數）「臂」。雖然總是位於銀盤邊緣附近，但我們的星球，也就是太陽，在銀河系裡的位置並非始終固定不變。它會隨著時間流轉四處移動，在旋臂裡進進出出。太陽以每秒六十八公里的速度流過旋臂，於轉換之間在每條旋臂裡遊歷數千萬年，最起碼也會在一條旋臂裡上上下下的移動——畢竟銀河系的銀盤厚度不均。

當太陽系移進某條旋臂時，雖然會遇到很多密集的分子氣體和星塵複合體，但也會碰見密度較高的星球——它會向其他星球靠攏。有時星球會爆炸產生「超新星」，而在歷史的某些階段，地球曾相當接近超新星。在地質歷史上，對我們的太陽鄰居而言，超新星可能是它所面臨的最激烈事件。與我們的討論有關的是，它們會使太陽系各行星間的介質發生改變。

超新星因為形成二氧化氮而吸收可見光，所以使地表的光量降低。此外，在通過旋臂時，太陽系可能也會穿過彗星的故鄉——濃密的「歐特雲」，不但使太陽的亮度增高，也降低了地球大氣層的透

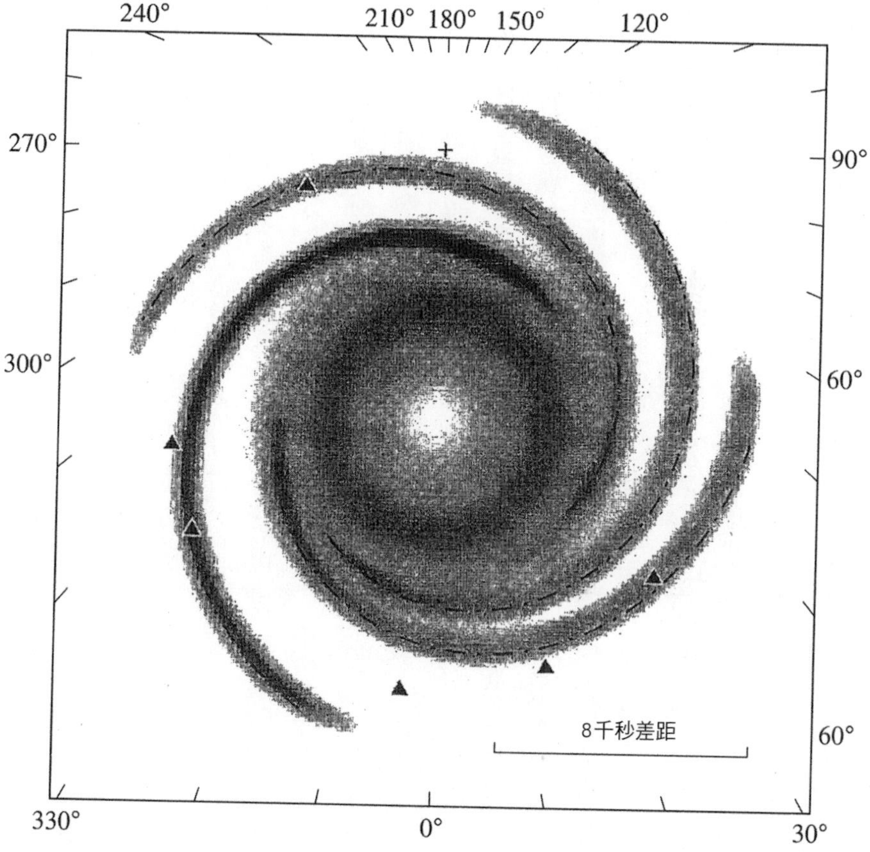

銀河的正面觀。從太陽開始自右向左（在頂端交會）分別是人馬座－船底座旋臂、盾牌座－南十字座旋臂、矩尺座旋臂和英仙座旋臂。三角形記號標示的是後寒武紀大滅絕的時間（根據利奇與華斯特的論文修改）。有些研究者認為，太陽系移進旋臂與這些滅絕事件有關（例如隨後遇到巨大的流星）。界定旋臂距心的虛線，所呈現的是旋臂展開時的影響，前三條旋臂分別展開一度、四度與八度。

明度，所產生的淨影響就是地表的光量減少。因此當太陽系離開超新星或歐特雲時，地球就會變得比較明亮。或許是陽光增加，導致促使眼睛演化的選擇壓力增強。這種情況與前文討論的「濃霧」情節差不多，甚至可以說相同。

因為游離輻射和宇宙射線增強，超新星也可能會耗盡地球大氣層裡的臭氧。從現今臭氧層的破洞，我們已經很了解臭氧耗盡會使地表的紫外線增強。不過這些紫外線與視覺所利用的光波不同，它們的波長比較短，我們所關心的是它對動物組織的傷害，而不是視覺彈藥的供給。從直接增加抵達地表的陽光光量的角度來看，超新星只是射出一道閃光，持續的時間很短，不足以成為演化的選擇壓力。因此，它對演化的影響可能只是造成星際介質改變，或地球大氣層的內部變化。不過或許這就足以推動演化朝某個特殊方向前進。這個領域的下個研究階段，將納入時間這個變項；寒武紀大爆發與地球通過銀河旋臂的時間一致嗎？這個問題仍然有待探索。

最後我們應該要考慮海水透明度的變化。從光的特性或顏色來看，現今的海水，作用如同窄頻濾波器。只有某些波長的光能順利穿透海水，主要是藍光，其餘波長的光都被海水吸收或散射出去。但若是改變海水所含的礦物質成分，這個濾波器的過濾範圍可能會有所變動，甚至加寬範圍。地表是否曾經發生過什麼事件，將原本鎖在岩石裡的礦物質釋出？如今加拿大洛磯山的湖水都是絕美的碧綠色。冰河曾經擾動河道上的岩石，因而隨時間改變了水中的礦物質成分，進而改變了能抵達湖底的光波。所以在海洋邊緣的海水，即寒武紀大爆發的地主，其中所含的礦物質成分和光的透明度或許也有所變化。也許，在前寒武時期末期，淺海裡的光線突然納入了紫外光，也就是如今應用於視覺的紫外光波。這很值得人們關切，因為最早期的眼睛可能就是它送給我們的禮物。

我們開始學習更多關於某些動物（人類除外）利用這些神祕紫外光的知識。因為我們的水晶體會吸收紫外光，所以人類看不到紫外光。本書前文，我曾描述人類如何熟悉自然界的紫外光圖案——我們可以利用照相機的底片捕捉到它們的蹤影。雖然普通的玻璃相機鏡頭會吸收紫外光，但石英鏡頭極為透明，尤其是那些現生節肢動物和某些其他動物的視覺可利用的紫外光。石英是構成三葉蟲眼睛水晶體的成分，因此地球上的第一隻眼可能可以看見紫外光，不過前提是牠的視網膜必須含有能感應紫外光的細胞。這是非常有可能的，因為動物的藍光視網膜細胞，也能偵測某些紫外光，包括我們人類在內（置換人工水晶體的人，確實能在紫外光的照射下視物）。藍光曾是寒武紀海洋裡最適當的光源，而三葉蟲也的確具有能感應藍光的視網膜細胞。

雖然現今的海洋並非紫外光特別容易穿透的地區，但有些蝦子和其他動物具有看見這些光波的能力。事實上這項發現愈來愈普遍。前寒武時期末，海洋裡的紫外光穿透率增高，可能導因於礦物質成分的變化，但也可能與能散射光線的「粒子」減少有關。這些粒子所散射的短波長光線（以藍光和紫外光為代表），遠較長波長光線（以光譜紅色端的色光為代表）多。因此，若無這些粒子，海平面下的海水就會含有較多視覺可見的紫外光。

發生大氣層裡的事件，同樣也可能導致**抵達**海洋的（視覺）可用紫外光增多。在地球的大氣層裡，散射陽光的「粒子」讓我們擁有藍天——與紫外光。由於其餘波長的光會直接穿過散射層，於是我們能在日落時分，看見它們以橙色和紅色的樣貌暈染落日餘暉。因此這些散射粒子的密度變化，可將地球上的光譜從紅光和橙光轉變為藍光和紫外光。因為我們並不確知世界上第一隻眼睛所看見的是哪些顏色，所以必須停止探究「導致視覺選擇壓力增強的光波變化」這個問題。

現在我們只需思考「以一般陽光的光量或亮度，作為眼睛演化的選擇壓力」的情形。不過水中礦物質的變化，再度成為導致光線傳遞量增高的最可能解釋（另一種解釋是將濃密的海藻叢清除乾淨）。因此我們還需要知道引發這種現象的事件。或許是時候重新打開雪球地球的演化檔案。

在第一章我曾描述地球如何度過全部，或幾乎全部被一公里厚的冰層所覆蓋的時期。冰層溶化的確會大幅激起蘊藏在岩石裡的礦物。龐大的冰層在橫越陸地時，會扯開岩石表層並吸收礦物，再將它們流放到海裡。可惜，雖然如此或許可以解釋寒武

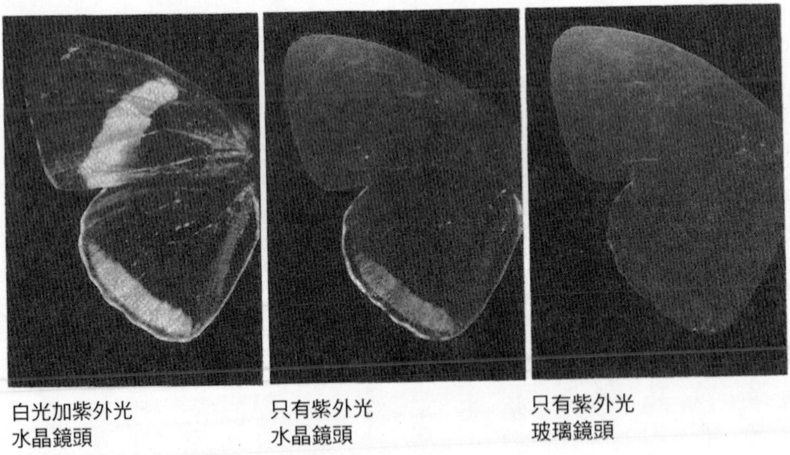

從左到右：以黑白為背景，於白光加紫外光之下，利用水晶鏡頭拍攝的蝶翅照片；於紫外光之下，利用水晶鏡頭拍攝的蝶翅照片；及於紫外光之下，利用玻璃鏡頭所拍攝的蝶翅照片。在人類的眼中看來，每片翅膀都是帶有二道藍色條紋的黑色蝶翅。這些影像顯示，位置較低的條紋也會反射紫外光，雖然可以穿透水晶鏡頭，但卻會被玻璃鏡頭吸收。

紀之謎，但事件的發生時間稍稍有些不符。寒武紀大爆發發生在距今五億四千三百萬到五億三千八百萬年前，而最後一次的雪球地球事件，至少在五億七千五百萬年前就已結束。因此這兩個事件之間至少相隔三千二百萬年。這段時差或許只是太長久了：理論上只需五十萬年就能演化形成眼睛。因此我依然認為，最後一次的雪球地球事件，應與前寒武時期的演化「浪潮」有關，而非寒武紀大爆發。

介質透明度的地質歷史研究依然處於嬰兒期；因此我對這個主題的討論很簡短。希望未來人們能如同知悉前寒武時期末期的環境一般，清楚了解這個主題。

結語

「光開關理論」是以最近的化石發現與演化分析為基礎，所做的推論（雖然現代關於顏色的思維哲理也很有分量）。地質紀錄還有些需要重新估算的瑕疵，但已不再如同達爾文時代般，只能隱約出現在我們眼前。如今古生物學家正努力填補化石紀錄裡那些非常狹窄的空白，翻遍全球各個角落，只希望能發現生活在寒武紀大爆發前後的新物種。

原本我還擔心光開關理論太過牽強附會，尤其大部分其他理論，都曾在與此截然不同的思考方向引領風騷。眼睛是寒武紀大爆發的原因嗎？多麼荒謬可笑！不過它結合了現代生物學與寒武紀古生物學的證據，最後也平息了我焦躁的心情。現在，仔細深思過現代視覺的力量之後，我確信最早期的眼睛演化，必然曾是地球生命史上的不朽事件。單只這項事實，就足以讓我興奮地與更多閱聽大眾分享我的想法。當人們發掘到接近寒武紀早期交界之處的新化石證據時，就能更精確地回答「眼睛的引進，是否真與寒武紀大爆發的萌芽同時發生」這個問題。不過目前，就我們所知，這兩個事件的關係顯然極為密切。

最後我要再次保證，從報紙主筆的角度來看，光開關理論不但審慎明智，而且合乎邏輯。澳洲《雪梨晨鋒報》的報館主筆伍德福，曾經就我的理論撰寫了一篇綜合性文章。這篇文章成為頭版頭條的新聞，並且引起報社主筆的關切。在發表的前一夜，就在這篇文章即將付印之前，伍德福的老闆問了他一個問題：「你確定這個理論之前不曾有人發表過嗎？」真令人欣慰。這表示我的理論是個顯而易見的答案。事實上它是如此明顯，沒什麼科學價值——任何人都可能會想到這個答案。千真萬確。現在我認為這顯然就是寒武紀之謎的謎底。

最近我曾游離雪梨海岸，在那兒偶遇一群墨魚，一如那群最初喚醒我投入生物多樣性的那群墨魚——我在第一章曾描述過的經歷。這群墨魚同樣以弧形圍繞在我身旁，並且展現壯觀的色彩變化。牠們同樣用那雙精密的大眼睛凝視著我，一面炫耀著複雜的色彩，彷彿向我證實光在自然界的重要性。對，我認為，視覺確實已經進入動物的行為系統。然後我注意到海底有隻螃蟹。我將牠的眼睛在腦海中放大，並且深思：**這些節肢動物的眼睛起源，藏有很多的答案……**

附圖列表

彩頁

索引

文獻與媒體

人物

二至五畫

六至十畫

十一至十五畫

十六至二十畫

地名

三至五畫

六至十畫

十一至十五畫

十六至二十畫

機構名

三至五畫

六至十畫

六至十畫

十一至十五畫

十六至二十畫

二十一畫以上

其他

二至五畫

六至十畫

十一至十五畫

十六至二十畫

二十一畫以上